Mock theta 函数理论

陈　斌　周海港　著

科学出版社
北　京

内容简介

本书主要介绍和总结了印度著名数学家Ramanujan提出的 mock theta 函数，它是目前国际上模形式领域，特别是半整权模形式领域中讨论和研究的热点问题，新思想、新方法、新问题和新成果不断涌现. 这一领域的研究与数论、数学物理、弦理论以及黑洞理论等学科分支都有着重要的联系. 本书主要内容涉及mock theta 函数的定义、Ramanujan 断言、对偶表示、系数问题、弱调和 Maass 形式、mock 模形式及其交叉应用等热点问题。全书共六章，分别将mock theta 函数及其相关问题的研究进展和最新成果向读者做了尽可能详尽的论述.

本书可作为mock theta 函数的入门读物，也可以供数论、模形式以及数学物理等方向的研究生和研究人员学习和参考.

图书在版编目(CIP)数据

Mock theta 函数理论/陈斌，周海港著. —北京：科学出版社，2018.3
ISBN 978-7-03-056915-8

Ⅰ.①M… Ⅱ.①陈… ②周… Ⅲ.①函数–研究 Ⅳ.①O174

中国版本图书馆 CIP 数据核字(2018) 第 049719 号

责任编辑：宋无汗 刘耘彤 / 责任校对：郭瑞芝
责任印制：张 伟 / 封面设计：陈 敬

科学出版社 出版
北京东黄城根北街 16 号
邮政编码：100717
http://www.sciencep.com

北京中石油彩色印刷有限责任公司印刷
科学出版社发行 各地新华书店经销

*

2018 年 3 月第 一 版 开本：720 × 1000 1/16
2018 年 3 月第一次印刷 印张：10 1/2
字数：212 000

定价：88.00 元

(如有印装质量问题，我社负责调换)

前　言

众所周知, 模形式理论在费马大定理的证明中起到了关键的作用, 成为朗兰兹纲领的核心, 而 mock theta 函数及 mock 模形式是国际上模形式领域近年来研究的热点和焦点问题. 1920 年, 印度年轻数学家 Ramanujan 给大数学家 Hardy 的最后一封信中提到了一类他自己命名的所谓 “mock theta 函数”, 但是他却没有给出这类函数的准确科学定义, 而是仅仅列出了 17 个经典的例子来描述它们的特殊性质. Ramanujan 发现这类函数在尖点处具有和模形式类似的渐进展开式, 但它们却不满足模形式所具有的模变换律, 而这种隐藏的联系就成为一个神秘的谜团.

然而, 在沉寂了八十余年之后, mock theta 函数及其半整权模形式在理论和应用方面出现令人瞩目的重大突破和迅速发展. 一是奇异模理论取得了极大的进展. 2000 年，在 Borcherds 杰出工作的推动下, Zagier 证明了奇异模迹的生成函数是权为 3/2 的弱全纯模形式, Bruinier 和 Funke 将其推广到了一般的模函数上. 二是 mock theta 函数之谜被彻底揭开. 2002 年, Zwegers 在导师 Zagier 的指导下完成的博士学位论文中, 首次将 mock theta 函数与非全纯的 Jacobi 形式、亚纯 Jacobi 形式 Fourier 系数、实解析的向量模形式建立了联系, 揭开了 mock theta 函数所具有的模形式本质属性. 2004 年，Bruinier 和 Funke 首次发现每一个 mock theta 函数都是权为 1/2 的弱调和 Maass 形式的全纯部分，而其非全纯部分是一个权为 3/2 的一元 theta 函数. 近年来, 国内外许多学者、专家围绕这些问题的研究十分活跃, 研究出一些模形式的新方向, 如 Maass-Jacobi 形式等, 相关新成果不断涌现.

本书主要讨论了 mock theta 函数的研究背景和进展、mock theta 函数的定义、混合 mock theta 函数的 Ramanujan 断言和径向极限、mock theta 函数的两类对偶表示、mock 模形式与弱调和 Maass 形式、mock theta 函数系数的渐进公式、mock 模形式的交叉应用等若干方面.

本书的内容主要安排如下: 第 1 章介绍 mock theta 函数研究的背景和进展, 主要围绕 mock theta 函数的本质定义展开讨论. 第 2 章讨论了 mock theta 函数的 Ramanujan 断言, 这是理解和思考 Ramanujan 断言关于 mock theta 函数研究初衷的重要途径. 第 3 章给出了 mock theta 函数的两类对偶表示, 揭示这些不同表示之间的本质, 从不同的角度研究 mock theta 函数. 第 4 章从更广的角度, 即混合 mock 模形式与弱调和 Maass 形式出发研究 mock theta 函数. 第 5 章讨论了 mock theta 函数系数的渐进公式, 也涉及了半整权尖形式的类似问题的新研究结果. 第 6 章主要介绍了 mock theta 函数的推广形式、mock theta 函数与 Jacobi 形式、量子模形式、量子黑洞理论、奇异模的迹等之间的交叉联系和本质理论.

本书内容由陈斌和周海港共同研究完成, 包含了陈斌在山东大学做博士后研究期间的新成果. 非常感谢同济大学陆洪文教授和山东大学刘建亚教授的悉心指导和帮助. 本书的出版得到了渭南师范学院优秀学术著作出版基金、国家自然科学基金 (61402335)、陕西省自然科学基金 (2016JM1004)、陕西省教育厅自然科学基金 (17JK0266) 以及渭南师范学院人才项目基金 (17ZRRC01) 的资助, 在此一并表示感谢. 同时感谢科学出版社的大力支持.

由于作者水平有限, 书中难免存在不足之处, 敬请广大读者批评指正.

作 者
2017 年 12 月

符 号 说 明

$\mathbb{C}$	复平面
$\mathbb{C}^*$	非零复数集
$\mathbb{Z}$	整数环
$\mathbb{H}$	上半复平面
$\mathbb{Q}^t$	非负有理数
τ	上半复平面, $\mathbb{H}$ 上的复变量
$\Im(\tau)$	复变量 τ 的虚部
q	形如 $q=\mathrm{e}^{2\pi\mathrm{i}\tau}$ 的复变量, $\tau\in\mathbb{H}$
$\mathrm{SL}_2(\mathbb{Z})$	整数环 $\mathbb{Z}$ 上的 2 阶特殊线性群, 即 $\left\{\begin{pmatrix} a & b \\ c & d \end{pmatrix}: a,b,c,d\in\mathbb{Z}, ad-bc=1\right\}$
γ	形如 $\gamma=\begin{pmatrix} a & b \\ c & d \end{pmatrix}$ 的 2 阶矩阵, $\gamma\in\mathrm{SL}_2(\mathbb{Z})$
ζ	形如 $\zeta=\mathrm{e}^{2\pi\mathrm{i}m/n}$ 的 n 次单位根 若 $(n,m)=1$, 则 $\zeta=\mathrm{e}^{2\pi\mathrm{i}m/n}$ 为 n 次本原单位根
ζ_n	形如 $\zeta=\mathrm{e}^{\frac{2\pi\mathrm{i}}{n}}$ 的一个 n 次单位根
Δ_k	权为 k 的双曲 Laplacian 变换 权为 0 的双曲 Laplacian 变换记为 $\Delta=\Delta_0$
Ω_k	权为 k 的 Casimir 算子
$H(n)$	判别式 $-n$ 的 Hurwitz 类数
$\Gamma_0(N)$	2 阶特殊线性群 $\mathrm{SL}_2(\mathbb{Z})$ 中 level 为 N 的同余子群, 即 $\left\{\begin{pmatrix} a & b \\ c & d \end{pmatrix}\in\mathrm{SL}_2(\mathbb{Z}): c\equiv 0\,(\mathrm{mod}\ N)\right\}$
$\Gamma_1(N)$	2 阶特殊线性群 $\mathrm{SL}_2(\mathbb{Z})$ 中 level 为 N 的同余子群, 即 $\left\{\begin{pmatrix} a & b \\ c & d \end{pmatrix}\in\mathrm{SL}_2(\mathbb{Z}): a\equiv d\equiv 1\,(\mathrm{mod}\ N), c\equiv 0\,(\mathrm{mod}\ N)\right\}$
$\Gamma(N)$	2 阶特殊线性群 $\mathrm{SL}_2(\mathbb{Z})$ 中 level 为 N 的主同余子群, 即 $\left\{\begin{pmatrix} a & b \\ c & d \end{pmatrix}\in\mathrm{SL}_2(\mathbb{Z}): a\equiv d\equiv 1\,(\mathrm{mod}\ N), b\equiv c\equiv 0\,(\mathrm{mod}\ N)\right\}$
$H_k(\Gamma_0(N))$	同余子群 $\Gamma_0(N)$ 上所有权为 k 的弱调和 Maass 形式
$\Gamma(x,t)$	不完全 Gamma 函数
$(a;q)_n$	标准 q-级数的升阶乘符号 $(a;q)_0=1,\quad (a)_n=(a;q)_n:=(1-a)(1-aq)\cdots(1-aq^{n-1})$ $(a)_\infty=(a;q)_\infty:=(1-a)(1-aq)\cdots(1-aq^n)\cdots$

$\eta(\tau)$	Dedekind η 函数
$\mu(u,v;\tau)$	Lerch 和函数
$\vartheta(v;\tau)$	Jacobi theta 函数
$h(z;\tau)$	Mordell 积分
$f^+(\tau)$	弱调和 Maass 形式 $f(\tau)$ 的全纯部分
$f^-(\tau)$	弱调和 Maass 形式 $f(\tau)$ 的非全纯部分
$E_k(\tau)$	权为 k 的 Eisenstein 级数
$\zeta(s)$	Riemann ζ 函数
F_q	F_q 函数且满足 $D_{q,z}F(z,\alpha)=F(z,\alpha+1)$
	$zD_{q,z}F(z,\alpha)=F(z,\alpha)-F(zq,\alpha)$
$m(x,q,z)$	Appell-Lerch 和或 Appell-Lerch 函数
$M_k(\Gamma)$	子群 Γ 上的权为整数 k 的全纯模形式空间
$M_k^!(\Gamma)$	子群 Γ 上的权为整数 k 的弱全纯模形式空间
$S_k(\Gamma)$	子群 Γ 上的权为整数 k 的尖形式空间
$H_k^*(N)$	$\Gamma_0(N)$ 上的权为整数 k 的本原尖形式空间
$S_{k+\frac{1}{2}}(\Gamma_0(N))$	$\Gamma_0(N)$ 上的权为半整数 $k+\dfrac{1}{2}$ 的尖形式空间
$S_{k+\frac{1}{2}}(N,\chi)$	$\Gamma_0(N)$ 上特征为 χ 的权是 $k+\dfrac{1}{2}$ 的尖形式空间
$S^*_{k+\frac{1}{2}}(N,\chi)$	$\Gamma_0(N)$ 上特征为 χ 权是 $k+\dfrac{1}{2}$ 的尖形式子空间的正交补空间
$M^+_{k+\frac{1}{2}}(4N)$	$\Gamma_0(4N)$ 上权为 $k+1/2$ 的模形式空间
χ	正整数模 $4N$ 的实 Dirichlet 特征
χ_0	正整数模 $4N$ 的实 Dirichlet 平凡特征
$\mathscr{B}$	无 $\mathscr{B}$ 因子数

目 录

第 1 章　绪　　论

1.1　研究背景与意义

1.1.1　Mock theta 函数的渊源

1920 年 1 月 12 日, 印度年轻数学家 Ramanujan 在给 Hardy 的最后一封信中提到他自己命名的 " mock theta 函数", 但是他没有给出这类函数的确切定义, 而是仅仅列出了 17 个例子来描述它们的特殊性质, 从而使其成为一个数学之谜. 三个月后, Ramanujan 因病不幸逝世, 年仅 32 岁, 而许多与之有关的猜想吸引着数学家为之着迷[1-5]. 这里, 特别引入 Ramanujan 最后一封信的原文:

"Ramanujan: I am extremely sorry for not writing you a single letter up to now $\cdots$. I discovered very interesting functions recently which I call "Mock" ϑ-functions. Unlike the "False" ϑ-functions(studied partially by Prof. Rogers in his interesting paper) they enter into mathematics as beautifully as the ordinary theta functions. I am sending you with this letter some examples."

Ramanujan 发现的 17 个 mock theta 函数为 [6-8]

4 个 3 阶 mock theta 函数

$$f(q)=\sum_{n=0}^{\infty}\frac{q^{n^2}}{(-q;q)_n^2}, \tag{1.1}$$

$$\phi(q)=\sum_{n=0}^{\infty}\frac{q^{n^2}}{(-q^2;q^2)_n}, \tag{1.2}$$

$$\psi(q)=\sum_{n=1}^{\infty}\frac{q^{n^2}}{(q;q^2)_n}, \tag{1.3}$$

$$\chi(q)=\sum_{n=0}^{\infty}\frac{q^{n^2}(-q;q)_n}{(-q^3;q^3)_n}; \tag{1.4}$$

10 个 5 阶 mock theta 函数

$$f_0(q)=\sum_{n=0}^{\infty}\frac{q^{n^2}}{(-q;q)_n}, \tag{1.5}$$

$$f_1(q)=\sum_{n=0}^{\infty}\frac{q^{n(n+1)}}{(-q;q)_n}, \tag{1.6}$$

$$F_0(q)=\sum_{n=0}^{\infty}\frac{q^{2n^2}}{(q;q^2)_n}, \tag{1.7}$$

$$F_1(q)=\sum_{n=0}^{\infty}\frac{q^{2n(n+1)}}{(q;q^2)_{n+1}}, \tag{1.8}$$

$$\chi_0(q)=\sum_{n=0}^{\infty}\frac{q^n}{(q^{n+1};q)_n}, \tag{1.9}$$

$$\chi_1(q)=\sum_{n=0}^{\infty}\frac{q^n}{(q^{n+1};q)_{n+1}}, \tag{1.10}$$

$$\phi_0(q)=\sum_{n=0}^{\infty}q^{n^2}(-q;q^2)_n, \tag{1.11}$$

$$\phi_1(q)=\sum_{n=0}^{\infty}q^{(n+1)^2}(-q;q^2)_n, \tag{1.12}$$

$$\psi_0(q)=\sum_{n=0}^{\infty}q^{\frac{1}{2}(n+1)(n+2)}(-q;q)_n, \tag{1.13}$$

$$\psi_1(q)=\sum_{n=0}^{\infty}q^{\frac{1}{2}n(n+1)^2}(-q;q)_n; \tag{1.14}$$

3 个 7 阶 mock theta 函数

$$\mathcal{F}_0(q)=\sum_{n=0}^{\infty}\frac{q^{n^2}}{(q^{n+1};q)_n}, \tag{1.15}$$

$$\mathcal{F}_1(q)=\sum_{n=0}^{\infty}\frac{q^{(n+1)^2}}{(q^{n+1};q)_{n+1}}, \tag{1.16}$$

$$\mathcal{F}_2(q)=\sum_{n=0}^{\infty}\frac{q^{n(n+1)}}{(q^{n+1};q)_{n+1}}. \tag{1.17}$$

其中, $q=\mathrm{e}^{2\pi\mathrm{i}\tau}$; $\tau\in\mathbb{H}$; $\mathbb{H}=\{\tau\in\mathbb{C}|\Im\tau>0\}$ 为上半复平面.

对于非负整数 n, $(a;q)_n$ 为标准 q-级数的移位阶乘符号, 即

$$(a;q)_0=1,\quad (a)_n=(a;q)_n:=(1-a)(1-aq)\cdots(1-aq^{n-1}). \tag{1.18}$$

1.1.2 Mock theta 函数的萌芽

1936 年, Watson[9] 就任伦敦数学会主席时演讲的题目是 *The final problem: An account of the mock theta functions*, 特别强调了研究 mock theta 函数的重要意义. Dyson[10] 于 1987 年在纪念 Ramanujan 诞辰 100 周年大会上高度评价了 Ramanujan 发现的 mock theta 函数, 这里特别引入 Dyson 的原文:

"The mock theta-functions give us tantalizing hints of a grand synthesis still to be discovered. Somehow it should be possible to build them into a coherent group-theoretical structure, analogous to the structure of modular forms which Hecke built around the old theta-functions of Jacobi. This remains a challenge for the future. My dream is that I will live to see the day when our young physicists, struggling to bring the predictions of superstring theory into correspondence with the facts of nature, will be led to enlarge their analytic machinery to include mock theta-functions...But before this can happen, the purely mathematical exploration of the mock-modular forms and their mock-symmetries must be carried a great deal further."

1937 年, Watson[9, 11] 先后研究了 3 阶和 5 阶 mock theta 函数之间的线性关系, 他得到了

$$4\chi(q)-f(q)=3\theta_4^2(0,q^3)(q)_\infty^{-1}, \tag{1.19}$$

$$\phi_0(-q)+\chi_0(q)=2F_0(q), \tag{1.20}$$

$$\psi_0(q)-F_0(q^2)+1=q\Psi(q^2)H(q^4), \tag{1.21}$$

$$\begin{aligned} f_0(q)+2F_0(q^2)-2&=\phi_0(-q^2)+\psi_0(-q)\\ &=2\phi_0(-q^2)-f_0(q)\\ &=\theta_4(0,q)G(q), \end{aligned} \tag{1.22}$$

其中,

$$(a)_\infty=(a;q)_\infty:=\prod_{i=0}^{\infty}(1-aq^{i-1}), \tag{1.23}$$

$$\theta_4(0,q):=\sum_{n=-\infty}^{\infty}(-1)^n q^{n^2}=(q)_\infty(q;q^2)_\infty=\frac{(q)_\infty^2}{(q^2;q^2)_\infty}, \tag{1.24}$$

$$\Psi(q):=\sum_{n=0}^{\infty}q^{\frac{1}{2}n(n+1)}=\frac{(q^2;q^2)_\infty^2}{(q)_\infty}==\frac{(q^2;q^2)_\infty}{(q;q^2)_\infty}, \tag{1.25}$$

$$H(q):=\prod_{m=1}^{\infty}\frac{1}{(1-q^{5m-3})(1-q^{5m-2})}=\sum_{n=0}^{\infty}\frac{q^{n(n+1)}}{(q)_n}, \tag{1.26}$$

$$G(q):=\prod_{m=1}^{\infty}\frac{1}{(1-q^{5m-4})(1-q^{5m-1})}=\sum_{n=0}^{\infty}\frac{q^{n^2}}{(q)_n}. \tag{1.27}$$

注: $\Psi(q)$ 是经典的 Gauss 函数, $G(q)$ 和 $H(q)$ 被称为著名的 Rogers-Ramanujan 恒等式或 Rogers-Ramanujan 函数.

1938 年, Selberg[12] 研究了 7 阶 mock theta 函数之间类似的问题, 但是很遗憾, 他没有发现它们之间的直接线性关系式, 但他找到了如下关系

$$\mathcal{F}_0(q) = \mathcal{A}(q) + \mathcal{B}(q)\phi(q) + \mathcal{C}(q), \tag{1.28}$$

其中, $\mathcal{A}(q)$、$\mathcal{B}(q)$ 是 theta 函数; $\phi(q)$ 是 3 阶 mock theta 函数; $\mathcal{C}(q)$ 在 q 径向趋向于单位根时是有界的.

1.1.3 Mock theta 函数的发展

对于 Ramanujan 发现的这类 mock theta 函数, 许多著名的数学家 [8, 9, 13] 做了大量的研究工作, 特别是对 Ramanujan 遗留的笔记本进行了整理和研究, 先后又发现了许多新的 mock theta 函数, 如其他 5 个新的 3 阶 mock theta 函数及 2 阶、6 阶、8 阶、10 阶等 mock theta 函数. 具体地讲, 有如下函数:

5 个新的 3 阶 mock theta 函数

$$\omega(q) = \sum_{n=0}^{\infty} \frac{q^{2n(n+1)}}{(q;q^2)_{n+1}^2}, \tag{1.29}$$

$$\nu(q) = \sum_{n=0}^{\infty} \frac{q^{n(n+1)}}{(-q;q^2)_{n+1}}, \tag{1.30}$$

$$\rho(q) = \sum_{n=0}^{\infty} \frac{q^{2n(n+1)}(q;q^2)_{n+1}}{(q^3;q^6)_{n+1}}, \tag{1.31}$$

$$\xi(q) = 1 + \sum_{n=1}^{\infty} \frac{q^{6n(n-1)}}{(q;q^6)_n(q^5;q^6)_n}, \tag{1.32}$$

$$\sigma(q) = \sum_{n=1}^{\infty} \frac{q^{3n(n-1)}}{(-q;q^3)_n(-q^2;q^3)_n}. \tag{1.33}$$

3 个 2 阶 mock theta 函数

$$A(q) = \sum_{n=0}^{\infty} \frac{q^{n+1}(-q^2;q^2)_n}{(q;q^2)_{n+1}} = \sum_{n=0}^{\infty} \frac{q^{(n+1)^2}(-q;q^2)_n}{(q;q^2)_{n+1}^2}, \tag{1.34}$$

$$B(q) = \sum_{n=0}^{\infty} \frac{q^n(-q;q^2)_n}{(q;q^2)_{n+1}} = \sum_{n=0}^{\infty} \frac{q^{n(n+1)}(-q^2;q^2)_n}{(q;q^2)_{n+1}^2}, \tag{1.35}$$

$$\mu(q) = \sum_{n=0}^{\infty} \frac{(-1)^n q^{n^2}(q;q^2)_n}{(-q^2;q^2)_n^2}. \tag{1.36}$$

9 个 6 阶 mock theta 函数

$$\phi(q) = \sum_{n=0}^{\infty} \frac{(-1)^n q^{n^2}(q;q^2)_n}{(-q)_{2n}}, \tag{1.37}$$

$$\psi(q)=\sum_{n=0}^{\infty}\frac{(-1)^n q^{(n+1)^2}(q;q^2)_n}{(-q)_{2n+1}}, \tag{1.38}$$

$$\rho(q)=\sum_{n=0}^{\infty}\frac{q^{n(n+1)/2}(-q)_n}{(q;q^2)_{n+1}}, \tag{1.39}$$

$$\sigma(q)=\sum_{n=0}^{\infty}\frac{q^{(n+1)(n+2)/2}(-q)_n}{(q;q^2)_{n+1}}, \tag{1.40}$$

$$\lambda(q)=\sum_{n=0}^{\infty}\frac{(-1)^n q^n(q;q^2)_n}{(-q)_n}, \tag{1.41}$$

$$\mu(q)=\sum_{n=0}^{\infty}{}^{*}\frac{(-1)^n(q;q^2)_n}{(-q)_n}, \tag{1.42}$$

$$\gamma(q)=\sum_{n=0}^{\infty}\frac{q^{n^2}(q)_n}{(q^3;q^3)_n}, \tag{1.43}$$

$$\nu(q)=\sum_{n=1}^{\infty}\frac{q^n(-q;q)_{2n-1}}{(q;q^2)_n}, \tag{1.44}$$

$$\xi(q)=\sum_{n=1}^{\infty}\frac{q^n(-q;q)_{2n-2}}{(q;q^2)_n}. \tag{1.45}$$

8 个 8 阶 mock theta 函数

$$S_0(q)=\sum_{n=0}^{\infty}\frac{q^{n^2}(-q;q^2)_n}{(-q^2;q^2)_n}, \tag{1.46}$$

$$S_1(q)=\sum_{n=0}^{\infty}\frac{q^{n(n+2)}(-q;q^2)_n}{(-q^2;q^2)_n}, \tag{1.47}$$

$$T_0(q)=\sum_{n=0}^{\infty}\frac{q^{(n+1)(n+2)}(-q^2;q^2)_n}{(-q;q^2)_{n+1}}, \tag{1.48}$$

$$T_1(q)=\sum_{n=0}^{\infty}\frac{q^{n(n+1)}(-q^2;q^2)_n}{(-q;q^2)_{n+1}}, \tag{1.49}$$

$$U_0(q)=\sum_{n=0}^{\infty}\frac{q^{n^2}(-q;q^2)_n}{(-q^4;q^4)_n}, \tag{1.50}$$

$$U_1(q)=\sum_{n=0}^{\infty}\frac{q^{(n+1)^2}(-q;q^2)_n}{(-q^2;q^4)_{n+1}}, \tag{1.51}$$

$$V_0(q)=-1+2\sum_{n=0}^{\infty}\frac{q^{n^2}(-q;q^2)_n}{(q;q^2)_n}, \tag{1.52}$$

$$V_1(q)=\sum_{n=0}^{\infty}\frac{q^{(n+1)^2}(-q;q^2)_n}{(q;q^2)_{n+1}}. \tag{1.53}$$

4 个 10 阶 mock theta 函数

$$\Phi(q)=\sum_{n=0}^{\infty}\frac{q^{\frac{1}{2}n(n+1)}}{(q;q^2)_{n+1}}, \tag{1.54}$$

$$\Psi(q)=\sum_{n=0}^{\infty}\frac{q^{\frac{1}{2}(n+1)(n+2)}}{(q;q^2)_{n+1}}, \tag{1.55}$$

$$X(q)=\sum_{n=0}^{\infty}\frac{(-1)^n q^{n^2}}{(-q;q)_{2n}}, \tag{1.56}$$

$$\chi(q)=\sum_{n=0}^{\infty}\frac{(-1)^n q^{(n+1)^2}}{(-q;q)_{2n+1}}. \tag{1.57}$$

这些偶数阶 mock theta 函数早已被 Ramanujan 研究发现, 其相关的研究手稿和笔记本陈列在剑桥大学三一学院的图书馆里, 直到 1976 年才被 Andrews 整理发现 [3], 其中包含了 Ramanujan 对这些 mock theta 函数研究所给出的 "Mock Theta Conjectures", 而他本人并没有给出任何证明.

1988 年, Hickerson[14, 15] 先后证明了 Ramanujan 遗留的笔记本中 5 阶和 7 阶 mock theta 函数的 " Mock Theta Conjectures".

5 阶 mock theta 函数的 " Mock Theta Conjectures"

$$f_0(q)=2q^2g_3(q^2,q^{10})+\theta_4(0,q^5)G(q), \tag{1.58}$$

$$F_0(q)-1=qg_3(q,q^5)-\Psi(q^5)H(q^2), \tag{1.59}$$

$$\phi_0(-q)=-qg_3(q,q^5)+j(-q^2,q^5)G(q^2), \tag{1.60}$$

$$\Psi_0(q)=q^2g_3(q^2,q^{10})+qj(q,q^{10})H(q), \tag{1.61}$$

$$\chi_0(q)-2=3qg_3(q,q^5)-j(q^2,q^5)G(q^2), \tag{1.62}$$

$$f_1(q)=-2q^3g_3(q^4,q^{10})+\theta_4(0,q^5)H(q), \tag{1.63}$$

$$F_1(q)=qg_3(q^2,q^5)+\Psi(q^5)G(q^2), \tag{1.64}$$

$$\phi_1(-q)=q^2g_3(q^2,q^5)-qj(-q,q^5)H(q^2), \tag{1.65}$$

$$\Psi_1(q)=q^3g_3(q^4,q^{10})+j(q^3,q^{10})G(q), \tag{1.66}$$

$$\chi_1(q)=3qg_3(q^2,q^5)-j(q,q^5)H(q^2). \tag{1.67}$$

7 阶 mock theta 函数的 "Mock Theta Conjectures"

$$\mathcal{F}_0(q)-2=2qg_3(q,q^7)-j(q^3,q^7)^2(q)_\infty^{-1}, \tag{1.68}$$

$$\mathcal{F}_1(q)=2q^2g_3(q^2,q^7)+j(q,q^7)^2(q)_\infty^{-1}, \tag{1.69}$$

$$\mathcal{F}_2(q)=2q^2g_3(q^3,q^7)+j(q^2,q^7)^2(q)_\infty^{-1}. \tag{1.70}$$

其中, $H(q)$, $G(q)$ 是分别由式 (1.26) 和式 (1.27) 定义的 Rogers-Ramanujan 函数; $\Psi(q)$ 是由式 (1.25) 定义的经典 Gauss 函数; $\theta_4(0,q)$ 是由式 (1.24) 定义的; $g_3(x,q)$ 是通用的 mock theta 函数, 即

当 $|q|<1$ 且 x 既不是 0 也不是 q 的整数幂时, 有定义

$$g_3(x,q):=\sum_{n=0}^{\infty}\frac{q^{n(n+1)}}{(x;q)_{n+1}(x^{-1}q;q)_{n+1}}. \tag{1.71}$$

$j(x,q)$ 是经典的 Jacobi 三重积恒等式, 其定义为

$$j(x,q):=(x)_\infty(q/x)_\infty(q)_\infty=\sum_{n=-\infty}^{\infty}(-1)^n q^{n(n-1)/2}x^n. \tag{1.72}$$

Gordon 和 McIntosh[8] 给出了 3 阶 mock theta 函数的 “ Mock Theta Conjectures”

$$f(-q)=-4qg_3(q,q^4)+\frac{(q^2,q^2)_\infty^7}{(q)_\infty^3(q^4,q^4)_\infty^3}, \tag{1.73}$$

$$\phi(q)=-2qg_3(q,q^4)+\frac{(q^2,q^2)_\infty^7}{(q)_\infty^3(q^4,q^4)_\infty^3}, \tag{1.74}$$

$$\Psi(q)=qg_3(q,q^4), \tag{1.75}$$

$$\chi(-q)=-qg_3(q,q^4)+\frac{(q^4,q^4)_\infty^3(q^6,q^6)_\infty^3}{(q^2,q^2)_\infty^2(q^3,q^3)_\infty(q^{12},q^{12})_\infty^2}, \tag{1.76}$$

$$\omega(q)=g_3(q,q^2), \tag{1.77}$$

$$\upsilon(q)=-qg_3(q^2,q^4)+\frac{(q^4,q^4)_\infty^3}{(q^2,q^2)_\infty^2}, \tag{1.78}$$

$$\rho(q)=-\frac{1}{2}g_3(q,q^2)+3\frac{(q^6,q^6)_\infty^4}{2(q^2,q^2)_\infty(q^3,q^3)_\infty^2},$$

$$\xi(q)=1+2qg_3(q,q^6) \tag{1.79}$$

$$=q^2g_3(q^3,q^6)+\frac{(q^2,q^2)_\infty^4}{(q)_\infty^2(q^6,q^6)_\infty}, \tag{1.80}$$

$$\sigma(-q)=q^2g_3(q^3,q^{12})+\frac{(q^2,q^2)_\infty^3(q^{12},q^{12})_\infty^3}{(q)_\infty(q^4,q^4)_\infty^2(q^6,q^6)_\infty^2}. \tag{1.81}$$

从 Ramanujan 遗留的笔记本中他自己给出的这些 mock theta 函数的 “ Mock Theta Conjectures” 可以看出, 这些 mock theta 函数与 theta 函数有着密切的联系, 但又有非常特殊的性质.

如果考虑其双侧级数, 如对 5 阶 mock theta 函数

$$f_0(q)=\sum_{n=0}^{\infty}\frac{q^{n^2}}{(-q;q)_n}, \tag{1.82}$$

可以得到下面的关系

$$\sum_{n=-\infty}^{\infty}\frac{q^{n^2}}{(-q;q)_n}=\sum_{n=0}^{\infty}\frac{q^{n^2}}{(-q;q)_n}+\sum_{n=1}^{\infty}\frac{q^{n^2}}{(-q;q)_{-n}}=f_0(q)+2\psi_0(q), \tag{1.83}$$

进而可得一个 theta 函数

$$\begin{aligned}\sum_{n=-\infty}^{\infty}\frac{q^{n^2}}{(-q;q)_n}&=f_0(q)+2\psi_0(q)\\&=\frac{1}{2}[\theta_3(0,q)G(-q)+\theta_4(0,q)G(q)]+3q\Psi(q^2)H(q^4),\end{aligned} \tag{1.84}$$

其中,

$$\theta_3(0,q)=\sum_{n=-\infty}^{\infty}q^{n^2}=j(-q,q^2)=(-q;q^2)_\infty^2(q^2;q^2)_\infty. \tag{1.85}$$

事实上, mock theta 函数与 theta 函数相比, 在单位根处可呈现出非常好的收敛性和渐进性质, 利用圆法可以给出 mock theta 函数的泰勒展开式系数的渐进表示式, 而这一工作和分拆函数有密切的联系.

若设正整数 n 的分拆函数为 $p(n)$, 可知其生成函数

$$\begin{aligned}\sum_{n=0}^{\infty}p(n)q^n&=1+q+2q^2+3q^3+5q^4+7q^5+\cdots\\&=(q)_\infty^{-1}\\&=\prod_{n=1}^{\infty}\frac{1}{1-q^n}\end{aligned} \tag{1.86}$$

是一个 theta 函数.

Ramanujan[2] 和 Hardy 在早期合作的时候就发现了这一结果. 而且 Hardy 最欣赏的 Ramanujan 关于分拆函数的一个公式是 [16]

$$p(4)+p(9)+p(14)x^2+\cdots=5\frac{[(1-x^5)(1-x^{10})(1-x^{15})\cdots]^5}{[(1-x)(1-x^2)(1-x^3)\cdots]^6}. \tag{1.87}$$

这样利用分拆函数的生成函数, 并结合圆法就可以研究 mock theta 函数的泰勒展开式系数的渐进表示式. 之后的一段时间, 数学家又相继研究了 mock theta 函数具有的近似的模变换的性质, 给出了一些对应的结果. 然而, 在 Ramanujan 之后的八十余年中, 尽管数学家对 mock theta 函数进行了深入和系统的研究, 并试图揭示 mock theta 函数的本质属性问题, 但是都未取得实质性的进展和突破.

1.1.4　Mock theta 函数的突破

进入 21 世纪以来, 随着 Ramanujan 遗留的笔记本中的 mock theta 函数之谜被彻底揭开, mock 模形式理论得到了迅速的发展和完善. 2002 年, Zwegers[17] 在 Zagier

的指导下, 在其博士学位论文中首次将 mock theta 函数与非全纯的 Jacobi 形式、亚纯 Jacobi 形式 Fourier 系数、实解析的向量模形式建立了联系, 从而拉开了揭示它们具有的模形式的本质属性的序幕. 2004 年, Bruinier 和 Funke [18] 证明了每一个 mock theta 函数都是权为 1/2 的弱调和 Maass 形式的全纯部分. 这些深刻的理解使得 mock theta 函数理论在组合数学、数论、数学物理、椭圆曲线、密码学及表示论等方面都获得了十分广泛的应用. 这些内容在 1.2 节进行详细叙述.

尽管如此, 关于 mock theta 函数的本质定义, 许多数学家都有自己的理解与解释. 那么, 应该如何来定义 Ramanujan 发现的 mock theta 函数呢？这是研究 mock theta 函数的首要问题, 有着重要的研究价值和意义. 本书将围绕 mock theta 函数的定义这个核心问题, 对 mock theta 函数理论及与其相关的若干热点问题进行讨论和研究.

1.2 研究进展与热点问题

1.2.1 Mock theta 函数的本质定义问题

早在 1920 年, Ramanujan[2, 3] 就给出了 mock theta 函数的模糊定义.

(Ramanujan) 设 $\zeta := \mathrm{e}^{\frac{2\pi i m}{n}}$ 是一个 n 次单位根, 若 q-级数 $f(q)$ 是一个 mock theta 函数, 则其在 $|q|<1$ 时收敛且需满足:

(1) 对于每一个单位根 ζ, 存在一个与 ζ 相关的 theta 函数 $\theta_\zeta(q)$, 使得 $f(q)-\theta_\zeta(q)$ 在 q 径向趋向于 ζ 时有界.

(2) 不存在一个 theta 函数适合条件 (1) 中所有的单位根 ζ, 即对每一个 theta 函数, 必存在单位根 ζ 使得 $f(q)-\theta(q)$ 在 q 径向趋向于 ζ 时无界.

Ramanujan 断言他所列举的 17 个例子都满足他自己关于 mock theta 函数的模糊定义, 但是他当时无法证明定义中的条件 (2), 之后也未曾发现 Ramanujan 关于这一问题的任何证明. Watson[9, 11] 和 Selberg[12] 证明了 Ramanujan 模糊定义的第一部分, 即这 17 个 mock theta 函数都满足条件 (1). 1936 年, Watson[9] 就 3 阶 mock theta 函数证明了条件 (2) 的一个弱形式, 即它们都不等于同一个 theta 函数. 遗憾的是数学家仍不能证明 Ramanujan 定义的 mock theta 函数中涉及的 theta 函数的存在性问题.

那么, Ramanujan 给出的 mock theta 函数的模糊定义的真实动机是什么呢？根据 Ono [19] 后来的研究工作, 可以认为 Ramanujan 起初的思考来源于他对分拆函数和 Rogers-Ramanujan 恒等式的理解, 而 Ramanujan 后来的工作则是他对 Euler 级数具有的几乎逼近模变换性质的深刻思考.

为了说明他的这一动机, 首先介绍模形式的定义 [20, 21]、分拆函数的生成函数及 Ramanujan 所考虑的 Euler 级数.

设 $\mathrm{SL}_2(\mathbb{Z}) := \left\{ \begin{pmatrix} a & b \\ c & d \end{pmatrix} : a, b, c, d \in \mathbb{Z}, ad - bc = 1 \right\}$, $\Gamma \subset \mathrm{SL}_2(\mathbb{Z})$, $k \in \mathbb{Z}$.

若令 $T := \begin{pmatrix} 1 & 1 \\ 0 & 1 \end{pmatrix}$ 及 $S := \begin{pmatrix} 0 & -1 \\ 1 & 0 \end{pmatrix}$, 可知 $\mathrm{SL}_2(\mathbb{Z})$ 可以由 T 和 S 生成.

对于任意的 $\gamma = \begin{pmatrix} a & b \\ c & d \end{pmatrix} \in \Gamma$ 及 $\tau \in \mathbb{H}$, γ 作用在 τ 上的分式线性变换为

$$\gamma\tau := \frac{a\tau + b}{c\tau + d}. \tag{1.88}$$

(模形式) 若 $\mathbb{H}$ 上的一个全纯函数 $f(\tau)$ 对于一切 $\gamma \in \Gamma$ 都满足

$$f(\gamma\tau) = (c\tau + d)^k f(\tau), \tag{1.89}$$

同时, $f(\tau)$ 在 Γ 上的所有的尖点处全纯, 则称 $f(\tau)$ 为子群 Γ 上的权为 k 的 (全纯) 模形式.

一般地, 记子群 Γ 上所有权为 k 的 (全纯) 模形式为 $M_k(\Gamma)$.

若 $f(\tau)$ 在 Γ 上的尖点处是其极点, 则称 $f(\tau)$ 为子群 Γ 上的权为 k 的弱全纯模形式. 记子群 Γ 上所有权为 k 的弱全纯模形式为 $M_k^!(\Gamma)$.

若 $f(\tau)$ 在 Γ 上的所有尖点处的值为零, 则称 $f(\tau)$ 为子群 Γ 上的权为 k 的尖形式.

一般地, 记子群 Γ 上所有权为 k 的尖形式为 $S_k(\Gamma)$.

著名的 Dedekind η 函数为

$$\eta(\tau) := q^{1/24} \prod_{n=1}^{\infty} (1 - q^n), \quad \tau \in \mathbb{H}, \tag{1.90}$$

可以推出

$$\eta(T\tau) = \eta(\tau + 1) = \mathrm{e}^{\frac{\pi \mathrm{i}}{12}} \eta(\tau), \tag{1.91}$$

$$\eta(S\tau) = \eta(-1/\tau) = (-\mathrm{i}\tau)^{\frac{1}{2}} \eta(\tau), \tag{1.92}$$

由此可知 $\eta(\tau)$ 是权为 $1/2$ 的模形式.

Ramanujan 研究的正整数 n 的分拆函数 $p(n)$ 的生成函数为

$$\sum_{n=0}^{\infty} p(n) q^n = \prod_{n=1}^{\infty} \frac{1}{1 - q^n} = 1 + q + 2q^2 + 3q^3 + 5q^4 + \cdots. \tag{1.93}$$

因为 $\eta(\tau)$ 对所有 $\tau \in \mathbb{H}$ 都有 $\eta(\tau) \neq 0$, 所以可以推出

$$\frac{1}{\eta(\tau)} = \sum_{n=0}^{\infty} p(n) q^{n-\frac{1}{24}} \tag{1.94}$$

是权为 $-1/2$ 的弱全纯模形式.

同时 Ramanujan 还考虑了 Euler 级数

$$\Omega(t;q) := 1 + \sum_{n=0}^{\infty} \frac{q^{n^2}}{(1-tq)^2(1-tq^2)^2\cdots(1-tq^n)^2}. \tag{1.95}$$

他发现

$$\Omega(1;q) = \sum_{n=0}^{\infty} p(n) q^n = \prod_{n=1}^{\infty} \frac{1}{1-q^n}, \tag{1.96}$$

从而可知

$$\frac{1}{\eta(\tau)} = q^{-\frac{1}{24}} \Omega(1;q). \tag{1.97}$$

进而对于 3 阶 mock theta 函数

$$f(q) = 1 + \sum_{n=1}^{\infty} \frac{q^{n^2}}{(1+q)^2(1+q^2)^2\cdots(1+q^n)^2}, \tag{1.98}$$

容易发现

$$f(q) = \Omega(-1;q). \tag{1.99}$$

此外, 若记 $\zeta = \mathrm{e}^{\frac{2\pi i m}{n}}$ 是一个 n 次单位根, 当 $(m,n)=1$ 时, 则称 ζ 为一个 n 次本原单位根. Ramanujan 研究发现 3 阶 mock theta 函数 $f(q)$ 在 q 径向趋向于单位根时具有指数奇异性.

具体地讲, $f(q)$ 在 $|q|<1$ 且 q 径向趋向于奇数次单位根时都收敛. 但是, 当 q 径向趋向于偶数次单位根时, $f(q)$ 具有指数奇异性. 例如, $f(-0.994) \sim -1.08 \cdot 10^{31}$, $f(-0.996) \sim -1.02 \cdot 10^{46}$, $f(-0.998) \sim -6.41 \cdot 10^{90}$.

为了消除此指数奇异性, Ramanujan 找到了一个 q-级数 $b(q) := (1-q)(1-q^3)(1-q^5)\cdots(1-2q+2q^4-\cdots)$, 它可以消除 $f(q)$ 在 $q=-1$ 时的指数奇异性, 即

$$\lim_{q\to -1} (f(q) - b(q)) = 4. \tag{1.100}$$

Ramanujan 就 3 阶 mock theta 函数 $f(q)$ 及上述 q-级数 $b(q)$ 断言 [3, 22].

(Ramanujan 断言) 当 q 在单位圆周内径向趋向于偶数 $2k$ 次本原单位根 ζ 时, 则

$$\lim_{q\to\zeta} \left(f(q) - (-1)^k b(q)\right) = O(1). \tag{1.101}$$

1991 年, Andrews 和 Hickerson[23] 在理解 Ramanujan 模糊定义的基础上, 考虑了 mock theta 函数在单位根处的指数奇异性, 给出了一个 mock theta 函数 Ramanujan 定义的新形式.

(Andrews-Hickerson) 若全纯函数 $M(q)$ 是一个 mock theta 函数, 则其在 $|q|<1$ 时满足如下条件.

(1) $M(q)$ 在单位根处有无穷多个指数奇异点.

(2) 不存在一个与 $M(q)$ 不同的 theta 函数 $T(q)$, 使得在 q 径向趋向于每一个单位根时 $T(q)$ 都有界.

(3) 在每一个单位根 ζ 处, 都存在一个 theta 函数 $T_\zeta(q)$, 使得在 q 径向趋向于 ζ 时 $M(q)=T_\zeta(q)+O(1)$.

2012 年, Gordon 和 McIntosh[8] 也给出了与 Andrews 和 Hickerson 的 Ramanujan 定义相对应的 mock theta 函数的如下定义.

(Gordon-McIntosh) 若全纯函数 $M(q)$ 是一个 mock theta 函数, 则其在 $|q|<1$ 时满足如下条件.

(1) $M(q)$ 在单位根处有无穷多个指数奇异点.

(2) 不存在一个与 $M(q)$ 不同的 theta 函数 $T(q)$, 使得在 q 径向趋向于每一个单位根时 $T(q)$ 都有界.

(3) 在 q 径向趋向于每一个指数奇异点时, $M(q)$ 可以渐进表示为有限项指数幂和与 $O(1)$ 之和.

那么, 应该如何来理解 Ramanujan 关于 mock theta 函数的本质定义呢? 这个问题一直是困扰数学家的公开难题. 而 Ramanujan 关于 3 阶 mock theta 函数 $f(q)$ 的 Ramanujan 断言也成为学者研究的热点问题.

Folsom 等 [24, 25] 先后在 2012 年和 2013 年给出了 3 阶 mock theta 函数 $f(q)$ 的 Ramanujan 断言中估计项 $O(1)$ 的两种不同表示形式, 即

$$\lim_{q\to\zeta}\left(f(q)-(-1)^k b(q)\right)=-4\sum_{n=0}^{k-1}(1+\zeta)^2(1+\zeta^2)^2\cdots(1+\zeta^n)^2\zeta^{n+1} \tag{1.102}$$

和

$$\begin{aligned}&\lim_{q\to\zeta}\left(f(q)-(-1)^k b(q)\right)\\&=\begin{cases}4\displaystyle\sum_{n=0}^{k/2-1}(-1)^n\zeta^{n+1}(1+\zeta^2)(1+\zeta^4)\cdots(1+\zeta^{2n}), & k\equiv 0 \pmod 2,\\ 2+2\displaystyle\sum_{n=0}^{\frac{k-1}{2}}(-1)^{n+1}\zeta^{2n+1}(1+\zeta)\cdots(1+\zeta^{2n-1}), & k\equiv 1 \pmod 2.\end{cases}\end{aligned} \tag{1.103}$$

最后, Folsom 等将估计项 $O(1)$ 的这两种不同表示形式之间的内在关系作为了一个遗留问题.

2013 年, Zudilin[26] 利用 Dyson 的 rank 函数、q-级数 $U(q)$ 及 Andrews-Garvan 的 crank 函数对估计项 $O(1)$ 的这两种不同表示形式给出了一个新的证明. 同年, Mortenson[27] 讨论了一个 3 阶 mock theta 函数 $\omega(q)$ 的 Ramanujan 的径向极限问题、一些具有混合 mock 模形式的超几何 q-级数的双侧级数的径向极限和通用 mock theta 函数的 Ramanujan 的径向极限问题. 2014 年, 本书作者在文献 [28] 中就此问题给出了一个注记, 彻底揭示了估计项 $O(1)$ 的这两种不同表示形式之间的内在关联.

同时, Bajpai 等 [29] 也讨论了 3 阶、5 阶、6 阶及 8 阶 mock theta 函数的径向极限问题. 最后, 他们又给出了更一般的结论. 2015 年, Bringmann 和 Rolen[30] 研究了 mock theta 函数径向极限的一类更广形式, 即通用 mock theta 函数 $g_2(x,q)$ 的径向极限问题. 2017 年, Jang 和 Löbrich[31] 研究了 $g_3(x,q)$ 的径向极限并给出了几个较新的结果. 关于这些问题的相关结果会在第 2 章详细叙述.

1.2.2 Mock theta 函数具有的模形式的本质属性问题

在不断研究 Ramanujan 的 mock theta 函数定义的基础上, 数学家试图进一步探索和揭示 mock theta 函数与模形式之间的本质联系, 但一直未取得任何实质性的进展和突破. 幸运的是, 2002 年 Zwegers [17, 32] 在导师 Zagier 的指导下完成的博士学位论文中, 将 mock theta 函数与非全纯的 Jacobi 形式、亚纯 Jacobi 形式 Fourier 系数、实解析的向量模形式建立了联系, 首次彻底揭开了 mock theta 函数所具有的模形式的本质属性. 他的这一思想和动机来源于他对 Watson 及 Zagier 等之前关于 Mordell 积分和非全纯模形式 Fourier 系数渐进估计的大量计算和理论研究的深刻理解与新的思考.

Zwegers 十分巧妙地构造了一类实解析的向量模形式和权为 1/2 的实解析的非全纯 Jacobi 形式, 来刻画 mock theta 函数所具有的模形式的本质属性.

此处以 Ramanujan 的 3 阶 mock theta 函数 $f(q)$ 和 $\omega(q)$ 为例来介绍 Zwegers 的工作和研究结果.

首先, Zwegers 定义了一个向量函数

$$F(z) := (F_0(z), F_1(z), F_2(z))^{\mathrm{T}} := \left(q^{-\frac{1}{24}}f(q), 2q^{\frac{1}{3}}\omega(q^{\frac{1}{2}}), 2q^{\frac{1}{3}}\omega(-q^{\frac{1}{2}})\right)^{\mathrm{T}}. \tag{1.104}$$

其次, 他又考虑了非全纯的向量函数.

$$G(z) := (G_0(z), G_1(z), G_2(z))^{\mathrm{T}} := 2\mathrm{i}\sqrt{3}\int_{-\bar{z}}^{\mathrm{i}\infty} \frac{(g_1(\tau), g_0(\tau), -g_2(\tau))^{\mathrm{T}}}{\sqrt{-\mathrm{i}(\tau+z)}}, \tag{1.105}$$

其中, $g_i(\tau)$ 是下面权为 3/2 的 theta 函数.

$$g_0(\tau) := \sum_{n=-\infty}^{\infty} (-1)^n \left(n+\frac{1}{3}\right) \mathrm{e}^{3\pi\mathrm{i}\left(n+\frac{1}{3}\right)^2\tau}, \tag{1.106}$$

$$g_1(\tau) := -\sum_{n=-\infty}^{\infty} \left(n+\frac{1}{6}\right) \mathrm{e}^{3\pi\mathrm{i}\left(n+\frac{1}{6}\right)^2\tau}, \tag{1.107}$$

$$g_2(\tau) := \sum_{n=-\infty}^{\infty} \left(n+\frac{1}{3}\right) \mathrm{e}^{3\pi\mathrm{i}\left(n+\frac{1}{3}\right)^2\tau}. \tag{1.108}$$

他再利用 $F(z)$ 和 $G(z)$ 定义了新的向量函数 $H(z)$, 即

$$H(z) := F(z) + G(z). \tag{1.109}$$

最后, 对于这个新的向量函数, Zwegers 讨论了 $H(z)$ 具有的模变换的性质, 并给出了下面的结果.

(Zwegers[17, 32]**)** 向量函数 $H(z)$ 是一个权为 1/2 的实解析的向量模形式, 且满足

$$H(z+1) = \begin{pmatrix} \zeta_{24}^{-1} & 0 & 0 \\ 0 & 0 & \zeta_3 \\ 0 & \zeta_3 & 0 \end{pmatrix} H(z), \tag{1.110}$$

$$H(-1/z) = \sqrt{-\mathrm{i}z} \cdot \begin{pmatrix} 0 & 1 & 0 \\ 1 & 0 & 0 \\ 0 & 0 & -1 \end{pmatrix} H(z), \tag{1.111}$$

其中, $\zeta_n := \mathrm{e}^{\frac{2\pi\mathrm{i}}{n}}$. 进而可知, $H(z)$ 是 Casimir 算子 $\Omega_{\frac{1}{2}} := -4y^2\dfrac{\partial^2}{\partial z\partial \overline{z}} + \mathrm{i}y\dfrac{\partial}{\partial \overline{z}} + \dfrac{3}{16}$ 特征值为 3/16 的特征函数, 这里, $z = x + \mathrm{i}y$, $\dfrac{\partial}{\partial z} = \dfrac{1}{2}\left(\dfrac{\partial}{\partial x} - \mathrm{i}\dfrac{\partial}{\partial y}\right)$, $\dfrac{\partial}{\partial \overline{z}} = \dfrac{1}{2}\left(\dfrac{\partial}{\partial x} + \mathrm{i}\dfrac{\partial}{\partial y}\right)$.

因此, Zwegers 就巧妙地描述了 3 阶 Ramanujan 的 mock theta 函数 $f(q)$ 和 $\omega(q)$ 具有的模形式的本质属性. 可以看出 $H(z)$ 的全纯部分由 3 维权为 1/2 的实解析的向量模形式组成, 而其非全纯部分由权为 3/2 的一元 theta 函数组成. 同时 Zwegers 也利用上述思想和方法给出了其他 Ramanujan 的 mock theta 函数对应的实解析的向量模形式的具体形式.

此外, Zwegers 还构造了一类权为 1/2 的实解析的非全纯 Jacobi 形式, 其中用到了经典的 Mordell 型积分与 Lerch 和函数.

具体地讲, 对于 $\tau\in\mathbb{H}$, $u,v\in\mathbb{C}/(\mathbb{Z}\tau+\mathbb{Z})$, Zwegers 定义了 Lerch 和函数

$$\mu(u,v;\tau):=\frac{p^{\frac{1}{2}}}{\vartheta(v;\tau)}\cdot\sum_{n\in\mathbb{Z}}\frac{(-\omega)^n q^{n(n+1)/2}}{1-pq^n},\tag{1.112}$$

其中, $p:=\mathrm{e}^{2\pi\mathrm{i}u}$; $\omega:=\mathrm{e}^{2\pi\mathrm{i}v}$; $q:=\mathrm{e}^{2\pi\mathrm{i}\tau}$; 而 $\vartheta(v;\tau)$ 为 Jacobi theta 函数且

$$\vartheta(v;\tau):=\sum_{v\in\mathbb{Z}+\frac{1}{2}}\mathrm{e}^{\pi\mathrm{i}v}\omega^v q^{\frac{v^2}{2}}.\tag{1.113}$$

Zwegers 证明了 Lerch 和函数 $\mu(u,v;\tau)$ 具有如下性质.

(1) $\mu(u+\tau,v+\tau;\tau)=\mu(u,v;\tau)$.

(2) $\mu(u,v;\tau+1)=\mathrm{e}^{-\frac{\pi\mathrm{i}}{4}}\mu(u,v;\tau)$.

(3) $\dfrac{1}{\sqrt{-\mathrm{i}\tau}}\mathrm{e}^{\pi\mathrm{i}(u-v)^2/\tau}\mu\left(\dfrac{u}{\tau},\dfrac{v}{\tau};-\dfrac{1}{\tau}\right)+\mu(u,v;\tau)=\dfrac{1}{2\mathrm{i}}h(u-v;\tau)$, 其中 $h(z;\tau):=\displaystyle\int_R\frac{\mathrm{e}^{\pi\mathrm{i}\tau x^2-2\pi\mathrm{i}x}}{\cosh\pi x}\mathrm{d}x$ 为 Mordell 型积分, $z=x+\mathrm{i}y\in\mathbb{C}$.

Zwegers 发现 $\mu(u,v;\tau)$ 的上述性质说明其有近似权为 1/2 的实解析的 Jacobi 形式的模变换性质. 从而, 他利用 Lerch 和函数 $\mu(u,v;\tau)$ 构造了一个权为 1/2 的实解析的非全纯 Jacobi 形式.

确切地讲, 对于 $\tau\in\mathbb{H}$, $u\in\mathbb{C}$, $y=\Im(\tau)$, 令 $c:=\Im(u)/\Im(\tau)$, Zwegers 定义函数

$$R(u;\tau):=\sum_{\nu\in\frac{1}{2}+\mathbb{Z}}\left\{\mathrm{sgn}(\nu)-E((\nu+c)\sqrt{2y})\right\}(-1)^{\nu-\frac{1}{2}}\mathrm{e}^{-\pi\mathrm{i}\nu^2\tau-2\pi\mathrm{i}\nu u},\tag{1.114}$$

其中, $E(x):=2\displaystyle\int_0^x\mathrm{e}^{-\pi u^2}\mathrm{d}u=\mathrm{sgn}(x)(1-\beta(x^2))$ 为奇函数, $\beta(x)=\displaystyle\int_x^\infty u^{-\frac{1}{2}}\mathrm{e}^{-\pi u}\mathrm{d}u$, $x\in R\geqslant 0$.

最后, Zwegers 考虑一个实解析函数

$$\hat{\mu}(u,v;\tau):=\mu(u,v;\tau)+\frac{\mathrm{i}}{2}R(u-v;\tau).\tag{1.115}$$

对于任意的 $k,l,m,n\in\mathbb{Z}$, 他证明了函数 $\hat{\mu}(u,v;\tau)$ 满足如下模变换的性质.

(1) $\hat{\mu}(u+k\tau+l,v+m\tau+n;\tau)=(-1)^{k+l+m+n}\mathrm{e}^{\pi\mathrm{i}(k-m)^2\tau+2\pi\mathrm{i}(k-m)(u-v)}\hat{\mu}(u,v;\tau)$.

(2) $\hat{\mu}\left(\dfrac{u}{c\tau+d},\dfrac{v}{c\tau+d};\dfrac{a\tau+b}{c\tau+d}\right)=v(\gamma)^{-3}(c\tau+d)^{\frac{1}{2}}\mathrm{e}^{-\pi\mathrm{i}c(u-v)^2/(c\tau+d)}\hat{\mu}(u,v;\tau)$, 其中, $\gamma=\begin{pmatrix}a&b\\c&d\end{pmatrix}\in\mathrm{SL}_2(\mathbb{Z})$; $v(\gamma)=\eta\left(\dfrac{a\tau+b}{c\tau+d}\right)/((c\tau+d)^{1/2}\eta(\tau))$.

(3) $\hat{\mu}(-u,-v;\tau)=\hat{\mu}(v,u;\tau)=\hat{\mu}(u,v;\tau)$.

因此, Zwegers 得出 $\hat{\mu}(v,u;\tau)$ 是一个权为 1/2 的实解析的非全纯 Jacobi 形式.

Zwegers 对 mock theta 函数具有模变换性质的本质属性的这两种理解和认识是非常深刻的, 这对进一步研究 mock theta 函数的问题具有划时代的意义, 开启了 mock theta 函数研究的新热潮.

2014 年, Bajpai 等证明了一些 3 阶、5 阶等 mock theta 函数的双侧级数是一类权为 1/2 的模形式. Bajpai 等在 Zwegers 研究的基础上, 同时考虑了 Watson[11] 利用 mock theta 函数的双侧级数证明的 “Mock Theta Conjectures”, 他们还巧妙地构造了这些 mock theta 函数的 Ramanujan 径向极限.

例如, 对于 5 阶 Ramanujan 的 mock theta 函数, Watson 曾证明了

$$\sum_{n=-\infty}^{\infty}\frac{q^{n^2}}{(-q;q)_n}=\sum_{n=0}^{\infty}\frac{q^{n^2}}{(-q;q)_n}+\sum_{n=1}^{\infty}\frac{q^{n^2}}{(-q;q)_{-n}}=f_0(q)+2\psi_0(q), \tag{1.116}$$

$$\sum_{n=-\infty}^{\infty}\frac{q^{2n^2}}{(q;q^2)_n}=\sum_{n=0}^{\infty}\frac{q^{2n^2}}{(q;q^2)_n}+\sum_{n=1}^{\infty}\frac{q^{2n^2}}{(q;q^2)_{-n}}=F_0(q)+\phi_0(q)-1, \tag{1.117}$$

$$\sum_{n=-\infty}^{\infty}\frac{q^{2n(n+1)}}{(q;q^2)_{n+1}}=\sum_{n=0}^{\infty}\frac{q^{2n(n+1)}}{(q;q^2)_{n+1}}+\sum_{n=1}^{\infty}\frac{q^{2n(n+1)}}{(q;q^2)_{-n+1}}=F_1(q)-\frac{\phi_1(q)}{q}. \tag{1.118}$$

本书作者在两个 5 阶 Ramanujan 的 mock theta 函数中利用变换 $q\to q^{-1}$ 得到了一类 Rogers [33] 在 1917 年得到的 false theta 函数, 这些函数还可以用 Eichler 积分来表示. 而 Hikami [34] 在 2005 年证明了这些 Eichler 积分是权为 3/2 的向量模形式. 对得到的 false theta 函数又构造和研究了其对应的双侧级数, 进而应用其双侧级数的相关结果巧妙地建立了这两个 false theta 函数的 Ramanujan 径向极限. 同时还试图去研究和构造其他阶 mock theta 函数类似的问题. 对这一问题的相关结果在本书的第 2 章将详细讨论.

1.2.3 弱调和 Maass 形式与 mock theta 函数的现代定义

在数学家对 Ramanujan 的 mock theta 函数研究的过程中, 其他与之相关的理论也在迅速的发展和完善. 事实上, Shimura[35] 早在 1973 年就首次系统地发展了半整权模形式的理论, 进而建立了半整权模形式和整权模形式之间的 Shimura 对应. 2004 年, Bruinier 和 Funke [18] 首次提出了每一个 Ramanujan 的 mock theta 函数都是权为 1/2 的弱调和 Maass 形式的全纯部分, 而其非全纯部分是一个权为 3/2 的一元 theta 函数. Bruinier 和 Funke 由此开创了利用弱调和 Maass 形式理论研究 mock theta 函数的新纪元.

关于弱调和 Maass 形式, 源于 1949 年 Maass[36, 37] 定义的非全纯实解析模形式, 后来被人们称为 Maass 形式.

(Maass 形式) 设 $\tau=x+\mathrm{i}y\in\mathbb{H}$, $\Delta=\Delta_0:=-y^2\left(\frac{\partial^2}{\partial x^2}+\frac{\partial^2}{\partial y^2}\right)$ 是二阶微

分算子, 即权为 0 的双曲 Laplacian 变换, 那么一个光滑函数 $f:\mathbb{H}\to\mathbb{C}$ 是子群 $\Gamma\subset\mathrm{SL}_2(\mathbb{Z})$ 上的 Maass 形式, 则其满足如下条件.

(1) 对任意 $\begin{pmatrix} a & b \\ c & d \end{pmatrix}\in\Gamma$, 都有

$$f\left(\frac{a\tau+b}{c\tau+d}\right)=f(\tau). \tag{1.119}$$

(2) f 是 Δ 的特征函数, 即 $\Delta f=\lambda f$.

(3) 存在 $N>0$ 使得当 $y\to+\infty$ 时, 有 $f(\tau)=f(x+\mathrm{i}y)=O(y^N)$.

之后, 许多数学家如 Niebur[38, 39] 和 Hejhal[40] 分别构造了一类非全纯的 Poincaré 级数. Bruinier[41] 在 1999 年将这些非全纯的 Poincaré 级数用到了他的研究工作 Borcherds 提升和 Green 函数问题中, 从而发展了一个新的理论体系, 即弱调和 Maass 形式理论. 2004 年, Bruinier 和 Funke [18] 给出了这一重要的理论成果, 也就是他们关于弱调和 Maass 形式的开创性工作.

这里涉及同余子群的概念, 设 N 是一个正整数, 那么 level 为 N 的同余子群 $\Gamma_0(N),\Gamma_1(N),\Gamma(N)$ 分别记为

$$\Gamma_0(N):=\left\{\begin{pmatrix} a & b \\ c & d \end{pmatrix}\in\mathrm{SL}_2(\mathbb{Z}): c\equiv 0 \pmod N\right\}, \tag{1.120}$$

$$\Gamma_1(N):=\left\{\begin{pmatrix} a & b \\ c & d \end{pmatrix}\in\mathrm{SL}_2(\mathbb{Z}): a\equiv d\equiv 1 \pmod N, c\equiv 0 \pmod N\right\}, \tag{1.121}$$

$$\Gamma(N):=\left\{\begin{pmatrix} a & b \\ c & d \end{pmatrix}\in\mathrm{SL}_2(\mathbb{Z}): a\equiv d\equiv 1 \pmod N, b\equiv c\equiv 0 \pmod N\right\}. \tag{1.122}$$

(弱调和 Maass 形式) 设 $k\in\frac{1}{2}\mathbb{Z}$, $\tau=x+\mathrm{i}y\in\mathbb{H}$, N 是一个正整数 (当 k 为半整数时, $4\mid N$). $\Delta_k:=-y^2\left(\frac{\partial^2}{\partial x^2}+\frac{\partial^2}{\partial y^2}\right)+\mathrm{i}ky\left(\frac{\partial}{\partial x}+\frac{\partial}{\partial y}\right)$ 是权为 k 的双曲 Laplacian 变换. 对于奇整数 d, 定义 ϵ_d 为

$$\epsilon_d=\begin{cases} 1, & d\equiv 1 \pmod 4, \\ \mathrm{i}, & d\equiv 3 \pmod 4). \end{cases} \tag{1.123}$$

那么, 一个光滑函数 $f:\mathbb{H}\to\mathbb{C}$ 是同余子群 $\Gamma'\in\{\Gamma_1(N),\Gamma_0(N)\}$ 上权为 k 的弱调和 Maass 形式, 则其满足如下条件.

(1) 对一切 $\gamma'=\begin{pmatrix} a & b \\ c & d \end{pmatrix}\in\Gamma'$ 及 $\tau\in\mathbb{H}$, 都有

$$f\left(\frac{a\tau+b}{c\tau+d}\right)=\begin{cases}(c\tau+d)^kM(z), & k\in\mathbb{Z},\\ \left(\dfrac{c}{d}\right)^{2k}\epsilon_d^{-2k}(c\tau+d)^kM(z), & k\in\dfrac{1}{2}\mathbb{Z}\backslash\mathbb{Z},\end{cases} \tag{1.124}$$

其中, $\left(\dfrac{c}{d}\right)$ 是 Jacobi 符号; $\sqrt{\tau}$ 取全纯平方根主值的一支.

(2) f 是 Δ_k 特征值为 0 的特征函数, 即有 $\Delta_k f=0$.

(3) 存在一个多项式 $P_f=\sum_{n\leqslant 0}c^+(n)q^n\in\mathbb{C}[q^{-1}]$ 使得对于某一个 $\epsilon>0$, 当 $y\to+\infty$ 时有

$$f(\tau)-P_f(\tau)=O(\mathrm{e}^{-\epsilon y}). \tag{1.125}$$

此条件对 $f(\tau)$ 在同余子群 Γ' 上所有可能的尖点处也必须成立.

一般地, 记同余子群 Γ' 上所有权为 k 的弱调和 Maass 形式为 $H_k(\Gamma')$.

因为知道 $\mathbb{H}$ 上的全纯函数是调和的, 所以可知弱全纯模形式是弱调和 Maass 形式.

若设 $1<k\in\dfrac{1}{2}\mathbb{Z}$, $\Gamma(x,t):=\displaystyle\int_t^{\infty}u^{x-1}\mathrm{e}^{-u}\mathrm{d}u$ 为不完全 Gamma 函数, 当 $f(\tau)\in H_{2-k}(\Gamma_1(N))$ 时, 若弱调和 Maass 形式 $f(\tau)$ 的 Fourier 展开式为

$$f(\tau)=\sum_{n\gg-\infty}c_f^+(n)q^n+\sum_{n<0}c_f^-(n)\Gamma(k-1,4\pi|n|y)q^n, \tag{1.126}$$

则称

$$f^+(\tau):=\sum_{n\gg-\infty}c_f^+(n)q^n \tag{1.127}$$

为 $f(\tau)$ 的全纯部分, 也称 $f^+(\tau)$ 是权为 $2-k$ 的 mock 模形式.
同时称

$$f^-(\tau):=\sum_{n<0}c_f^-(n)\Gamma(k-1,4\pi|n|y)q^n \tag{1.128}$$

为 $f(\tau)$ 的非全纯部分.

例如, Hirzebruch [42] 和 Zagier [43] 发现了一类权为 3/2 的弱调和 Maass 形式.

设 $\tau=x+\mathrm{i}y$, $H(0)=\zeta(-1)=-\dfrac{1}{12}$, $H(n)$ 为判别式 $-n$ 的 Hurwitz 类数, 则函数

$$G(\tau):=\sum_{n=0}^{\infty}H(n)q^n+\frac{1}{16\pi\sqrt{y}}\sum_{n=-\infty}^{\infty}\beta(4\pi n^2y)q^{-n^2} \tag{1.129}$$

是子群 $\Gamma_0(4)$ 上权为 3/2 的弱调和 Maass 形式, 其中 $\beta(s):=\displaystyle\int_1^{\infty}t^{-3/2}\mathrm{e}^{-st}\mathrm{d}t$.

可以发现, $G^+(\tau)=\sum\limits_{n=0}^{\infty}H(n)q^n$, $G^-(\tau)=\dfrac{1}{16\pi\sqrt{y}}\sum\limits_{n=-\infty}^{\infty}\beta(4\pi n^2y)q^{-n^2}$.

此外, 权为 2 的 Eisenstein 级数为

$$E_2(\tau) := 1 - 24\sum_{n\geqslant 1}\sigma_1(n)q^n, \tag{1.130}$$

其中, $\sigma_k(n) := \sum_{d|n} d^k$.

容易得出 $E_2(\tau)$ 不是模形式, 但若定义级数

$$E_2^*(\tau) := E_2(\tau) - \frac{3}{\pi y}, \tag{1.131}$$

可知其是一个权为 2 的弱全纯模形式, 即为弱调和 Maass 形式 (广义), 其中 $y = \Im(\tau)$. 进而可知 $E_2(\tau)$ 是 $E_2^*(\tau)$ 的全纯部分, $-\dfrac{3}{\pi y}$ 是 $E_2^*(\tau)$ 的非全纯部分.

在 Bruinier 和 Funke 对弱调和 Maass 形式理论研究工作的推动下, 2006 年, Zagier[7] 给出了 Ramanujan 的 mock theta 函数的现代定义.

(Zagier[7]) 若 q-级数 $M(q) := \sum_{n\geqslant 0} a_n q^n$ 是一个 mock theta 函数, 则其在 $|q| < 1$ 时满足条件: 存在一个有理数 $\lambda \in \mathbb{Q}$ 和一个权为 k 的一元 theta 函数 $g(z) := \sum_{n\in\mathbb{Q}^+} b_n q^n$ 使得

$$h(z) = q^\lambda M(q) + g^*(z) \tag{1.132}$$

是一个权为 $2-k$ 的弱全纯模形式, 即弱调和 Maass 形式, 其中 $g^*(z) = c_k \sum_{n\in\mathbb{Q}^+} n^{2-k}\overline{b_n}\Gamma(k-1, 4\pi n y)q^{-n}$, c_k 是一个依赖于 k 的常数, 一元 theta 函数 $g(z)$ 称为 $M(q)$ 的 “Shadow ”.

这样, Zwegers 所讨论的 17 个 Ramanujan 的 mock theta 函数均是权为 1/2 的弱调和 Maass 形式的具体例子.

由此, 由 Bruinier、Funke 和 Zagier 的工作, 可以发现如何将 Ramanujan 的 mock theta 函数加上一个非全纯项使其成为一个弱调和 Maass 形式是一个非常重要的工作, 进而可以研究 Ramanujan 关于 mock theta 函数的定义与 Zagier 关于 mock theta 函数的现代定义之间是否等价的问题. 事实上, Griffin 等 [44] 在 2013 年已经发现并证明了如下结果.

(Griffin-Ono-Rolen) 设 $M(\tau)$ 是一个 Ramanujan 的 mock theta 函数, $m \in \mathbb{Z}$, $\gamma \in p_1(N')$ 使得 $q^m M(\gamma\tau)$ 是一个权为 1/2 的弱调和 Maass 形式的全纯部分, 则不存在一个任何同余子群 $\Gamma_1(N')$ 上的半整权弱全纯模形式 $g(\tau)$ 使得对于所有单位根 ζ 有

$$\lim_{q\to\zeta}\left(q^m M(\gamma\tau) - g(\tau)\right) = O(1). \tag{1.133}$$

之后, Rhoades[45] 找到了两个特殊的 mock theta 函数, 解决了 mock theta 函数的 Ramanujan 定义与 Zagier 定义是否等价的问题, 即得到了如下结果.

(Rhoades) Ramanujan 关于 Ramanujan 的 mock theta 函数的定义与 Zagier 关于 Ramanujan 的 mock theta 函数的现代定义并不等价.

本书作者定义和构造了一类同余子群上的权为 1/2 的混合 mock 模形式及其对应的 mock theta 函数, 进而证明了所得的 mock theta 函数是一类同余子群上的权为 1/2 的弱调和 Maass 形式的全纯部分, 具体结果将在第 4 章详细讨论. 同时作者也讨论了与弱调和 Maass 形式系数相关的 Gamma 函数及其特殊函数的性质 [46−53].

此外, mock theta 函数与超几何 q-级数之间有着密切的联系, 实际上由 Rogers-Ramanujan 恒等式就可以看出超几何 q-级数与模形式之间的内在关联. 2009 年, Bringmann 等 [54] 讨论了一类权为 3/2 的弱调和 Maass 形式的全纯部分与 Lerch 型 q-级数及 Rogers-Fine 型超几何 q-级数之间的关系.

在对弱调和 Maass 形式研究的基础上, 2010 年, Bringmann 和 Richter[55] 首次提出调和 Maass-Jacobi 形式的概念, 他们的这个新定义包含了经典的 Jacobi 形式 [56] 和 Zwegers 定义的实解析的 Jacobi 形式. 同时 Bringmann 等还构造了一个 Maass-Jacobi-Poincaré 级数作为调和 Maass-Jacobi 形式的具体例子. 2013 年, Cho 和 Choie[57] 建立了半整权的弱调和 Maass 形式空间与整权调和 Maass-Jacobi 形式空间之间的一个同构关系.

Miezaki 和 Waldherr[58] 在 2015 年研究了 Mathieu mock theta 函数的 Fourier 系数的同余性质, 这一结果与 Mathieu 月光猜想紧密关联. 同时, Bringmann 等 [59] 利用弱 Jacobi 形式及权为 1、指数为 2 的亚纯 Maass-Jacobi 形式建立了其与最大 Mathieu 群 M_{24} 之间的联系, 他们得到了一些权为 1 的 Maass-Jacobi-Poincaré 级数的同余关系. 因此, 调和 Maass-Jacobi 形式成为近几年来模形式研究的又一新的方向, 产生了许多新的理论和方法.

此外, 2014 年, Bringmann 等 [60] 利用弱调和 Maass 形式理论证明了 Zagier 定义的整权尖形式 f_D 的生成函数是半整权尖形式. 2015 年, Srivastava [61] 研究发现了 5 阶和 10 阶 Ramanujan 的 mock theta 函数的一类推广形式, 他证明了自己所定义的 mock theta 函数的推广形式属于一类 F_q 函数, 其中函数 F_q 满足函数方程

$$D_{q,z}F(z,\alpha)=F(z,\alpha+1),\quad zD_{q,z}F(z,\alpha)=F(z,\alpha)-F(zq,\alpha). \tag{1.134}$$

Srivastava 又利用 F_q 函数的性质给出了这些同阶 mock theta 函数的推广形式之间的线性关系. 更重要的是选取合理的参数后, 可以由这些 mock theta 函数的推广形式得到 Ramanujan 的 mock theta 函数. 通过试图去探究和讨论其他阶 mock theta 函数类似的推广形式, 进而考虑它们是否具有模变换的性质问题.

最后, Ramanujan 的 mock theta 函数理论与其他数学问题也有着重要的联系及其应用. 早在 2002 年, Zagier[62] 就发现奇异模迹的生成函数是一类半整权的模

形式. 之后, Bruinier 等 [63]、Duke[64]、Ahlgen[65] 等分别研究了奇异模迹的生成函数及类数的生成函数与 mock 模形式之间的关联.

1.2.4 Mock theta 函数的表示及其两类对偶表示问题

Ramanujan 的 mock theta 函数与 Euler 级数、theta 函数、Hecke 型双重级数和及 Appell-Lerch 和之间存在着内在的联系. Hickerson 和 Mortenson[66] 在 2014 年研究了 Hecke 型双重级数和并给出了各阶 mock theta 函数的 Appell-Lerch 和表示, 为了介绍他们的这一结果, 首先定义 Appell-Lerch 和.

(Appell-Lerch 和) 设 $x, z \in \mathbb{C}^* := \mathbb{C} - \{0\}$, 且 z 和 xz 均不是 q 的整数次幂, 则函数

$$m(x, q, z) := \frac{1}{j(z;q)} \sum_{r=-\infty}^{\infty} \frac{(-1)^r q^{r(r-1)/2} z^r}{1 - q^{r-1} xz} \tag{1.135}$$

称为 Appell-Lerch 和, 也可以称为 Appell-Lerch 函数, 其中

$$j(x;q) := \sum_{n=-\infty}^{\infty} (-1)^n q^{n(n-1)/2} x^n. \tag{1.136}$$

从而, Hickerson 和 Mortenson[66] 给出了 2 阶 mock theta 函数的 Appell-Lerch 和表示

$$A(q) = \sum_{n=0}^{\infty} \frac{q^{n+1}(-q^2;q^2)_n}{(q;q^2)_{n+1}} = -m(q, q^4, q^2), \tag{1.137}$$

$$B(q) = \sum_{n=0}^{\infty} \frac{q^n(-q;q^2)_n}{(q;q^2)_{n+1}} = -q^{-1} m(1, q^4, q^3), \tag{1.138}$$

$$\mu(q) = \sum_{n=0}^{\infty} \frac{(-1)^n q^{n^2}(q;q^2)_n}{(-q^2;q^2)_n^2} = 2m(-q, q^4, -1) + 2m(-q, q^4, q). \tag{1.139}$$

同时, 他们还揭示了 Appell-Lerch 和与部分 theta 函数之间的对偶表示关系, 即在 mock theta 函数的 Euler 形式中利用 q-级数变换 $q \to q^{-1}$ 可以得到其对应的 Euler 级数, 这个 Euler 级数可以用部分 theta 函数来表示, 而这个部分 theta 函数表示也可以通过在 mock theta 函数的 Appell-Lerch 和表示中同时作变换 $q \to q^{-1}$, 再利用 Appell-Lerch 和即可得到如下渐进表示

$$m(x, q, z) \sim \sum_{r \geqslant 0} (-1)^r x^r q^{\frac{r(r+1)}{2}}, \tag{1.140}$$

其中, $\sim$ 是指两个相等或者最多相差一个 theta 函数.

因此, Hickerson 和 Mortenson[66] 称 mock theta 函数在 q-级数变换下所得 Euler 级数的部分 theta 函数表示为 mock theta 函数的 Appell-Lerch 和表示对应的对偶表示.

例如, 考虑 2 阶 mock theta 函数 $B(q)$ 的 Appell-Lerch 和表示如式 (1.138) 所示, 在其左边的级数中作 q-级数变换 $q \to q^{-1}$, 可得

$$\sum_{n=0}^{\infty} \frac{(-1)^{n+1} q^{n+1}(-q;q^2)_n}{(q;q^2)_{n+1}} =: \bar{B}(q). \tag{1.141}$$

同时, 在其右边的 Appell-Lerch 和中作同样的变换后, 再利用渐进表示就可以得到 2 阶 mock theta 函数 $B(q)$ 的 Appell-Lerch 和表示对应的对偶表示

$$\sum_{n=0}^{\infty} \frac{(-1)^{n+1} q^{n+1}(-q;q^2)_n}{(q;q^2)_{n+1}} = -q \sum_{n\geqslant 0} (-1)^n q^{2n(n+1)}. \tag{1.142}$$

然而相反, 2014 年, Mortenson[67] 又研究了一些给定的 Euler 级数的部分 theta 函数表示问题, 他考虑了其对偶表示对应级数的双侧级数中的异侧级数的 Appell-Lerch 和表示问题, 发现这些 Appell-Lerch 和表示可以由其部分 theta 函数表示对应的对偶表示的 Appell-Lerch 和得到, 称这些给定 Euler 级数的对偶表示对应级数的双侧级数的异侧级数的 Appell-Lerch 和表示为其第二类对偶表示.

例如, 设 $a \neq 0$, 对于级数的部分 theta 函数表示

$$\begin{aligned}\left(1+\frac{1}{a}\right) \sum_{n=0}^{\infty} \frac{(-q;q)_{2n} q^{2n+1}}{(aq,q/a;q^2)_{n+1}} =& -\sum_{n=0}^{\infty} (-a)^n q^{n(n+1)} \\ &+ \frac{\overline{J}_{1,4}}{j(aq;q^2)} \sum_{n=0}^{\infty} (-a)^n q^{n(n+1)/2}.\end{aligned} \tag{1.143}$$

考虑其对偶级数的双侧级数的异侧级数

$$f(a) := \left(1+\frac{1}{a}\right) \sum_{n=-\infty}^{-1} \frac{(-q;q)_{2n} q^{n+1}}{(aq,q/a;q^2)_{n+1}},$$

再作变换 $n \to -n$ 并利用对偶关系, 则可以推得

$$\begin{aligned} f(a) &= \left(1+\frac{1}{a}\right) \sum_{n=0}^{\infty} \frac{(aq,q/a;q^2)_n q^{2n+1}}{(-q;q)_{2n+1}} \\ &= 2m(a,q^2,-1) - \frac{j(aq;q^2)}{\overline{J}_{1,4}} m(a,q,-1) - \frac{1}{2}\frac{J_1^5}{J_2^4}\frac{j(aq;q^2)}{j(-a;q)} \end{aligned} \tag{1.144}$$

是这个级数的对偶表示对应级数的第二类对偶表示.

本书作者研究了通用 mock theta 函数 $g_3(x,q)$ 的第二类对偶表示, 即 Appell-Lerch 和表示, 进而利用所得结果给出了 2 阶 mock theta 函数的第二类对偶表示, 即它们的双侧级数的异侧级数对应的 Appell-Lerch 和表示. 同时, 对所得到的 mock theta 函数的第二类对偶表示, 又研究了它们经过变换 $q\to q^{-1}$ 后可能会得到的部分 theta 函数表示, 即它们的 Appell-Lerch 和表示对应的由部分 theta 函数表示的对偶表示. 最后, 利用得到的 mock theta 函数的第二类对偶表示, 建立了一些 mock theta 函数的 Ramanujan 径向极限.

例如, 对于 2 阶 mock theta 函数 $B(q)$, 若 ζ 是奇数 $2k-1$ 次本原单位根, 则当 q 在单位圆周内径向趋向于 ζ 时, 可得

$$\lim_{q\to\zeta}\left(B(q)-\frac{J_1^3}{qJ_{0,1}^2}\right)=\sum_{n=0}^{k-1}\frac{(-1)^{n+1}(\zeta;\zeta^2)_n\zeta^n}{(-\zeta;\zeta^2)_{n+1}}. \tag{1.145}$$

关于这一问题的具体研究结果将在第 3 章详细讨论.

1.2.5 Mock theta 函数的系数与半整权尖形式 Fourier 系数问题

Ramanujan 在他的最后一封信中强调了研究 Ramanujan 的 mock theta 函数系数渐进性的重要性问题. Dragonette[68]、Andrews[69] 先后得到了 3 阶 mock theta 函数 $f(q)$ 系数的精确渐进公式.

若设 n 是一个正整数及

$$f(q)=1+\sum_{n=1}^{\infty}\frac{q^{n^2}}{(1+q)^2(1+q^2)^2\cdots(1+q^n)^2}=\sum_{n=0}^{\infty}\alpha(n)q^n, \tag{1.146}$$

那么, 他们得出

$$\alpha(n)\sim\frac{(-1)^{n-1}}{2\sqrt{n-\dfrac{1}{24}}}\cdot \mathrm{e}^{\pi\sqrt{\frac{n}{6}-\frac{1}{144}}} \tag{1.147}$$

及

$$\begin{aligned}\alpha(n)=&\,\pi(24n-1)^{-\frac{1}{4}}\sum_{k=1}^{[\sqrt{n}]}\frac{(-1)^{\left[\frac{k+1}{2}\right]}A_{2k}\left(n-\dfrac{k(1+(-1)^k)}{4}\right)}{k}\\ &\cdot \mathrm{I}_{\frac{1}{2}}\left(\frac{\pi\sqrt{24n-1}}{12k}\right)+O(n^{\epsilon}),\end{aligned} \tag{1.148}$$

其中, I_k 是 Bessel 函数, $A_{2k}(n)$ 为

$$A_{2k}(n):=\frac{1}{2}\sqrt{\frac{k}{12}}\sum_{\substack{x \pmod{24k}\\ x^2\equiv -24n+1 \pmod{24k}}}\chi_{12}(x)\cdot e\left(\frac{x}{12k}\right), \tag{1.149}$$

其中, $\chi_{12}(x) := \left(\frac{12}{x}\right)$.

2006 年, Bringmann 和 Ono[70] 利用 Zwegers 关于 mock theta 函数建立的实解析的向量模形式理论、弱调和 Maass 形式理论和 Poincaré 级数也证明了 $\alpha(n)$ 的上述结论. 由此可见, mock theta 函数系数的渐进性质有着重要的研究价值和意义. 之后, 许多学者从不同的角度对此做了许多工作.

2014 年, Rhoades [71] 利用正整数 n 严格单峰序列数 $u^*(n)$ 的生成函数 $U^*(q)$ 是一类混合 mock 模形式的性质, 给出了 $u^*(n)$ 一个精确的渐进公式.

因此, 近年来, 虽然 mock theta 函数系数的渐进估计十分困难, 但是越来越激发人们的研究兴趣. 而其他与之相关的问题也在不断发展和完善, 特别是弱调和 Maass 形式 Fourier 系数估计问题、全纯整权本原尖形式 Fourier 系数的符号变化问题及半整权本征形式的尖形式 Fourier 系数等问题都成为数学家研究的一个热点问题.

2010 年, Kowalski 等 [72] 研究了全纯整权本原尖形式 Fourier 系数的符号变化问题, 即它们的 Hecke 本征值的符号变化问题. 他们研究发现, 当偶数 $k \geqslant 2$ 时, 权为 k 的全纯整权本原尖形式的 Hecke 本征值的符号变化十分频繁. 若记 $H_k^*(N)$ 表示同余子群 $\Gamma_0(N)$ 上所有权为 k 的本原尖形式, 他们给出了这类本原尖形式的 Hecke 本征值的第一个负值项的上界估计, 即得到了下面结果.

设偶整数 $k \geqslant 2$, 整数 $N \geqslant 1$, 则对任意的 $f \in H_k^*(N)$, 若 f 在 $\mathrm{i}\infty$ 点的 Fourier 展开式为 $f = \sum_{n=1}^{\infty} \lambda_f(n) n^{(k-1)/2} q^n$, 则有

$$n_f \ll (k^2 N)^{9/20}, \tag{1.150}$$

其中, 当 $(n, N) = 1$ 时, n_f 为使得 $\lambda_f(n) < 0$ 的最小的整数 n.

同时, 可以发现, 由 f 是本原尖形式, 可知本征值 $\lambda_f(n)$ 是 Hecke 算子 T_n 的正规化本征值, 即有 $\lambda_f(1) = 1$. 进而可知 $\lambda_f(n)$ 是一个可乘函数且满足著名的 Ramanujan-Petersson 猜想:

$$|\lambda_f(n)| \leqslant d(n), \quad n \geqslant 1, \tag{1.151}$$

其中, $d(n)$ 是除数函数.

2012 年, Lau 等 [73] 研究了整权本原尖形式的对称平方 L-函数的 Fourier 系数的第一个负值项的上界估计问题, 给出了一个漂亮的结果. 设偶整数 $k \geqslant 2$, 整数 $N \geqslant 1$, 对任意的 $f \in H_k^*(N)$, 若 f 在 $\mathrm{i}\infty$ 点的 Fourier 展开式为 $f = \sum_{n=1}^{\infty} \lambda_f(n) n^{(k-1)/2} q^n$, 定义函数

$$\begin{aligned} L(s, \mathrm{sym}^2 f) &:= \prod_p \left(1 - \frac{\lambda_f(p^2)}{p^s} + \frac{\psi_N(p)\lambda_f(p^2)}{p^{2s}} - \frac{\psi_N(p)}{p^{3s}}\right)^{-1} \\ &:= \sum_{n \geqslant 1} \frac{\lambda_{\mathrm{sym}^2 f}(n)}{n^s}, \end{aligned} \tag{1.152}$$

其中, $\Im s > 1$; p 为素数; ψ_N 是模 N 的主特征. Lau 等给出了如下结果.

设偶整数 $k \geqslant 2$, 整数 $N \geqslant 1$, 则对任意的 $f \in H_k^*(N)$, 可得

$$n_{\mathrm{sym}^2 f} \ll (k^2N^2)^{40/113}, \tag{1.153}$$

其中, 当 $(n, N) = 1$ 时, $n_{\mathrm{sym}^2 f}$ 为使得 $\lambda_{\mathrm{sym}^2 f}(n) < 0$ 的最小的整数 n.

而关于半整权尖形式 Fourier 系数的符号变化问题, 基于 Shimura[35] 创立的关于半整权模形式与整权模形式之间的 Shimura 对应, 2008 年, Bruinier 和 Kohnen[74] 发现半整权尖形式 Fourier 系数的符号变化也是十分频繁的. 2012 年, Hulse 等 [75] 又研究了半整权本征形式的尖形式在 n 为无平方因子数时 Fourier 系数变化问题, 得到了下面的结果.

设奇整数 $k \geqslant 1$, p 为素数, 对任意的 $f \in S_{\frac{k}{2}}(\varGamma_0(4))$, 若 f 是 Hecke 算子 $T_{\frac{k}{2}}(p^2)$ 的本征形式, 且 f 在 $\mathrm{i}\infty$ 点的 Fourier 展开式为

$$f(\tau) = \sum_{m=1}^{\infty} a(m) m^{\frac{k}{4}-\frac{1}{2}} q^{2\pi \mathrm{i} m\tau}, \tag{1.154}$$

则 f 的实系数 $a(m)$ 在 m 取所有无平方因子数时, 其符号变化十分频繁, 其中 $S_{\frac{k}{2}}$ $(\varGamma_0(4))$ 是 $\varGamma_0(4)$ 上所有权为 $k/2$ 的尖形式空间.

2013 年, Kohnen 等 [76] 讨论了半整权的本征形式的尖形式 Fourier 系数在 n 取特殊整数序列时的符号变化等问题, 进而改进了 Bruinier 和 Kohnen[74] 的结果, 即 Kohnen 等给出了如下结果.

设整数 $k \geqslant 1$, $N \geqslant 4, 4 \mid N$, χ 是模 N 的 Dirichlet 特征, $\mathfrak{f} \in S_{k+\frac{1}{2}}^*(N,\chi)$ 是 Hecke 本征形式, 整数 $t \geqslant 1$ 是使得 $\mathfrak{f}$ 的 Fourier 系数 $\mathfrak{a}_{\mathfrak{f}}(t) \neq 0$ 的无平方因子数, 若数列 $\{\mathfrak{a}_{\mathfrak{f}}(tn^2)\}_{n\in\mathbb{N}}$ 是实数, 那么其有无穷多项的符号变化. 进而存在一个最小的常数 $\alpha = \alpha(f,t) > 0$ 使得对于充分大的 x, 即 $x \geqslant x_0(f,t)$, 当 $\mathfrak{a}_{\mathfrak{f}}(tp^2)$ 在 p 取遍区间 $[x^\alpha, x]$ 中的素数时至少有一次符号变化, 其中 $S_{k+\frac{1}{2}}^*(N,\chi)$ 表示所有 $\varGamma_0(N)$ 上特征为 χ 的权是 $k+\dfrac{1}{2}$ 的尖形式空间的子空间关于 Petersson 内积的正交补空间.

同时, 在上述条件下, Kohnen 等还给出了下面两个渐进估计, 即若 $\mathfrak{f} \in S_{k+\frac{1}{2}}^*$ (N,χ) 是 Hecke 本征形式, 而其 Shimura 提升不是 CM 形式, 对于 $x \geqslant x_0(f,t)$, 则有

$$\sum_{n\leqslant x, (n,Nt)=1, \mathfrak{a}_{\mathfrak{f}}(tn^2)\neq 0} 1 \gg_{f,t} x, \tag{1.155}$$

其中, 求和式是对所有无平方因子数 n 求和. 同时, 他们还得到了

$$\sum_{p\leqslant x, \epsilon\mathfrak{a}_{\mathfrak{f}}(t)^{-1}\mathfrak{a}_{\mathfrak{f}}(tp^2) > 1.68p^{k-\frac{1}{2}}} \gg_f \frac{x}{\log x}, \tag{1.156}$$

其中, p 为素数; $\epsilon = \pm 1$.

反之, 半整权的模形式 $\mathfrak{f}$ 的 Fourier 系数满足什么条件时, $\mathfrak{f}$ 才会是一个尖形式呢 ? Choie 和 Kohnen[77] 给出了这个问题的结果.

设整数 $k \geqslant 2$, 奇数 N 是无平方因子数, $M^{+}_{k+\frac{1}{2}}(4N)$ 表示所有 $\Gamma_0(4N)$ 上权为 $k+1/2$ 的模形式. 对于任意的 $n \geqslant 0$, $\mathfrak{f} \in M^{+}_{k+\frac{1}{2}}(4N)$, 记 $\mathfrak{a}(n)$ 是 $\mathfrak{f}$ 的 Fourier 系数. 若 $\mathfrak{a}(n)$ 满足 $\mathfrak{a}(|D|) \ll_{\mathfrak{f}} |D|^c$, 则 $\mathfrak{f}$ 是一个尖形式, 其中 D 是基本判别式, 且 $(-1)^k D > 0$, 常数 $c > k - 1/2$.

陈斌和 Wu 主要考虑了带特征的半整权 Hecke 本征形式的尖形式 Fourier 系数的符号变化及非零值问题, 即它们的 Hecke 本征值的符号变化及非零值问题. 在 Bruinier 和 Kohnen[74] 猜想的基础上, 考虑其在特殊整数序列上的性质, 结合 Kohnen 等 [76] 与 Wu 和 Zhai[78] 等的研究方法和结果, 利用半整权尖形式的 Shimura 提升及无 $\mathscr{B}$ 因子数的性质等理论, 研究了半整权 Hecke 本征形式的尖形式 Fourier 系数在特殊整数序列上的第一个负值项的上界估计、符号变化及其在短区间上非零值的算术性质, 得到了几个漂亮的结果. 关于这个问题的主要研究结果将在本书的第 5 章详细讨论.

1.2.6 Mock theta 函数的交叉应用问题

同时, mock 模形式的理论与方法极大地促进了经典的模形式、非全纯 Maass 形式、Jacobi 形式、量子模形式等理论的进一步丰富和发展. 近年来, 许多新问题、新思想、新方法随之而出, 相关成果不断涌现, 国内外许多专家学者围绕这些问题的研究都十分活跃, 许多富有挑战性的问题悬而未解, 这正是开展研究的理论意义. 因此, mock 模形式、弱调和 Maass 形式、调和 Maass-Jacobi 形式等模形式的新分支, 就理所当然成为当今核心数学领域最活跃的数学分支之一, 有着重要的研究意义和价值. 故对 mock theta 函数若干新问题的研究就更加富有深远的意义, 因为这些内容是十余年来 mock theta 函数与 mock 模形式研究领域的热点和核心问题, 所以必将进一步丰富人们对这些问题的认识和研究, 促进和完善这一理论体系. 而本书将主要介绍 mock theta 函数的推广形式, mock theta 函数与数学物理、量子模形式、Jacobi 形式 [79-81]、奇异模迹的生成函数、量子黑洞理论等之间的交叉联系和本质理论.

近年来, 拓扑不变量的生成函数与复球面 S 上的偶合束的模空间问题激起了数学家和物理学家的极大兴趣. 若我们考虑物理中的 S-对偶现象, 它是由 Montonen 和 Olive[82] 最早提出的, 它可以看作规范场理论在模群 $\mathrm{SL}_2(\mathbb{Z})$ 作用下的对偶关系.

之后, Vafa 和 Witten[83] 验证了 S-对偶关系在 $\mathfrak{N} = 4$ 时的扭曲规范场理论的

对称环境下成立, 同时他们发现了与 S-对偶相关的 Euler 数的生成函数所具有的模变换性质, 他们主要考虑了 $\mathcal{M} \in \{\mathcal{M}(2,-1,n),(\mathcal{M}(2,0,n))\}$ 时的两种情况, 其中, $\mathcal{M}(r,c_1,c_2)$ 表示 rank 为 r, 第 j 个 Chern 类为 c_j 的半稳定束的模空间. 这个模变换性质极大地支持了 S-对偶猜想.

之后, 考虑了 Euler 多项式的生成函数及 μ 函数的导数, 可以将包含 Euler 数的著名 Vafa-Witten 猜想的生成函数表示成一类权为 $-3/2$ 的混合 mock 模形式. 同时, Bringmann 和 Manschot 也研究了混合 mock 模形式 $h_j(\tau)/\eta(\tau)^6$ 的精确 Fourier 系数表示问题.

由此可见, mock 模形式与 S-对偶理论有着重要的联系, mock 模形式理论在数学物理问题中有着重要的应用价值, 是其重要的数学理论基础, 随着物理学理论的进一步发展, 将有着深远的意义.

现在, 在数学物理中, 数学家除了研究 Poincaré多项式拓扑不变量之外, 他们还考虑了 Donaldson 不变量和 Seiberg-Witten 不变量, 而这些不变量之间联系紧密, 特别是对于在规范群 SU(2) 和 SO(3) 作用下的超级对称拓扑规范场, 其作用与级别不同. Witten 发现这些相互关联的不变量之间不同的关联函数可以通过在低能有效场理论下计算而得到. 他指出用 u-plane 将关联函数进一步参数化, 而我们知道, u-plane 是一类与模曲线 $\mathbb{H}/\Gamma_0(4)$ 等价的有理化椭球面, 二者有着本质的统一形式.

之后, Moore-Witten 计算并验证了前 40 个 SU(2) 上的 Donaldson 不变量, 进而发现结果与其猜想的一致. 因此, 他们指出 Donaldson 不变量的生成函数与 Hurwitz 类数有着内在的联系, 是一类 mock 模形式.

一直以来, 有关黑洞的量子理论一直是人们研究的热点问题, 这一理论与弦理论密切相关. 从黑洞的角度来讲, 研究发现关于一些量子简并的计数函数是一类模形式. 然而, 从物理的角度来说, 模形式的模对称性对于理解这些黑洞的量子熵非常重要. 这些理论可以从 Hardy-Ramanujan-Rademacher 对量子简并的表示与分拆函数的表示的相似性中得出, 但一直都未得到解决. Dabholkar 等 [84]利用一类亚纯 Jacobi 形式研究了 $\mathcal{N}=4$ 的弦理论.

21 世纪以来, 模形式的一大突破就是 Zagier[62] 发现的奇异模迹的生成函数是一类半整权的模形式, 进而他建立了由判别式为负的二次型生成的奇异模的迹与模形式的 Fourier 系数之间的联系. Zagier[62] 发现的一类 Twisted 迹可以由一类模形式的 Fourier 系数来表示, 即

$$\mathrm{Tr}_{d,D}(j_m)=\sum_{n|m}\left(\frac{D}{m/n}\right)na(n^2D,d), \tag{1.157}$$

其中, $a(m,n)$ 是 level 为 4, 权为 3/2 的弱全纯模形式 $\{g_d\}_{d>0}$ 的系数, 即

$$g_d(\tau)=-q^{-d}+\sum_{n\leqslant 0}a(d,n)q^{|n|}, \tag{1.158}$$

其对应的 Zagier Shadows 是一类权为 3/2 的弱全纯模形式, 而它们的 Fourier 系数可以用模函数 j 的线积分来表示, 这是十分有效的方法. 之后研究发现, 奇异模的迹与 Borcherds 乘积密切相关, 也是月光猜想的理论源泉.

1.3 组织结构

本书对 mock theta 函数若干问题的研究是在十余年来模形式研究的焦点理论问题中寻求突破. 在前人研究的基础上, 本书对 mock theta 函数的定义、双侧级数、Ramanujan 径向极限、两类对偶表示、弱调和 Maass 形式、混合 mock 模形式及半整权尖形式 Fourier 系数等相关的若干新问题进行讨论和研究, 给出了一些新结果. 本书的内容组织和主要结果如下.

在第 1 章中, 介绍了主要研究问题的背景和意义及相关研究结果.

在第 2 章中, 利用 Andrews[85]给出的正整数 n 的严格凸序列生成函数的性质, 结合 Appell-Lerch 和的两个恒等式等结果, 对 Folsom-Ono-Rhoades [24, 25] 关于 3 阶 mock theta 函数 $f(q)$ 的 Ramanujan 断言中的估计项 $O(1)$ 的两种不同表示形式进行了比较研究, 建立了它们之间的本质联系, 得到了如下结果.

设 ζ 是偶数 $2k$ 次本原单位根, 当 q 在单位圆周内径向趋向于 ζ 时,

(1) 若 $k \equiv 0 \pmod 2$, 则

$$\lim_{q\to\zeta}\big(f(q)-(-1)^k b(q)\big) = -4\mu(\zeta) = -4\psi(-\zeta). \tag{1.159}$$

(2) 若 $k \equiv 1 \pmod 2$, 则

$$\lim_{q\to\zeta}\big(f(q)-(-1)^k b(q)\big) = -4\mu(\zeta) = 2\phi(-\zeta), \tag{1.160}$$

其中,

$$\mu(q) := \sum_{n=0}^{\infty}(-q;q)_n^2 q^{n+1}, \tag{1.161}$$

$$\psi(q) := \sum_{n=0}^{\infty}(-q^2;q^2)_n q^{n+1} = \sum_{n=1}^{\infty}\frac{q^{n^2}}{(q;q^2)_n}, \tag{1.162}$$

$$\phi(q) := 1+\sum_{n=0}^{\infty}(-1)^n(q;q^2)_n q^{2n+1} = \sum_{n=0}^{\infty}\frac{q^{n^2}}{(-q^2;q^2)_n}, \tag{1.163}$$

这里, $\psi(q)$、$\phi(q)$ 是 Ramanujan 的两个 3 阶 mock theta 函数 [5].

同时, 对于 Ramanujan 5 阶 mock theta 函数 $\chi_0(q)$ 及 $\chi_1(q)$ 及其对应的 false theta 函数 $\chi_0^*(q)$ 和 $\chi_1^*(q)$, 构造了其 Ramanujan 径向极限.

在第 3 章中, 首先建立了通用 mock theta 函数 $g_3(x,q)$ 的 Appell-Lerch 和表示, 即其第二类对偶表示.

引理 1.1 对于通用 mock theta 函数 $g_3(x,q)$, 对其双侧级数的异侧级数作变换 $n\to -n$, 可得

$$x^{-1}\sum_{n=-\infty}^{-1}\frac{q^{n^2}}{(x;q)_{n+1}(x^{-1}q;q)_n}=-\frac{1}{x^2}\sum_{n=0}^{\infty}(q/x)_n(x)_{n+1}q^{n+1}:=D(g_3,x,q), \tag{1.164}$$

那么, $g_3(x,q)$ 的第二类对偶表示为

$$\begin{aligned}D(g_3,x,q)=&-\frac{1}{x}+\frac{1}{x^3}\frac{1}{(q)_\infty}j(x,q)m(x^{-2},q,x)\\&+x^{-1}m(q^2x^{-3},q^3,x^2)+x^{-2}m(qx^{-3},q^3,x^2).\end{aligned} \tag{1.165}$$

再利用这个结果及 Hickerson 和 Mortenson [66] 建立的 mock theta 函数的 Appell-Lerch 和表示及它们的双侧级数的关系式, 给出了 2 阶、3 阶、5 阶、6 阶和 8 阶 mock theta 函数的第二类对偶表示.

最后, 对得到的 mock theta 函数的第二类对偶表示, 又考虑了其在变换 $q\to q^{-1}$ 下对应的可能存在的对偶表示, 从而得到了一些 mock theta 函数的第二类对偶表示的部分 theta 函数表示.

而关于其他阶 mock theta 函数的类似结果, 本书将在第 3 章详细论述.

作为应用, 建立了一些 mock theta 函数的 Ramanujan 径向极限. 关于这一问题的研究结果, 在本书第 3 章也将详细论述.

在第 4 章中, Rhoades [71] 利用正整数 n 的严格单峰序列数的生成函数是混合 mock 模形式的性质, 给出了一个渐进公式. 本书作者利用正整数 n 的严格单峰序列数的生成函数 $U^*(q)$ 及 3 阶 Ramanujan 的 mock theta 函数 $f(q)$ 的双侧级数定义了三个新函数 $H_1(q)$、$H_2(q)$ 和 $H_3(q)$. 进而证明了这些函数是一类权为 1/2 的混合 mock 模形式, 同时还构造了与其对应的 mock theta 函数, 可以证明其也是一类权为 1/2 弱调和 Maass 形式的全纯部分.

在第 5 章中, 首先, 介绍了 mock theta 函数系数研究的系列结果, 给出了一些新的研究方法. 其次, 主要考虑带特征的半整权 Hecke 本征值的尖形式 Fourier 系数问题, 即其 Hecke 本征值问题, 研究了其在特殊整数序列上的性质. 最后, 讨论了其在特殊整数序列上的第一个负值项的上界估计、符号变化及其在短区间上的非零值问题, 得到了三个结果.

在第 6 章中, 首先介绍了 mock theta 函数的一类推广形式, 使用其可以得到一般的 mock theta 函数. 其次论述了 mock 模形式与 Vafa-witten 猜想、Moore-witten 猜想之间的联系, 同时讨论了量子黑洞理论与 Jacobi 形式及 Jacobi theta 函数之间的关联, 介绍了一些新的结果. 最后介绍了奇异模迹的生成函数与 mock 模形式之间的交叉联系和本质理论.

第2章 Mock theta 函数的 Ramanujan 断言

本章主要讨论 Ramanujan 的 mock theta 函数的 Ramanujan 断言问题. Folsom 等 [24, 25] 先后在 2012 年和 2013 年给出了 3 阶 Ramanujan 的 mock theta 函数 $f(q)$ 的 Ramanujan 断言中估计项 $O(1)$ 两种不同形式的表示. Zudilin[26] 利用 Dyson 的 rank 函数、q-级数 $U(q)$ 及 Andrews-Garvan 的 crank 函数对估计项 $O(1)$ 的这两种不同表示形式给出了一个新的证明. 本书作者利用 Andrews[85]给出的正整数 n 的严格凸序列生成函数的性质, 结合 Appell-Lerch 和的两个恒等式的结果, 就此问题给出了一个注记, 建立了估计项 $O(1)$ 的两种不同表示形式之间的本质联系. 最后通过构造两个 5 阶 mock theta 函数对应的 false theta 函数的双侧级数, 建立了它们的 Ramanujan 径向极限. 同时介绍了一些与此问题密切相关的问题和结果.

2.1 3 阶 mock theta 函数 $f(q)$ 的 Ramanujan 断言

2.1.1 引言及主要结论

在 Ramanujan [1, 3] 给 Hardy 的信中, 他列举了 17 个 Ramanujan 的 mock theta 函数, 其中包括 4 个 3 阶 mock theta 函数、10 个 5 阶 mock theta 函数和 3 个 7 阶 mock theta 函数, 但是他没有给出这些函数的准确定义, 使之成为一个数学之谜. 在数学家 Andrews 和 Berndt[5]、Zwegers[17, 32]、Bringmann 和 One[70]、Hickerson[14, 15]、Bruinier 和 Ono[86]、Zagier[7]、Bruiner 和 Funke[18] 等研究工作的推动下, 可以把 Ramanujan 的 mock theta 函数理解为一类权为 1/2 的弱调和 Maass 形式的全纯部分, 这种深刻的理解使得 Ramanujan 的 mock theta 函数理论在组合数学、数论、数学物理及表示论等方面都获得了十分广泛的应用.

同时, 关于 Ramanujan 的 mock theta 函数的研究工作使得弱调和 Maass 形式理论得到了迅速发展并且越来越丰富. 然而, mock theta 函数理论也与经典的模形式、Jacobi 形式、量子模形式等有着广泛的联系. 尽管如此, 数学家仍然不能彻底理解和揭示 Ramanujan 本人对 Ramanujan 的 mock theta 函数定义的初衷. 因此, 当数学家再次试图去解释这一问题时, 都必须深刻理解和研究 Ramanujan 在给 Hardy 的信中关于 3 阶 Ramanujan 的 mock theta 函数 $f(q)$ 的 Ramanujan 断言[22], 这涉及 $f(q)$ 系数的渐进性质、Euler 级数具有近似模形式的性质以及在单位圆周内径向趋向于单位根处的指数奇异性问题.

Ramanujan 在他的最后一封信中强调了研究 Ramanujan 的 mock theta 函数系数渐进性的重要性问题. Dragonette[68]、Andrews[69] 先后得到了 3 阶 Ramanujan 的 mock theta 函数 $f(q)$ 系数的精确渐进公式.

若设 n 是一个正整数, 三阶 mock theta 函数为 $f(q)$, 即设

$$f(q) = \sum_{n=0}^{\infty} \alpha(n) q^n, \tag{2.1}$$

那么, 他们得出了 $\alpha(n)$ 的两个不同的渐进表示公式, 即式 (1.147) 和式 (1.148).

2006 年, Bringmann 和 Ono[70] 利用实解析的向量模形式理论、弱调和 Maass 形式理论和 Poincaré 级数巧妙地构造并证明了 $\alpha(n)$ 的相同结论.

2013 年, Griffin 等 [44] 研究了 mock theta 函数在单位圆周内接近单位根处的指数奇异性问题, 证明了不存在弱全纯半整权模形式使得 mock theta 函数可以表示为一个 theta 函数与估计项 $O(1)$ 之和.

为了揭示这一问题, 对于非负整数 n, 考虑符号 $(a;q)n$ 及 3 阶 Ramanujan 的 mock theta 函数

$$f(q) := 1 + \sum_{n=1}^{\infty} \frac{q^{n^2}}{(1+q)^2(1+q^2)^2\cdots(1+q^n)^2}. \tag{2.2}$$

Ramanujan 发现, 函数 $f(q)$ 在 $|q|<1$ 时和奇数次单位根 $\zeta_n = \mathrm{e}^{\frac{2\pi \mathrm{i}}{n}}$ 处均收敛. 而在偶数次单位根 ζ 处, $f(q)$ 有指数奇异性, 如 $f(-0.994) \sim -1.08 \cdot 10^{31}$, $f(-0.996) \sim -1.02 \cdot 10^{46}$, $f(-0.998) \sim -6.41 \cdot 10^{90}$.

为了消除 $f(q)$ 在 $q=-1$ 处的指数奇异性, Ramanujan 找到了一个函数 $b(q)$, 且就此 [3, 22] 断言道, 当 q 在单位圆周内径向趋向于偶数 $2k$ 次本原单位根 ζ 时, 式 (1.101) 成立, 其中

$$b(q) := (1-q)(1-q^3)(1-q^5)\cdots(1-2q+2q^4-\cdots) = \prod_{n=1}^{\infty} \frac{1-q^n}{(1+q^n)^2}, \tag{2.3}$$

容易发现, $q^{\frac{1}{24}} b(q)$ 是一个权为 1/2 的弱全纯模形式.

那么, Ramanujan 关于 3 阶 Ramanujan 的 mock theta 函数 $f(q)$ 的断言也成为学者研究的热点. Folsom 等 [24, 25] 先后在 2012 年和 2013 年给出了估计项 $O(1)$ 两种不同表示形式, 如下所示.

定理 2.1 (Folsom-Ono-Rhoades定理 2.1[24, 25]) 设 ζ 是偶数 $2k$ 次本原单位根, 当 q 在单位圆周内径向趋向于 ζ 时, 式 (1.102) 成立.

定理 2.2 (Folsom-Ono-Rhoades 定理 2.2 [24]) 设 ζ 是偶数 $2k$ 次本原单位根, 当 q 在单位圆周内径向趋向于 ζ 时, 式 (1.103) 成立.

注: (1) 由定理 2.1 可得

$$\lim_{q\to -1}(f(q)+b(q))=4. \tag{2.4}$$

(2) 定理 2.1 使得 Ramanujan 断言为其特殊情况.

(3) Zudilin[26] 利用 Dyson 的 rank 函数、q 级数 $U(q)$ 及 Andrews-Garvan 的 crank 函数给出了定理 2.1 新的证明.

(4) Folsom-Ono-Rhoades 将估计项 $O(1)$ 的这两种不同表示形式之间的内在关系作为了一个公开的遗留问题.

而由 Zudilin[26] 的研究结果可知, 定理 2.1 和定理 2.2 也可重新表示为

$$\lim_{q\to\zeta}\left(f(q)-(-1)^k b(q)\right)=-4\sum_{n=0}^{k-1}(1+\zeta)^2\cdots(1+\zeta^n)^2\zeta^{n+1}=-4\mu(\zeta) \tag{2.5}$$

和

$$\begin{aligned}&\lim_{q\to\zeta}\left(f(q)-(-1)^k b(q)\right)\\ =&\begin{cases}4\displaystyle\sum_{n=0}^{\frac{k}{2}-1}(-1)^n\zeta^{n+1}(1+\zeta^2)(1+\zeta^4)\cdots(1+\zeta^{2n}), & k\equiv 0 \pmod 2\\ 2+2\displaystyle\sum_{n=0}^{\frac{k-1}{2}}(-1)^{n+1}\zeta^{2n+1}(1+\zeta)\cdots(1+\zeta^{2n-1}), & k\equiv 1 \pmod 2\end{cases}\\ =&\begin{cases}-4\psi(-\zeta), & k\equiv 0 \pmod 2,\\ 2\phi(-\zeta), & k\equiv 1 \pmod 2,\end{cases}\end{aligned} \tag{2.6}$$

其中, $\mu(q)$、$\psi(q)$ 和 $\phi(q)$ 如式 (1.161)~式 (1.163) 所示. 这里, $\psi(q)$、$\phi(q)$ 是两个 3 阶 Ramanujan 的 mock theta 函数 [5].

就定理 2.1 和定理 2.2 的内在关联给出一个注记, 即下面的关系.

定理 2.3 设 ζ 是偶数 $2k$ 次本原单位根, 当 q 在单位圆周内径向趋向于 ζ 时,

(1) 若 $k\equiv 0 \pmod 2$, 则

$$\lim_{q\to\zeta}\left(f(q)-(-1)^k b(q)\right)=-4\mu(\zeta)=-4\psi(-\zeta). \tag{2.7}$$

(2) 若 $k\equiv 1 \pmod 2$, 则

$$\lim_{q\to\zeta}\left(f(q)-(-1)^k b(q)\right)=-4\mu(\zeta)=2\phi(-\zeta). \tag{2.8}$$

2.1.2 预备知识

首先, 由符号

$$(a;q)_\infty := (1-a)(1-aq)(1-aq^2)\cdots, \tag{2.9}$$

可以推得

$$(a;q)_n = \frac{(a;q)_\infty}{(aq^n;q)_\infty}. \tag{2.10}$$

则 Ramanujan 断言中的 $b(q)$ 可以表示为

$$\begin{aligned} b(q) &:= (1-q)(1-q^3)\cdots(1-2q+2q^4-\cdots) \\ &= (q;q^2)_\infty \sum_{n=-\infty}^{\infty} (-1)^n q^{n^2} = \frac{(q;q)_\infty}{(-q;q)_\infty^2}. \end{aligned} \tag{2.11}$$

同时, 可知 Dyson 的 rank 函数定义为

$$R(\omega;q) := \sum_{n=0}^{\infty}\sum_{m\in\mathbb{Z}} N(m,n)\omega^m q^n := 1 + \sum_{n=1}^{\infty} \frac{q^{n^2}}{(\omega q;q)_n(\omega^{-1}q;q)_n}, \tag{2.12}$$

其中, $N(m,n)$ 是正整数 n 的 rank 为 m 的分拆个数, 而正整数 n 的 rank 是指其一个分拆的最大项减去其分拆的个数.

若设 $\omega \neq 1$ 是一个单位根, 则存在 $\lambda \in \mathbb{R}$ 使得 $q^\lambda R(\omega;q)$ 是一个权为 1/2 的弱调和 Maass 形式的全纯部分. 事实上, $f(q) = R(-1;q)$.

其次, 考虑超几何 q-级数 $U(\omega;q)$, 即

$$U(\omega;q) := \sum_{n=0}^{\infty}\sum_{m\in\mathbb{Z}} \mu(m,n)(-\omega)^m q^n := \sum_{n=0}^{\infty} (\omega q;q)_n(\omega^{-1}q;q)_n q^{n+1}, \tag{2.13}$$

其中, $\mu(m,n)$ 是正整数 n 的 rank 为 m 的严格凸序列的个数.

Ramanujan 早已给出了 $R(\omega;q)$ 与 $U(\omega;q)$ 之间的关系 [5], 即

$$R(\omega;q) + (1-\omega)(1-\omega^{-1})U(\omega;q) = \frac{1-\omega^{-1}}{(q;q)_\infty} \sum_{n=-\infty}^{\infty} \frac{q^{n(n+1)/2}(-\omega)^n}{1-\omega^{-1}q^n}. \tag{2.14}$$

最后, Andrews-Garvan 的 crank 函数定义为

$$C(\omega;q) := \sum_{n=0}^{\infty}\sum_{m\in\mathbb{Z}} M(m,n)\omega^m q^n := \frac{(q;q)_\infty}{(\omega q;q)_\infty(\omega^{-1}q;q)_\infty}, \tag{2.15}$$

其中, $M(m,n)$ 是正整数 n 的 crank 为 m 的分拆个数.

若设 $\omega \neq 1$ 是一个单位根, 则存在 $\gamma \in \mathbb{R}$ 使得 $q^\gamma C(\omega;q)$ 是一个模形式.

2013 年, Folsom 等 [24, 25] 给出了 $R(\omega;q)$、$C(\omega;q)$ 与 $U(\omega;q)$ 之间的关系如下.

定理 2.4 (Folsom-Ono-Rhoades 定理 2.3 [24, 25])　设 $\zeta_n := \mathrm{e}^{\frac{2\pi\mathrm{i}}{n}}$, 整数 $1 \leqslant a < b$, $1 \leqslant h < k$ 且满足 $\gcd(a,b) = \gcd(h,k) = 1$ 及 $b \mid k$. 若整数 h' 满足 $hh' \equiv -1 \pmod k$, 当 q 在单位圆周内径向趋向于 ζ_k^h 时, 则有

$$\lim_{q\to\zeta_k^h}\left(R(\zeta_b^a;q) - \zeta_{b^2}^{-a^2h'k}C(\zeta_b^a;q)\right) = -(1-\zeta_b^a)(1-\zeta_b^{-a})U(\zeta_b^a;\zeta_k^h). \tag{2.16}$$

注: 特别地, 若在定理 2.4 中取 $a = 1$, $b = 2$, $m = 2k$, 则 $\zeta_b^a = -1$, 且 $\zeta = \zeta_m^h$ 是偶数 $2k$ 次本原单位根. 而 $f(q) = R(-1;q)$, $b(q) = C(-1;q)$, $\mu(q) = U(-1;q)$, 这使得定理 2.1 为定理 2.4 的特殊情况.

2013 年, Andrews[85]介绍了正整数 n 的严格凸序列

$$\sum_{i=1}^{R} a_i + c + \sum_{i=1}^{S} b_i = n, \tag{2.17}$$

其中, $a_1 < a_2 < \cdots < a_R < c > b_1 > b_2 > \cdots > b_S$, $c \geqslant 0$ 称为中心项. 正整数 n 的严格凸序列的个数记为 $X_d(n)$, 易知 $X_d(5) = 6$.

Folsom-Ono-Rhoades 考虑了经典的超几何 q-级数 $F(a,b;t)$, 即

$$F(a,b;t) = F(a,b;t,q) := \sum_{n=0}^{\infty}\frac{(aq;q)_n}{(bq;q)_n}t^n. \tag{2.18}$$

他们利用 3 阶 mock theta 函数的线性关系式

$$2\phi(-q) - f(q) = f(q) + 4\psi(-q) = b(q) \tag{2.19}$$

及超几何 q-级数 $F(a,b;t)$ 的变换恒等式证明了定理 2.2.

同年, Zudilin[26] 利用 $f(q) = R(-1;q)$, $b(q) = C(-1;q)$, $\mu(q) = U(-1;q)$ 及

$$f(q) + 4\mu(q) - b(q) = \frac{4}{(q;q)_\infty}\sum_{n=-\infty}^{\infty}\frac{q^{n(2n-1)}}{1+q^{2n-1}} \tag{2.20}$$

和

$$f(q) + 4\mu(q) + b(q) = \frac{4}{(q;q)_\infty}\sum_{n=-\infty}^{\infty}\frac{q^{n(2n+1)}}{1+q^{2n}}, \tag{2.21}$$

给出了 Folsom-Ono-Rhoades 定理 2.1 一个新的证明.

2.1.3　主要定理的证明

定理 2.2 的证明　由 3 阶 Ramanujan 的 mock theta 函数的定义可知

$$\phi(q) := \sum_{n=0}^{\infty}\frac{q^{n^2}}{(-q^2;q^2)_n} = 1 + \frac{q}{1+q^2} + \frac{q^4}{(1+q^2)(1+q^4)} + \cdots, \tag{2.22}$$

$$\psi(q) := \sum_{n=1}^{\infty} \frac{q^{n^2}}{(q;q^2)_n} = \frac{q}{1-q} + \frac{q^4}{(1-q)(1-q^3)} + \cdots . \tag{2.23}$$

而对于 3 阶 Ramanujan 的 mock theta 函数, Ramanujan 发现了如下关系式

$$2\phi(-q) - f(q) = f(q) + 4\psi(-q) = b(q), \tag{2.24}$$

式 (2.24) 在 1936 年被 Watson[9] 证明.

1988 年, Fine[87]利用超几何 q-级数

$$F(a,b;t) = F(a,b;t,q) := \sum_{n=0}^{\infty} \frac{(aq;q)_n}{(bq;q)_n} t^n \tag{2.25}$$

的性质也证明了式 (2.24).

因此, 由式 (2.24) 可得

$$f(q) - b(q) = -4\psi(-q), \tag{2.26}$$

当 k 是偶数、ζ 是一个 $2k$ 次单位根及 $q \to \zeta$ 时, 等式 (2.26) 的左边两个函数均具有指数奇异性, 而此时等式右边是一个常数.

同理, 由式 (2.24) 也可得

$$f(q) + b(q) = 2\phi(-q), \tag{2.27}$$

当 k 是奇数、ζ 是一个 $2k$ 次单位根及 $q \to \zeta$ 时, 等式 (2.27) 的左边两个函数均具有指数奇异性, 而此时等式右边是一个有限常数.

因此, 在定理 2.2 的题设条件下要证明其成立, 即证明

$$\psi(q) = \sum_{n=0}^{\infty} q^{n+1}(-q^2;q^2)_n \tag{2.28}$$

和

$$\phi(q) = 1 + \sum_{n=0}^{\infty} q^{2n+1}(-1)^n (q;q^2)_n. \tag{2.29}$$

考虑 Fine[87]的超几何 q-级数

$$F(b/t,0;t) = \frac{1}{1-t} \sum_{n=0}^{\infty} \frac{(-b)^n q^{\frac{n(n+1)}{2}}}{(tq;q)_n}, \tag{2.30}$$

首先, 在式 (2.30) 中取 $b = -q^{\frac{1}{2}}$, $t = q^{\frac{1}{2}}$, 可得

$$\frac{1}{1-q^{\frac{1}{2}}} \sum_{n=0}^{\infty} \frac{q^{\frac{n^2}{2}+n}}{(q^{\frac{3}{2}};q)_n} = \sum_{n=0}^{\infty} q^{\frac{n}{2}}(-q;q)_n, \tag{2.31}$$

在等式 (2.31) 中取 $q \to q^2$, 然后两边都乘以 q, 可得

$$\frac{1}{1-q}\sum_{n=0}^{\infty}\frac{q^{n^2+2n+1}}{(q^3;q^2)_n}=\sum_{n=0}^{\infty}q^{n+1}(-q^2;q^2)_n=\psi(q), \tag{2.32}$$

则定理 2.2 的第一个论断得证.

其次, 在式 (2.30) 中取 $b=-q^{\frac{1}{2}}$, $t=-q$, 可得

$$\frac{1}{1+q}\sum_{n=0}^{\infty}\frac{q^{\frac{n^2}{2}+n}}{(-q^2;q)_n}=\sum_{n=0}^{\infty}(-q)^n(q^{\frac{1}{2}};q)_n, \tag{2.33}$$

在等式 (2.33) 中取 $q \to q^2$, 然后两边都乘以 q, 在两边加上 1, 可得

$$1+\frac{1}{1+q^2}\sum_{n=0}^{\infty}\frac{q^{n^2+2n+1}}{(-q^4;q^2)_n}=1+\sum_{n=0}^{\infty}q^{2n+1}(-1)^n(q;q^2)_n=\phi(q), \tag{2.34}$$

则定理 2.2 的第二个论断也得证.

定理 2.3 的证明　Andrews 在文献[85]中给出了正整数 n 的严格凸序列数 $X_d(n)$ 的生成函数

$$x_d(q):=\sum_{n=0}^{\infty}X_d(n)q^n=\sum_{n=0}^{\infty}q^{n+1}(-q;q)_n^2. \tag{2.35}$$

并且他建立了 $x_d(q)$ 与两个 mock theta 函数之间的联系, 即得到了

$$x_d(q)=\psi(-q)+2(-q;q)_\infty^2\alpha(-q), \tag{2.36}$$

其中, $\psi(q)$ 是 3 阶 mock theta 函数;

$$\alpha(q):=\sum_{n=0}^{\infty}\frac{q^{n+1}(-q^2;q^2)_n}{(q;q^2)_{n+1}}=\sum_{n=0}^{\infty}\frac{q^{(n+1)^2}(-q;q^2)_n}{(q;q^2)_{n+1}^2} \tag{2.37}$$

是 McIntosh[88]发现的 2 阶 mock theta 函数.

这时, 考虑 $\mu(q)$ 的定义, 可以发现

$$\mu(q)=\psi(-q)+2(-q;q)_\infty^2\alpha(-q). \tag{2.38}$$

对于偶整数 k, 设 $\zeta_k=\mathrm{e}^{\frac{2\pi\mathrm{i}}{k}}$ 是一个 k 次本原单位根, $\alpha(-q)$ 在 ζ_k 处的极限存在且其系数 $(-q;q)_\infty$ 在偶数次单位根处等于零. 当 q 在单位圆周内径向趋向于偶数次本原单位根 ζ_k 时, 则

$$\lim_{q\to\zeta_k}\mu(q)=\lim_{q\to\zeta_k}\left(\psi(-q)+2(-q;q)_\infty^2\alpha(-q)\right), \tag{2.39}$$

即

$$\lim_{q\to\zeta_k}\mu(q)=\mu(\zeta_k)=\lim_{q\to\zeta_k}\psi(-q)=\psi(-\zeta_k). \tag{2.40}$$

就上述偶整数 k, 记其偶数 $2k$ 次本原单位根为 ζ_{2k}, 当 q 在单位圆周内径向趋向于偶数次单位根 ζ_{2k} 时, 有

$$\begin{aligned}\lim_{q\to\zeta_{2k}}\left(f(q)-(-1)^k b(q)\right)&=-4\lim_{q\to\zeta_{2k}}\mu(q)=-4\mu(\zeta_{2k})\\&=-4\lim_{q\to\zeta_{2k}}\psi(-q)=-4\psi(-\zeta_{2k}).\end{aligned} \tag{2.41}$$

这就证明了定理 2.3 的第一个结论成立.

下面给出第二个结果的两种不同的证明.

Folsom 等在文献 [24] 中引入了 Sloane 建立的一个整数的在线数据库 Encyclopedia[89], 从而发现了一个特别的函数

$$G(q):=1+\sum_{n=1}^{\infty}(-1)^n(q;q^2)_n. \tag{2.42}$$

而在 $t\to 0^+$ 时, $f(-\mathrm{e}^{-t})+b(-\mathrm{e}^{-t})$ 的 Fourier 系数与函数 $G(\mathrm{e}^{-t})$ 的值有密切的关系, 这是由于 $G(q)$ 仅仅在 q 取单位根时有意义. 进而通过比较研究 $U(-1;-\mathrm{e}^{-t})$ 和 $G(\mathrm{e}^{-t})$ 的渐进性质, Folsom 等猜测它们在单位根处存在着某种内在的联系, 通过计算它们在奇数 k 次单位根 $\zeta_k=\mathrm{e}^{\frac{2\pi\mathrm{i}}{k}}$ 处的前 15 个值, Folsom 等惊奇地发现这些函数在 ζ_k 处有

$$-U(-1;-\zeta_k)=G(\zeta_k). \tag{2.43}$$

易知 $G(q)$ 在 $|q|<1$ 时收敛, 这是由于

$$\begin{aligned}G(q):&=1+\sum_{n=0}^{\infty}(-1)^{n+1}(q;q^2)_{n+1}\\&=1+\sum_{n=0}^{\infty}(-1)^{n+1}(q;q^2)_n-\sum_{n=0}^{\infty}(-1)^{n+1}q^{2n+1}(q;q^2)_n\\&=-\sum_{n=1}^{\infty}(-1)^n(q;q^2)_n+\sum_{n=0}^{\infty}(-1)^n q^{2n+1}(q;q^2)_n.\end{aligned} \tag{2.44}$$

考虑函数 $G(q)$ 的定义, 可得

$$\begin{aligned}2G(q)&=1+\sum_{n=0}^{\infty}(-1)^n q^{2n+1}(q;q^2)_n\\&=1+q-q^3+q^4+q^5+\cdots-q^{14}-2q^{15}+q^{16}+3q^{17}+\cdots.\end{aligned} \tag{2.45}$$

从在线数据库 Encyclopedia 可知, 当 q 是一个单位根时, $2G(q)$ 和 3 阶 mock theta 函数 $\phi(q)$ 有如下关系

$$2G(q) = \phi(q). \tag{2.46}$$

此外, 对于奇数 k 阶单位根 ζ_k, 结合 $U(\omega;q)$ 的性质可得

$$-U(-1;\zeta_k) = G(-\zeta_k) \tag{2.47}$$

及

$$-U(-1;q) = -\mu(q). \tag{2.48}$$

对于给定的奇整数 k, 记其偶数 $2k$ 次本原单位根为 ζ_{2k}, 当 q 在单位圆周内径向趋向于偶数次单位根 ζ_{2k} 时, 有

$$\lim_{q\to\zeta_{2k}} \big(f(q) - (-1)^k b(q)\big) = -4 \lim_{q\to\zeta_{2k}} \mu(q) = -4\mu(\zeta_{2k}). \tag{2.49}$$

由 $\zeta_{2k}^2 = \zeta_k$, 可得

$$\lim_{q\to\zeta_{2k}} (f(q) + b(q)) = -4\mu(\zeta_{2k}) = 2\phi(-\zeta_{2k}). \tag{2.50}$$

定理 2.3 的第二个结果得证.

下面, 考虑其第二种证明方法.

首先, 考虑著名的 Appell-Lerch 和为 $m(x,q,z)$ 的相关恒等式.

其次, 对于整数 a 及正整数 m, 定义符号

$$J_{a,m} := j(q^a;q^m) \tag{2.51}$$

及

$$J_m := J_{m,3m} = \prod_{i=1}^{\infty}(1-q^{mi}). \tag{2.52}$$

那么, Ramanujan[3] 给出了 $m(x,q,z)$ 的双侧级数和表示

$$\begin{aligned}&\sum_{n=0}^{\infty}\frac{a^{-n-1}b^{-n}q^{n^2}}{(-1/a;q)_{n+1}(-q/b;q)_n} + \sum_{n=1}^{\infty}(-aq;q)_{n-1}(-b;q)_n q^n\\ &= \frac{(-aq)_\infty}{b(q)_\infty(-q/b)_\infty} j(-b;q) m(a/b,q,-b),\end{aligned} \tag{2.53}$$

可得

$$R(\omega;q) + (1-\omega)(1-\omega^{-1})U(\omega;q) = (1-\omega)\frac{j(\omega;q)}{J_1} m(\omega^2,q,\omega^{-1}). \tag{2.54}$$

令 $\omega=-1$, 则有

$$R(-1;q)+4U(-1;q)=2\frac{j(-1;q)}{J_1}m(1,q,-1). \tag{2.55}$$

而 Mortenson 在文献 [67] 中给出下面的关系式

$$\sum_{n=0}^{\infty}\frac{(-1)^n q^{n^2}(q;q^2)_n}{(-x;q^2)_{n+1}(-q^2/x;q^2)_n}=m(x,q,-1)+\frac{J_{1,2}^2}{2j(-x;q)}. \tag{2.56}$$

对于奇整数 k 及 $x=1$, 可以利用式 (2.56) 对 $m(1,q,-1)$ 进行如下估计

$$\begin{aligned}R(-1;q)+4U(-1;q)&=2\frac{j(-1;q)}{J_1}m(1,q,-1)\\&=\frac{j(-1;q)}{J_1}\sum_{n=0}^{\infty}\frac{(-1)^n q^{n^2}(q;q^2)_n}{(-q^2;q^2)_n^2}-\frac{J_{1,2}^2}{J_1},\end{aligned} \tag{2.57}$$

即

$$R(-1;q)+\frac{J_{1,2}^2}{J_1}=-4U(-1;q)+\frac{j(-1;q)}{J_1}\sum_{n=0}^{\infty}\frac{(-1)^n q^{n^2}(q;q^2)_n}{(-q^2;q^2)_n^2}. \tag{2.58}$$

最后, 对于奇整数 k, 记其偶数 $2k$ 次本原单位根为 ζ, 当 q 在单位圆周内径向趋向于偶数次单位根 ζ 时可知, 因子项 $\dfrac{j(-1;q)}{J_1}$ 在单位根 ζ 处的值为零, 则可以推出

$$\lim_{q\to\zeta}\left(R(-1;q)+\frac{J_{1,2}^2}{J_1}\right)=-4U(-1;\zeta), \tag{2.59}$$

其中, $\dfrac{J_{1,2}^2}{J_1}=b(q)$, 即

$$\lim_{q\to\zeta}(f(q)+b(q))=-4\mu(\zeta)=2\phi(-\zeta). \tag{2.60}$$

这说明定理 2.3 的第二个结论也成立.

定理 2.4 的证明 为了证明定理 2.4, 首先引入以下事实和引理.

首先, 可知著名的 Dedekind η 函数 $\eta(\tau)$ 是 $\mathrm{SL}_2(\mathbb{Z})$ 上权为 1/2 的模形式.

其次, 引入 level 为 N 的 Klein 形式 $\mathfrak{t}_{(r,s)}(\tau)=\mathfrak{t}_{(r,s)}^{(N)}(\tau)$, 其中 $(r,s)\in\mathbb{Z}^2$ 且 (r,s) 和 $(0,0)$ 与模 $(N\times N)$ 不同余, 则可得其有如下性质:

$$\mathfrak{t}_{(r,s)}(\gamma\tau)=(c\tau+d)^{-1}\mathfrak{t}_{(r,s)}(\tau),\quad \gamma=\begin{pmatrix}a&b\\c&d\end{pmatrix}\in\mathrm{SL}_2(\mathbb{Z}) \tag{2.61}$$

及

$$\begin{aligned}\mathfrak{t}_{(r,s)}(\tau)=&-\frac{\zeta_{2N^2}^{s(r-N)}}{2\pi\mathrm{i}}q^{r(r-N)/2N^2}(1-\zeta_N^s q^{r/N})\\&\cdot\prod_{n=1}^{\infty}\frac{(1-\zeta_N^s q^{n+r/N})(1-\zeta_N^{-s}q^{n-r/N})}{(1-q^n)^2}.\end{aligned}\tag{2.62}$$

Zwegers [17] 定义了一个 mock Jacobi 形式 (Lerch 和函数)

$$\mu(u,v;\tau):=\frac{p^{\frac{1}{2}}}{\vartheta(v;\tau)}\cdot\sum_{n\in\mathbb{Z}}\frac{(-\omega)^n q^{n(n+1)/2}}{1-pq^n},\tag{2.63}$$

其中, $p:=\mathrm{e}^{2\pi\mathrm{i}u}$; $\omega:=\mathrm{e}^{2\pi\mathrm{i}v}$; $q:=\mathrm{e}^{2\pi\mathrm{i}\tau}$; 而 $\vartheta(v;\tau)$ 为 Jacobi theta 函数, 即

$$\vartheta(v;\tau):=\sum_{v\in\mathbb{Z}+\frac{1}{2}}\mathrm{e}^{\pi\mathrm{i}v}\omega^v q^{\frac{v^2}{2}}.\tag{2.64}$$

由 Zwegers 的研究结果可知 $\vartheta(v;\tau)$ 满足模变换律

$$\vartheta(v+\alpha\tau+\beta;\tau)=(-1)^{\alpha+\beta}q^{-\alpha^2/2}\mathrm{e}^{2\pi\mathrm{i}\alpha v}\vartheta(v;\tau),\tag{2.65}$$

$$\vartheta\left(\frac{v}{c\tau+d};\gamma\tau\right)=\zeta_8(c\tau+d)^{1/2}\mathrm{e}^{\pi\mathrm{i}cv^2/(c\tau+d)}\vartheta(v;\tau).\tag{2.66}$$

进而 Choi[90]证明了等式

$$\begin{aligned}&\sum_{n=0}^{\infty}\frac{(\alpha\beta)^n q^{n^2}}{(\alpha q)_n(\beta q)_n}+\sum_{n=1}^{\infty}q^n(\alpha^{-1})_n(\beta^{-1})_n\\=&\,\mathrm{i}q^{\frac{1}{8}}(1-\alpha)\alpha^{\frac{1}{2}}\beta^{\frac{1}{2}}(\alpha^{-1}q)_\infty(\beta^{-1})_\infty\mu(u,v;\tau),\end{aligned}\tag{2.67}$$

其中, $\alpha=\mathrm{e}^{2\pi\mathrm{i}u}$; $\beta=\mathrm{e}^{2\pi\mathrm{i}v}$.

再次, Zwegers 定义了与 mock Jacobi 形式 $\mu(u,v;\tau)$ 相关的函数 $A(u,v;\tau):=\vartheta(v;\tau)\mu(u,v;\tau)$, 继而构造函数

$$\hat{A}(u,v;\tau):=A(u,v;\tau)+\frac{\mathrm{i}}{2}\vartheta(v;\tau)R(u-v;\tau),\tag{2.68}$$

其中,

$$\begin{aligned}R(u-v;\tau):=&\sum_{n\in\mathbb{Z}}\left\{\mathrm{sgn}\left(n+\frac{1}{2}\right)-E\left(\left(n+\frac{1}{2}+\frac{\mathrm{Im}(v)}{\mathrm{Im}(\tau)}\right)\sqrt{2\mathrm{Im}(\tau)}\right)\right\}\\&\times(-1)^n q^{\frac{1}{2}\left(n+\frac{1}{2}\right)^2}\mathrm{e}^{-2\pi\mathrm{i}v\left(n+\frac{1}{2}\right)},\end{aligned}\tag{2.69}$$

且对于任意的 $w\in\mathbb{C}$ 有

$$E(w):=2\int_0^w \mathrm{e}^{-\pi u^2}\mathrm{d}u. \tag{2.70}$$

而函数 $R(v;\tau)$ 满足模变换律

$$R(v;\tau+1)=\mathrm{e}^{-\pi\mathrm{i}/4}R(v;\tau), \tag{2.71}$$

$$\frac{1}{\sqrt{-\mathrm{i}\tau}}\mathrm{e}^{\pi\mathrm{i}v^2/\tau}R\left(\frac{v}{\tau};-\frac{1}{\tau}\right)+R(v;\tau)=h(v;\tau), \tag{2.72}$$

其中, $h(v;\tau)$ 是著名的 Mordell 积分

$$h(v;\tau):=\int_{-\infty}^{+\infty}\frac{\mathrm{e}^{\pi\mathrm{i}\tau u^2-2\pi vu}}{\cosh(\pi u)}\mathrm{d}u. \tag{2.73}$$

最后, Zwegers 发现对于任意的整数 m,n,r,s 及 $\gamma\in\mathrm{SL}_2(\mathbb{Z})$, $\hat{A}(u,v;\tau)$ 满足模变换律

$$\begin{aligned}&\hat{A}(u+m\tau+n,v+r\tau+s;\tau)\\=&(-1)^{m+n}\mathrm{e}^{2\pi\mathrm{i}u(m-r)}\mathrm{e}^{-2\pi\mathrm{i}vm}q^{m^2/2-mr}\hat{A}(u,v;\tau),\end{aligned} \tag{2.74}$$

$$\hat{A}\left(-\frac{u}{c\tau+d},\frac{v}{c\tau+d};\gamma\tau\right)=(c\tau+d)\mathrm{e}^{\pi\mathrm{i}c\frac{(-u^2+2uv)}{(c\tau+d)}}\hat{A}(u,v;\tau). \tag{2.75}$$

下面, 给出定理 2.4 的证明.

首先, 考虑 Choi 的等式并令 $a=\zeta_b^{-a}$, $b=\zeta_b^a$, 即 $u=-\dfrac{a}{b}$, $v=\dfrac{a}{b}$ 且 $q=\mathrm{e}^{\frac{2\pi\mathrm{i}}{k}(h+\mathrm{i}\tau)}$, 则定义函数

$$m(a,b;u):=\mathrm{i}\mathrm{e}^{\frac{\pi\mathrm{i}u}{4}}(1-\zeta_b^{-a})\zeta_b^a(\zeta_b^a\mathrm{e}^{2\pi\mathrm{i}u};\mathrm{e}^{2\pi\mathrm{i}u})_\infty(\zeta_b^{-a};\mathrm{e}^{2\pi\mathrm{i}u})_\infty. \tag{2.76}$$

要得到定理的结果, 需证明 $U(\zeta_r^s;\zeta_k^h)$ 在 $b|k$ 时是一个收敛的有限和, 进而可知, 若设 $b|k$, $\gcd(a,b)=1$, $\gcd(h,k)=1$, a、b、h、k 均是正整数, 当 $\tau\to0^+$ 时, 需证明

$$m\left(a,b;\frac{1}{k}(h+\mathrm{i}\tau)\right)\mu\left(-\frac{a}{b},\frac{a}{b};\frac{1}{k}(h+\mathrm{i}\tau)\right)\sim\zeta_{b^2}^{-a^2h'k}C\left(\zeta_b^a;\frac{1}{k}(h+\mathrm{i}\tau)\right), \tag{2.77}$$

其中, 要求 $\tau\in R^+$ 且 $\tau\to0^+$, 则 $q^{\frac{2\pi\mathrm{i}}{k}(h+\mathrm{i}\tau)}\to\zeta_k^h$.

其次, 取 $q:=\mathrm{e}^{\frac{2\pi\mathrm{i}}{k}(h+\mathrm{i}\tau)}$, $q_1:=\mathrm{e}^{\frac{2\pi\mathrm{i}}{k}(h'+\frac{\mathrm{i}}{\tau})}$, 则对于正整数 b',h' 满足 $bb'=k$, $hh'\equiv-1(\bmod k)$, 存在 $\alpha>0$ 使得当 $\tau\in R^+$, $\tau\to0^+$ 时有

$$\begin{aligned}&m\left(a,b;\frac{1}{k}(h+\mathrm{i}\tau)\right)\mu\left(-\frac{a}{b},\frac{a}{b};\frac{1}{k}(h+\mathrm{i}\tau)\right)\\=&\left(\frac{\mathrm{i}}{\tau}\right)^{\frac12}\zeta_{24}^{-1}q^{\frac{1}{24}}q_1^{-\frac{1}{24}}(-1)^{ab'}\zeta_{2b}^{ah'-a}\zeta_{2b^2}^{-3a^2kh'}\times\frac{\zeta_b^a-1}{1-\zeta_b^{ah'}}(1+O(q_1^\alpha)).\end{aligned} \tag{2.78}$$

再由 Dedekind η 函数和 Klein 形式 $t_{(r,s)}(\tau)$ 的模变换的性质可得, 存在 $\beta>0$ 使得在上述同样的假设条件下有

$$C\left(\zeta_b^a;\frac{1}{k}(h+\mathrm{i}\tau)\right)=\left(\frac{\mathrm{i}}{\tau}\right)^{\frac{1}{2}}\zeta_{24}^{-1}q^{\frac{1}{24}}q_1^{-\frac{1}{24}}(-1)^{ab'}\zeta_{2b}^{ah'-a}\zeta_{2b^2}^{-a^2kh'}\times\frac{\zeta_b^a-1}{1-\zeta_b^{ah'}}(1+O(q_1^{\beta})). \tag{2.79}$$

最后, 结合等式 (2.78)、等式 (2.79) 和近似式 (2.77), 即可知定理 2.4 成立.

2.2 其他 mock theta 函数的 Ramanujan 径向极限

Ramanujan 的 mock theta 函数在点 $\mathrm{e}^{2\pi im/n}$ 处的指数奇异性问题及 Ramanujan 径向极限问题一直是一个热点问题. 2014 年, Bajpai 等 [29] 首先考虑了 5 阶 Ramanujan 的 mock theta 函数的 Ramanujan 径向极限问题. 他们对 mock theta 函数 $M(q):=\sum_{n\geqslant 0}c(n;q)$ 定义了与它们相关的双侧级数

$$B(M;q):=\sum_{n\in\mathbb{Z}}c(n;q). \tag{2.80}$$

进而, Bajpai 等构造并给出了一些 3 阶、5 阶、6 阶和 8 阶 mock theta 函数对应的 Ramanujan 径向极限.

2.2.1 3 阶 mock theta 函数的 Ramanujan 径向极限

对 4 个 3 阶 mock theta 函数 [9]

$$f(q)=\sum_{n=0}^{\infty}\frac{q^{n^2}}{(-q;q)_n^2},\quad \phi(q)=\sum_{n=0}^{\infty}\frac{q^{n^2}}{(-q^2;q^2)_n},$$

$$\psi(q)=\sum_{n=1}^{\infty}\frac{q^{n^2}}{(q;q^2)_n},\quad \nu(q)=\sum_{n=0}^{\infty}\frac{q^{n(n+1)}}{(-q;q^2)_{n+1}},$$

可得其 Ramanujan 径向极限如下.

定理 2.5 设 ζ 是一个本原单位根, $k\in\mathbb{N}$, 当 q 在单位圆周内径向趋向于 ζ 时.

(1) 若 ζ 是偶数 $4k$ 次本原单位根, 则

$$\lim_{q\to\zeta}(\phi(q)-B(\phi;q))=-2\zeta\sum_{n=0}^{k-1}\zeta^n(-\zeta^2;\zeta^2)_n. \tag{2.81}$$

(2) 若 ζ 是偶数 $2k-1$ 次本原单位根, 则

$$\lim_{q\to\zeta}(\psi(q)-B(\psi;q))=-\sum_{n=0}^{k-1}(-1)^n(\zeta;\zeta^2)_n. \tag{2.82}$$

(3) 若 ζ 是偶数 $4k-2$ 次本原单位根, 则

$$\lim_{q\to\zeta}(\nu(q)-B(\nu;q))=-\sum_{n=0}^{k-1}\zeta^n(-\zeta;\zeta^2)_n, \tag{2.83}$$

若设 $M\in\{\phi,\psi,\nu\}$, 则 $B(M;q)$ 是同余子群 $\Gamma_0(4)$ 上权为 1/2 的模形式.

证明: 对于 3 阶 mock theta 函数 $\phi(q)$、$\psi(q)$、$\nu(q)$, 根据与其对应的双侧级数的定义并结合下列变换式和等式

$$(a;q)_{-n}:=\frac{(-a)^{-n}q^{n(n+1)/2}}{(a^{-1}q;q)_n} \tag{2.84}$$

和

$$\sum_{n\geqslant 0}(aq;q)_nt^n=\frac{1}{1-t}\sum_{n\geqslant 0}\frac{(-at)^nq^{(n^2+n)/2}}{(tq;q)_n}, \tag{2.85}$$

不难推得

$$2\psi(q)=2q\sum_{n\geqslant 0}q^n(-q^2;q^2)_n, \tag{2.86}$$

$$\frac{1}{2}\phi(q)=\sum_{n\geqslant 0}(-1)^n(q;q^2)_n, \tag{2.87}$$

$$\nu(-q)=\sum_{n\geqslant 0}q^n(-q;q^2)_n, \tag{2.88}$$

进而可知

$$B(\phi;q)=\phi(q)+2\psi(q)=2B(\psi;q),\quad B(\nu;q)=\nu(q)+\nu(-q). \tag{2.89}$$

这样就可以得到定理的 Ramanujan 径向极限形式.

而关于它们的模变换的性质需要考虑 Ramanujan 的 ${}_1\psi_1$ 公式, 即

$${}_1\psi_1(\alpha,\beta;q,z):=\sum_{n\in\mathbb{Z}}\frac{(\alpha;q)_n}{\beta;q)_n}z^n=\frac{(\beta/\alpha;q)_\infty(\alpha z;q)_\infty(q/\alpha z;q)_\infty(q;q)_\infty}{(q/\alpha;q)_\infty(\beta/\alpha z;q)_\infty(\beta;q)_\infty(z;q)_\infty}, \tag{2.90}$$

其中, $|\beta/\alpha|<|z|<1$.

利用变换式 (2.90), 可得

$$B(\phi;q)=\sum_{n\in\mathbb{Z}}\frac{q^{n^2}(-1;q^2)_n}{q^{n^2-n}}=\sum_{n\in\mathbb{Z}}q^n(-1;q^{n^2})_n={}_1\psi_1(-q,0;q^2,1), \tag{2.91}$$

同理可得

$$B(\nu;q)={}_1\psi_1(-1,0;q^2,1), \tag{2.92}$$

进而可以将它们表示成 q-级数的移位升阶乘符号的形式, 再结合 Dedekind η 函数的定义可得

$$B(\phi;q)=\frac{q^{\frac{1}{24}}\eta(2\tau)^7}{\eta(\tau)^3\eta(4\tau)^3} \tag{2.93}$$

和

$$B(\nu;q)=\frac{2\eta(4\tau)^3}{q^{1/3}\eta(2\tau)^2}. \tag{2.94}$$

而 $\eta(\tau)$ 是 $\Gamma_0(4)$ 上权为 1/2 的模形式, 即可得 $B(\phi;q)$ 和 $B(\nu;q)$ 的模具有的性质.

最后, 易知 $B(\psi;q)=\dfrac{1}{2}B(\phi;q)$, 因此可得其 Ramanujan 径向极限.

2.2.2 5 阶 mock theta 函数的 Ramanujan 径向极限

对于 10 个 5 阶 mock theta 函数 [9]

$$f_0(q)=\sum_{n=0}^{\infty}\frac{q^{n^2}}{(-q;q)_n},\qquad f_1(q)=\sum_{n=0}^{\infty}\frac{q^{n(n+1)}}{(-q;q)_n},$$

$$F_0(q)=\sum_{n=0}^{\infty}\frac{q^{2n^2}}{(q;q^2)_n},\qquad F_1(q)=\sum_{n=0}^{\infty}\frac{q^{2n(n+1)}}{(q;q^2)_{n+1}},$$

$$\chi_0(q)=\sum_{n=0}^{\infty}\frac{q^{n}}{(q^{n+1};q)_n},\qquad \chi_1(q)=\sum_{n=0}^{\infty}\frac{q^{n}}{(q^{n+1};q)_{n+1}},$$

$$\phi_0(q)=\sum_{n=0}^{\infty}q^{n^2}(-q;q^2)_n,\qquad \phi_1(q)=\sum_{n=0}^{\infty}q^{(n+1)^2}(-q;q^2)_n,$$

$$\psi_0(q)=\sum_{n=0}^{\infty}q^{\frac{1}{2}(n+1)(n+2)}(-q;q)_n,\quad \psi_1(q)=\sum_{n=0}^{\infty}q^{\frac{1}{2}n(n+1)^2}(-q;q)_n,$$

可知其 Ramanujan 径向极限如下.

定理 2.6 设 ζ 是一个本原单位根, $k\in\mathbb{N}$, 当 q 在单位圆周内径向趋向于 ζ 时.

(1) 若 ζ 是偶数 $2k$ 次本原单位根, 则

$$\lim_{q\to\zeta}(f_0(q)-B(f_0;q))=-2\sum_{n=0}^{k-1}\zeta^{(n+1)(n+2)/2}(-\zeta;\zeta)_n, \tag{2.95}$$

$$\lim_{q\to\zeta}(f_1(q)-B(f_1;q))=-2\sum_{n=0}^{k-1}\zeta^{(n+1)n/2}(-\zeta;\zeta)_n, \tag{2.96}$$

其中, $B(f_0;q)$ 和 $B(f_1;q)$ 是同余子群 $\Gamma_1(20)$ 上权为 1/2 的模形式.

(2) 若 ζ 是奇数 $2k-1$ 次本原单位根, 则

$$\lim_{q\to\zeta}(F_0(q)-B(F_0;q))=1-\sum_{n=0}^{k-1}(-\zeta)^{n^2}(\zeta;\zeta^2)_n, \tag{2.97}$$

$$\lim_{q\to\zeta}(F_1(q)-B(F_1;q))=\zeta^{-1}\sum_{n=0}^{k-1}(-\zeta)^{(n+1)^2}(\zeta;\zeta^2)_n, \tag{2.98}$$

其中, $B(F_0;q)$ 和 $B(F_1;q)$ 是同余子群 $\Gamma_1(10)$ 上权为 1/2 的模形式.

定理 2.7 设 ζ 是一个本原单位根, $k\in\mathbb{N}$, 当 q 在单位圆周内径向趋向于 ζ 时.

(1) 若 ζ 是奇数 $2k-1$ 次本原单位根, 则

$$\lim_{q\to\zeta}(\psi_0(q)-B(\psi_0;q))=-\frac{1}{2}-\sum_{n=1}^{2k-1}\frac{\zeta^{n^2}}{(-\zeta;\zeta)_n}, \tag{2.99}$$

$$\lim_{q\to\zeta}(\psi_1(q)-B(\psi_1;q))=-\frac{1}{2}-\sum_{n=1}^{2k-1}\frac{\zeta^{n(n+1)}}{(-\zeta;\zeta)_n}, \tag{2.100}$$

其中, $B(\psi_0;q)$ 和 $B(\psi_1;q)$ 是同余子群 $\Gamma_1(20)$ 上权为 1/2 的模形式.

(2) 若 ζ 是 m 次本原单位根, 则

$$\lim_{q\to\zeta}(\phi_0(q)-B(\phi_0;q))=\begin{cases}-2\displaystyle\sum_{n=1}^{2k-1}\frac{\zeta^{2n^2}}{(-\zeta;\zeta^2)_n}, & m=2k-1,\\ -2\displaystyle\sum_{n=1}^{2k}\frac{\zeta^{2n^2}}{(-\zeta;\zeta^2)_n}, & m=4k,\end{cases} \tag{2.101}$$

$$\lim_{q\to\zeta}(\phi_1(q)-B(\phi_1;q))=\begin{cases}-2\zeta\displaystyle\sum_{n=1}^{2k-1}\frac{\zeta^{2n(n-1)}}{(-\zeta;\zeta^2)_n}, & m=2k-1,\\ -2\zeta\displaystyle\sum_{n=1}^{2k}\frac{\zeta^{2n(n-1)}}{(-\zeta;\zeta^2)_n}, & m=4k,\end{cases} \tag{2.102}$$

其中, $B(\phi_0;q)$ 和 $B(\phi_1;q)$ 是同余子群 $\Gamma_1(10)$ 上权为 1/2 的模形式.

注:以上关于 5 阶 mock theta 函数 Ramanujan 径向极限的证明思想和方法与 3 阶 mock theta 函数的类似.

同时, Bajpai 等还讨论了其余两个 5 阶 Ramanujan 的 mock theta 函数类似的 Ramanujan 径向极限. 可以发现 $B(\chi_0;q)$ 和 $B(\chi_1;q)$ 都不是模形式, 因此要构造其类似的径向极限的形式, 需要考虑其对应的 "Mock Theta Conjectures"

$$\chi_0(q)=2F_0(q)-\phi_0(-q), \tag{2.103}$$

$$\chi_1(q) = 2F_1(q) + q^{-1}\phi_1(-q), \tag{2.104}$$

则需要重新定义其双侧级数

$$\mathfrak{B}(\chi_0;q) := 2B(F_0;q) - B(\phi_0;-q) = B(F_0;q), \tag{2.105}$$

$$\mathfrak{B}(\chi_1;q) := 2B(F_1;q) + q^{-1}B(\phi_1;-q) = B(F_1;q), \tag{2.106}$$

那么, 也可以得到这两个 5 阶 mock theta 函数的 Ramanujan 径向极限如下.

定理 2.8 设 ζ 是一个本原单位根, $k \in \mathbb{N}$, 当 q 在单位圆周内径向趋向于 ζ 时.

(1) 若 ζ 是奇数 $2k-1$ 次本原单位根, 则

$$\lim_{q\to\zeta}(\chi_0(q) - 2B(\chi_0;q)) = -3\sum_{n=0}^{k-1}(-\zeta)^{n^2}(\zeta;\zeta^2)_n + 2, \tag{2.107}$$

$$\lim_{q\to\zeta}(\chi_1(q) - 2B(\chi_1;q)) = -3\zeta^{-1}\sum_{n=0}^{k-1}(-\zeta)^{(n+1)^2}(\zeta;\zeta^2)_n. \tag{2.108}$$

(2) 若 ζ 是偶数 $2k$ 次本原单位根, 则

$$\lim_{q\to\zeta}(\chi_0(q) + B(\chi_0;q)) = 6\sum_{n=1}^{k}\frac{\zeta^{2n^2}}{(\zeta;\zeta^2)_n} + 2, \tag{2.109}$$

$$\lim_{q\to\zeta}(\chi_1(q) + B(\chi_1;q)) = 6\sum_{n=1}^{k}\frac{\zeta^{2n(n-1)}}{(\zeta;\zeta^2)_n}, \tag{2.110}$$

其中, $B(\chi_0;q)$ 和 $B(\chi_1;q)$ 是同余子群 $\Gamma_1(10)$ 上权为 1/2 的模形式.

证明: 对于第一个结论, 可由

$$\chi_0(q) - 2B(\chi_0;q) = -3\phi_0(-q) + 2, \quad \chi_1(q) - 2B(\chi_1;q) = 3\phi_1(-q) \tag{2.111}$$

推得. 同理, 第二个结论可由

$$\chi_0(q) + B(\chi_0;q) = 3F_0(-q) + 2, \quad \chi_1(q) + B(\chi_1;q) = 3F_1(-q) \tag{2.112}$$

推得. 而其模变换的性质可由 $B(F_0;q)$ 和 $B(F_1;q)$ 的模性质得到.

最后, 对于 mock theta 函数 $M(q)$ 及其双侧级数 $B(M;q)$, Bajpai 等研究得出了更一般的结论.

定理 2.9 (Bajpai-Kimport-Liang-Ma-Ricci [29]) 设 $k \in \mathbb{N}$, ζ 是一个与 $M(q)$ 相关的某一合适阶数的单位根, 当 q 在单位圆周内径向趋向于 ζ 时, 则有

$$\lim_{q\to\zeta}(M(q)-B(M;q))=C(M;\zeta), \tag{2.113}$$

其中, $C(M;q)$ 是单位根 ζ 的超几何 q-级数, 并由 $M(q)$ 与 $B(M;q)$ 确定.

下面分别给出 6 阶和 8 阶 mock theta 函数的 Ramanujan 径向极限, 其证明和 3 阶与 5 阶 mock theta 函数类似, 不再予以赘述.

2.2.3 6 阶 mock theta 函数的 Ramanujan 径向极限

对于 9 个 6 阶 mock theta 函数 [9] $\phi(q)$、$\psi(q)$、$\rho(q)$、$\sigma(q)$、$\lambda(q)$、$\mu(q)$、$\gamma(q)$、$\nu(q)$ 和 $\xi(q)$ 如式 (1.37)~式 (1.45) 所定义, 则它们的 Ramanujan 径向极限如下.

定理 2.10 设 ζ 是一个本原单位根, $k \in \mathbb{N}$, 当 q 在单位圆周内径向趋向于 ζ 时.

(1) 若 ζ 是偶数 $2k$ 次本原单位根, 则

$$\lim_{q\to\zeta}(\lambda(q)-B(\lambda;q))=-2\sum_{n=0}^{k-1}\frac{\zeta^{(n+1)n/2}(-\zeta;\zeta)_n}{(\zeta;\zeta^2)_{n+1}}, \tag{2.114}$$

$$\lim_{q\to\zeta}(\mu(q)-B(\mu;q))=-2\sum_{n=0}^{k-1}\frac{\zeta^{(n+1)(n+2)/2}}{(-\xi;\xi)_n(\zeta;\zeta^2)_{n+1}}, \tag{2.115}$$

$$\lim_{q\to\zeta}(\phi(q)-B(\phi;q))=-2\sum_{n=0}^{k-1}\frac{\zeta^{n+1}}{(-\xi;\xi)_{2n+1}(\zeta;\zeta^2)_{n+1}}, \tag{2.116}$$

$$\lim_{q\to\zeta}(\psi(q)-B(\psi;q))=-2\sum_{n=0}^{k-1}\frac{\zeta^{n+1}(-\zeta;\zeta)_{2n}}{(\zeta;\zeta^2)_{n+1}}, \tag{2.117}$$

其中, $B(\lambda;q)=\lambda(q)+2\rho(q)$, $B(\mu;q)=\mu(q)+2\sigma(q)$, $B(\phi;q)=\phi(q)+2\nu(q)$, $B(\psi;q)=\psi(q)+2\xi(q)$ 都是权为 1/2 的模形式.

(2) 若 ζ 是奇数 $2k-1$ 次本原单位根, 则

$$\lim_{q\to\zeta}(\rho(q)-B(\rho;q))=-\frac{1}{2}\sum_{n=0}^{k-1}\frac{(-1)^n\zeta^n(\zeta;\zeta^2)_n}{(-\zeta;\zeta)_n}, \tag{2.118}$$

$$\lim_{q\to\zeta}(\sigma(q)-B(\sigma;q))=-\frac{1}{2}\sum_{n=0}^{k-1}\frac{(-1)^n(\zeta;\zeta^2)_n}{(-\zeta;\zeta)_n}, \tag{2.119}$$

$$\lim_{q\to\zeta}(\nu(q)-B(\nu;q))=-\frac{1}{2}\sum_{n=0}^{k-1}\frac{(-1)^n\zeta^{n^2}(\zeta;\zeta^2)_n}{(-\zeta;\zeta)_{2n}}, \tag{2.120}$$

$$\lim_{q\to\zeta}(\xi(q)-B(\xi;q))=-\frac{1}{2}\sum_{n=0}^{k-1}\frac{(-1)^n\zeta^{(n+1)^2}(\zeta;\zeta^2)_n}{(-\zeta;\zeta)_{2n+1}}. \tag{2.121}$$

其中, $B(\rho;q)=\rho(q)+\dfrac{1}{2}\lambda(q)$, $B(\sigma;q)=\sigma(q)+\dfrac{1}{2}\mu(q)$, $B(\nu;q)=\nu(q)+\dfrac{1}{2}\phi(q)$, $B(\xi;q)=\xi(q)+\dfrac{1}{2}\psi(q)$ 都是权为 1/2 的模形式.

2.2.4 8 阶 mock theta 函数的 Ramanujan 径向极限

对于 8 个 8 阶 mock theta 函数 [9] $S_0(q)$、$S_1(q)$、$T_0(q)$、$T_1(q)$、$U_0(q)$、$U_1(q)$、$V_0(q)$ 和 $V_1(q)$ 如式 (1.46)~式 (1.53) 所定义, 可得它们的 Ramanujan 径向极限如下.

定理 2.11 设 ζ 是一个本原单位根, $k\in\mathbb{N}$, 当 q 在单位圆周内径向趋向于 ζ 时.

(1) 若 ζ 是偶数 $4k$ 次本原单位根, 则

$$\lim_{q\to\zeta}(S_0(q)-B(S_0;q))=-2\sum_{n=0}^{k-1}\frac{\zeta^{(n+1)(n+2)/2}(-\zeta^2;\zeta^2)_n}{(-\zeta;\zeta^2)_{n+1}}, \tag{2.122}$$

$$\lim_{q\to\zeta}(S_1-B(S_1;q))=-2\sum_{n=0}^{k-1}\frac{\zeta^{(n+1)n/2}}{(-\xi^2;\xi^2)_n(-\zeta;\zeta^2)_{n+1}}, \tag{2.123}$$

其中, $B(S_0;q)=S_0(q)+2T_0(q)$, $B(S_1;q)=S_1(q)+2T_1(q)$ 都是权为 1/2 的模形式.

(2) 若 ζ 是偶数 $4k-2$ 次本原单位根, 则

$$\lim_{q\to\zeta}(T_0(q)-B(T_0;q))=-\frac{1}{2}\sum_{n=0}^{k-1}\frac{\zeta^{n^2}(-\zeta;\zeta^2)_n}{(-\zeta^2;\zeta^2)_n}, \tag{2.124}$$

$$\lim_{q\to\zeta}(T_1(q)-B(T_1;q))=-\frac{1}{2}\sum_{n=0}^{k-1}\frac{\zeta^{n(n+2)}(-\zeta;\zeta^2)_n}{(-\zeta^2;\zeta^2)_n}, \tag{2.125}$$

其中, $B(T_0;q)=T_0(q)+2S_0(q)$, $B(T_1;q)=T_1(q)+2S_1(q)$ 都是权为 1/2 的模形式.

(3) 若 ζ 是奇数 $2k-1$ 次本原单位根, 则

$$\lim_{q\to\zeta}(V_0(q)-B(V_0;q))=-2\sum_{n=0}^{k-1}\frac{-\zeta^{n^2}(\zeta;\zeta^2)_n}{(-\zeta;\zeta^2)_n}, \tag{2.126}$$

$$\lim_{q\to\zeta}(V_1(q)-B(V_1;q))=\sum_{n=0}^{k-1}\frac{-\zeta^{(n+1)^2}(\zeta;\zeta^2)_n}{(-\zeta;\zeta^2)_{n+1}}, \tag{2.127}$$

其中, $B(V_0;q)=V_0(q)+V_0(-q)+1$, $B(V_1;q)=V_1(q)-V_1(-q)$ 都是权为 1/2 的模形式.

2.2.5 2 阶和 10 阶 mock theta 函数的 Ramanujan 径向极限

关于 2 阶和 10 阶 mock theta 函数的 Ramanujan 径向极限问题也有一些较好的研究结果 [27], 在此以下面的两个结果为例介绍这两类函数的径向极限的研究思想.

对于 2 阶 mock theta 函数

$$B(q)=\sum_{n=0}^{\infty}\frac{q^n(-q;q^2)_n}{(q;q^2)_{n+1}}, \tag{2.128}$$

其 Ramanujan 径向极限如下.

定理 2.12 当 q 在单位圆周内径向趋向于奇数 $2k+1$ 次本原单位根 ζ 时, 则有

$$\lim_{q\to\zeta}\left(B(q)-\frac{J_4^5}{J_2^4}-\frac{1}{4}q^{-1}\frac{J_4^{17}}{J_2^8J_8^8}+\frac{1}{4}q^{-1}\frac{J_4J_1^4}{J_2^2J_8^2}\right)=-\frac{1}{2}\sum_{n=0}^{k}\frac{\zeta^{2n}(\zeta;\zeta^2)_n^2}{(-\zeta^2;\zeta^2)_n}, \tag{2.129}$$

其中, $J_m:=\prod_{i\geqslant 1}(1-q^{mi})$.

对于 10 阶 mock theta 函数

$$\psi(q)=\sum_{n=0}^{\infty}\frac{q^{\frac{1}{2}(n+1)(n+2)}}{(q;q^2)_{n+1}}, \tag{2.130}$$

其 Ramanujan 径向极限如下.

定理 2.13 当 q 在单位圆周内径向趋向于 $10k+\ell$ 次本原单位根 ζ 时, $\ell\in\{1,3,5,7,9\}$, 则有

$$\lim_{q\to\zeta}\left(\psi(q)+\frac{qJ_{10}^2\overline{J}_{1,5}}{J_5J_{4,10}}-\frac{2qJ_{10}^4}{J_5^2J_{2,10}}-\frac{J_{10}^{10}\overline{J}_{2,10}}{J_5^4J_{20}^4J_{2,10}\overline{J}_{7,10}}+\frac{J_{10,20}^2J_{1,5}}{\overline{J}_{1,5}\overline{J}_{7,10}}\right)=-\zeta F(\ell), \tag{2.131}$$

其中, $J_{a,m}:=j(q^a,q^m)$; $\overline{J}_{a,m}:=j(-q^a,q^m)$;

$$F(\ell)=\begin{cases}\displaystyle\sum_{n=0}^{2k}\frac{\zeta^{5n}(\zeta;\zeta^5)_n(\zeta^4;\zeta^5)_n}{(-\zeta^5;\zeta^5)_n}, & \ell=1,\\ \displaystyle\sum_{n=0}^{4k+1}\frac{\zeta^{5n}(\zeta;\zeta^2)_n(\zeta^4;\zeta^5)_n}{(-\zeta^5;\zeta^5)_n}, & \ell=3,\\ \displaystyle\left(1-\frac{(\zeta;\zeta^5)_{2k+1}(\zeta^4;\zeta^5)_{2k+1}}{(-\zeta^5;\zeta^5)_{2k+1}}\right)\sum_{n=0}^{2k}\frac{\zeta^{5n}(\zeta;\zeta^5)_n(\zeta^4;\zeta^5)_n}{(-\zeta^5;\zeta^5)_n}, & \ell=5,\\ \displaystyle\sum_{n=0}^{4k+2}\frac{\zeta^{5n}(\zeta;\zeta^5)_n(\zeta^4;\zeta^5)_n}{(-\zeta^5;\zeta^5)_n}, & \ell=7,\\ \displaystyle\sum_{n=0}^{2k+1}\frac{\zeta^{5n}(\zeta;\zeta^5)_n(\zeta^4;\zeta^5)_n}{(-\zeta^5;\zeta^5)_n}, & \ell=9.\end{cases} \tag{2.132}$$

2.3 两个 false theta 函数的 Ramanujan 径向极限

本书基于 Bajpai 等的研究思想, 研究了两个 5 阶 mock theta 函数在变换 $q \to q^{-1}$ 下所得的 false theta 函数及其双侧级数的径向极限问题, 同时在 Rogers[33] 和 Hikami[34] 研究的基础上可知, 这两个 false theta 函数是权为 3/2 的向量模形式, 它们的双侧级数有类似 Ramanujan 断言中 $b(q)$ 的角色和作用.

设 $|q| < 1$, n 为非负整数, 介绍两个重要的变换符号

$$(a;q^{-1})_n := (a^{-1};q)_n(-a)^n q^{-n(n-1)/2} \tag{2.133}$$

及 $(a;q)_{-n}$.

这里, 以两个 5 阶 Ramanujan 的 mock theta 函数 $\chi_0(q)$ 和 $\chi_1(q)$ 为例介绍主要思想和工作.

而其他的 5 阶 Ramanujan 的 mock theta 函数可以由这两个函数及 theta 函数来表示 [11, 15].

Rogers[33] 指出, 5 阶 mock theta 函数 $\chi_0(q)$ 和 $\chi_1(q)$ 可以提升到 $|q| > 1$ 的区域. 事实上, 在 $|q| < 1$ 时, 考虑变换 $q \to q^{-1}$ 并定义函数

$$\begin{aligned}\chi_0^*(q) &= 2 - \chi_0(q^{-1}) \\ &= 2 - \sum_{n=0}^{\infty} \frac{q^{-n}}{(q^{-(n+1)};q^{-1})_n} \\ &= 2 - \sum_{n=0}^{\infty} (-1)^n \frac{q^{3n^2/2-n/2}}{(q^{n+1};q)_n}\end{aligned} \tag{2.134}$$

和

$$\begin{aligned}\chi_1^*(q) &= q^{-1}\chi_1(q^{-1}) \\ &= q^{-1}\sum_{n=0}^{\infty} \frac{q^{-n}}{(q^{-n-1};q^{-1})_{n+1}} \\ &= \sum_{n=0}^{\infty} (-1)^n \frac{q^{3n(n+1)/2}}{(q^{n+1};q)_{n+1}}.\end{aligned} \tag{2.135}$$

由 Rogers[33]、Hikami[34] 与 Lawrence 和 Zagier[91] 的研究结果可知, $\chi_0^*(q)$、$\chi_1^*(q)$ 均在 $|q| < 1$ 时收敛, 它们称为 false theta 函数, 并且可以由 Eichler 积分来表示, 也就是若设

$$\overline{\Phi}_{2,3,5}(\tau) = \begin{pmatrix} q^{\frac{1}{120}}\chi_0^*(q) \\ q^{\frac{49}{120}}\chi_1^*(q) \end{pmatrix}, \tag{2.136}$$

则 $\overline{\Phi}_{2,3,5}(\tau)$ 是权为 3/2 的向量模形式的 Eichler 积分, 即

$$\Phi_{2,3,5}(\tau)=\frac{1}{2}\sum_{n\in\mathbb{Z}}n\begin{pmatrix}\chi_{60}^{(1,1,1)}(n)\\ \chi_{60}^{(1,1,2)}(n)\end{pmatrix}q^{\frac{n^2}{120}}, \tag{2.137}$$

其中, $\chi_{60}^{l}(n)$ 是模 60 的奇周期函数, 且有

$$\chi_{60}^{(1,1,1)}(n)=\psi_{60}^{(1)}(n)+\psi_{60}^{(11)}(n)+\psi_{60}^{(19)}(n)+\psi_{60}^{(29)}(n),$$

$$\chi_{60}^{(1,1,2)}(n)=\psi_{60}^{(7)}(n)+\psi_{60}^{(13)}(n)+\psi_{60}^{(17)}(n)+\psi_{60}^{(23)}(n).$$

由 Hikami[34] 的研究结果可知, $\psi_{2M}^{(m)}(n)$ 是模 $2M$ 的奇周期函数, 且对于 $m\in\mathbb{Z}$, 有

$$\psi_{2M}^{(m)}(n):=\begin{cases}\pm1, & n\equiv\pm m \pmod{2M},\\ 0, & \text{其他}.\end{cases} \tag{2.138}$$

对于 false theta 函数 $F(q):=\sum\limits_{n\geqslant0}c(n;q)$, 考虑和定义其双侧级数

$$B(F;q):=\sum_{n\in\mathbb{Z}}c(n;q). \tag{2.139}$$

那么, $\chi_0^*(q)$ 和 $\chi_1^*(q)$ 的双侧级数分别为

$$B(\chi_0^*;q)=2-\sum_{n\in\mathbb{Z}}(-1)^n\frac{q^{3n^2/2-n/2}}{(q^{n+1};q)_n}, \tag{2.140}$$

$$B(\chi_1^*;q)=\sum_{n\in\mathbb{Z}}(-1)^n\frac{q^{3n(n+1)/2}}{(q^{n+1};q)_{n+1}}. \tag{2.141}$$

从而, 与 mock theta 函数 $\chi_0(q)$ 和 $\chi_1(q)$ 相关的 false theta 函数 $\chi_0^*(q)$ 和 $\chi_1^*(q)$ 的 Ramanujan 径向极限如下.

定理 2.14 设 ζ 是一个单位根, $k\in\mathbb{N}$, 当 q 在单位圆周内径向趋向于 ζ 时.

(1) 若 ζ 是奇整数 $2k-1$ 次本原单位根, 则

$$\lim_{q\to\zeta}(\chi_0^*(q)-B(\chi_0^*;q))=\sum_{n=1}^{k-1}\zeta^n(\zeta^n,\zeta)_n, \tag{2.142}$$

其中, $B(\chi_0^*;q)=1$.

(2) 若 ζ 是偶整数 $2k$ 次本原单位根, 则

$$\lim_{q\to\zeta}(\chi_1^*(q)-B(\chi_1^*;q))=\sum_{n=0}^{k-1}\zeta^n(\zeta^{n+1},\zeta)_n, \tag{2.143}$$

其中, $B(\chi_1^*;q)=0$.

证明： 考虑双侧级数 $B(\chi_0^*;q)$, 利用符号式 (2.84), 可得

$$\begin{aligned}B(\chi_0^*;q)&=2-\sum_{n\in\mathbb{Z}}(-1)^n\frac{q^{3n^2/2-n/2}}{(q^{n+1};q)_n}\\&=\chi_0^*(q)-\sum_{n=1}^{\infty}(-1)^n\frac{q^{3n^2/2+n/2}}{(q^{-n+1};q)_{-n}}\\&=\chi_0^*(q)-\sum_{n=1}^{\infty}q^n(q^n;q)_n.\end{aligned}\tag{2.144}$$

此外, 可以发现 $\chi_0^*(q)$ 又可以表示为 [34]

$$\chi_0^*(q)=1+q\sum_{m=0}^{\infty}q^{2m}(q^{2m+1};q)_m=\sum_{n=0}^{\infty}q^n(q^n;q)_n,\tag{2.145}$$

则有

$$\begin{aligned}B(\chi_0^*;q)&=\chi_0^*(q)-\sum_{n=1}^{\infty}q^n(q^n;q)_n\\&=\chi_0^*(q)-\sum_{n=0}^{\infty}q^n(q^n;q)_n+1=1.\end{aligned}\tag{2.146}$$

若 ζ 是奇数 $2k-1$ 次本原单位根, 则

$$\lim_{q\to\zeta}(\chi_0^*(q)-B(\chi_0^*;q))=\lim_{q\to\zeta}\sum_{n=1}^{\infty}q^n(q^n;q)_n=\sum_{n=1}^{k-1}\zeta^n(\zeta^n,\zeta)_n.\tag{2.147}$$

对于双侧级数 $B(\chi_1^*;q)$, 同理可知

$$\begin{aligned}B(\chi_1^*;q)&=\sum_{n\in\mathbb{Z}}(-1)^n\frac{q^{3n(n+1)/2}}{(q^{n+1};q)_{n+1}}\\&=\chi_1^*(q)+\sum_{n=1}^{\infty}(-1)^n\frac{q^{3n(n-1)/2}}{(q^{-n+1};q)_{-n+1}}\\&=\chi_1^*(q)+\sum_{n=0}^{\infty}(-1)^{n+1}\frac{q^{3n(n+1)/2}}{(q^{-n};q)_{-n}}\\&=\chi_1^*(q)-\sum_{n=0}^{\infty}q^n(q^{n+1};q)_n.\end{aligned}\tag{2.148}$$

$B(\chi_1^*;q)$ 也可以表示为 [34]

$$\chi_1^*(q)=\sum_{n=0}^{\infty}q^n(q^{n+1};q)_n,\tag{2.149}$$

那么

$$B(\chi_1^*;q)=\chi_1^*(q)-\sum_{n=0}^{\infty}q^n(q^{n+1};q)_n=0. \tag{2.150}$$

若 ζ 是偶数 $2k$ 次本原单位根, 则

$$\begin{aligned}\lim_{q\to\zeta}(\chi_1^*(q)-B(\chi_1^*;q))&=\lim_{q\to\zeta}\sum_{n=0}^{\infty}q^n(q^{n+1};q)_n\\&=\sum_{n=0}^{k-1}\zeta^n(\zeta^{n+1},\zeta)_n.\end{aligned} \tag{2.151}$$

注: 关于其他阶 mock theta 函数的类似问题也进行了猜测和研究, 但通过计算发现, 他们对应的 false theta 函数的双侧级数不一定全部收敛. 例如, 对于 3 阶 Ramanujan 的 mock theta 函数, 如式 (1.2) 和式 (1.30) 所定义. 当 $|q|<1$ 时, 利用变换 $q\to q^{-1}$ 定义新函数

$$\phi^*(q)=\phi(1/q)=\sum_{n=0}^{\infty}\frac{q^{-n^2}}{(-q^{-2};q^{-2})_n}=\sum_{n=0}^{\infty}\frac{q^n}{(-q^2;q^2)_n}, \tag{2.152}$$

$$\nu^*(q)=q^{-1}\nu(1/q)=q^{-1}\sum_{n=0}^{\infty}\frac{q^{-n(n+1)}}{(-q^{-1};q^{-2})_{n+1}}=\sum_{n=0}^{\infty}\frac{q^n}{(-q;q^2)_{n+1}}, \tag{2.153}$$

由 Zwegers[32] 的工作可知, $\phi^*(q)$、$\nu^*(q)$ 在 $|q|<1$ 时收敛. 而根据 Andrews[92]的研究结果可得, 这些函数也是 false theta 函数.

那么, 对于 3 阶 Ramanujan 的 mock theta 函数对应的 false theta 函数, 也考虑定义它们对应的双侧级数

$$B(\phi^*;q)=\sum_{n\in\mathbb{Z}}\frac{q^n}{(-q^2;q^2)_n}, \tag{2.154}$$

$$B(\nu^*;q)=\sum_{n\in\mathbb{Z}}\frac{q^n}{(-q;q^2)_{n+1}}. \tag{2.155}$$

并试图得到它们的 Ramanujan 径向极限, 然而通过计算可以发现

$$\begin{aligned}B(\phi^*;q)&=\sum_{n\in\mathbb{Z}}\frac{q^n}{(-q^2;q^2)_n}\\&=\phi^*(q)+\sum_{n=1}^{\infty}\frac{q^{-n}}{(-q^2;q^2)_{-n}}\\&=\phi^*(q)+\sum_{n=1}^{\infty}q^{-n^2}(-1;q^2)_n,\end{aligned} \tag{2.156}$$

$$\begin{aligned}B(\nu^*;q)&=\sum_{n\in\mathbb{Z}}\frac{q^n}{(-q;q^2)_{n+1}}\\&=\nu^*(q)+\sum_{n=1}^{\infty}\frac{q^{-n}}{(-q;q^2)_{-n+1}}\\&=\nu^*(q)+\sum_{n=0}^{\infty}\frac{q^{-(n+1)/2}}{(-q;q^2)_{-n}}\\&=\nu^*(q)+\sum_{n=0}^{\infty}q^{(-n^2-n-1)}(-q;q^2)_n.\end{aligned}\tag{2.157}$$

进而可知, 这些双侧级数在 $|q|<1$ 时不是全部收敛的, 那么如何合理地构造其双侧级数使其收敛仍是一个难题.

2.4 两个通用 mock theta 函数的 Ramanujan 径向极限

Mock theta 函数均可用通用 mock theta 函数来表示, 因此研究通用 mock theta 函数的径向极限问题就显得十分重要, 这对研究 mock theta 函数的 Ramanujan 径向极限的本质定义和一般公式意义深远, Kang[93]、Bringmann 和 Rolen[30] 研究发现, 对于通用 mock theta 函数

$$g_2(x,q):=\sum_{n\geqslant 0}\frac{(-q)_n q^{n(n+1)/2}}{(x)_{n+1}(x^{-1}q)_{n+1}}\tag{2.158}$$

与

$$g_3(x,q):=\sum_{n\geqslant 1}\frac{q^{n(n-1)}}{(x)_n(x^{-1}q)_n},\tag{2.159}$$

有表达式

$$g_2(x,q)=K(z;\tau)-\mathrm{i}q^{-1/4}\mu(2z,\tau;2\tau)\tag{2.160}$$

及

$$g_3(-x,q)=\frac{1}{(q)_\infty}\sum_{n\in\mathbb{Z}}\frac{(-1)^n q^{3n(n+1)/2}}{1+xq^n},\tag{2.161}$$

其中, $\mu(u,v;\tau)$ 是 Lerch 和函数及

$$K(z;\tau):=\frac{\eta(2\tau)^4}{\mathrm{i}x\eta(\tau)^2\vartheta(2z;2\tau)}.\tag{2.162}$$

进而可得关系式

$$g_2(x,q)+\frac{1}{2}\sum_{n\geqslant 0}\frac{q^n(x^{-1}q)_n(x)_n}{(-q)_n}=\frac{\mathrm{i}x^{1/2}\vartheta(z;\tau)}{2q^{1/24}\eta(2\tau)}g_3(-x,q)+T(x;q), \tag{2.163}$$

其中

$$\vartheta(\tau;2\tau)=-\mathrm{i}q^{-1/4}\frac{\eta(\tau)^2}{\eta(2\tau)}, \tag{2.164}$$

$$\begin{aligned}T(x;q):=&-\frac{\mathrm{i}\eta(2\tau)^4}{x\eta(\tau)^2\vartheta(2z;2\tau)}\\&-\frac{\mathrm{i}\eta(2\tau)^{10}\vartheta(2z+1/2;2\tau)}{2x^2q^{1/4}\eta(\tau)^4\eta(4\tau)^4\vartheta(2z;2\tau)\vartheta(2z+\tau+1/2;2\tau)}\\&-\frac{\mathrm{i}\eta(2\tau)^4\vartheta(z;\tau)}{2q^{1/4}x^2\eta(4\tau)^2\vartheta(z+1/2;\tau)\vartheta(2z+\tau+1/2;2\tau)}.\end{aligned} \tag{2.165}$$

Rhoades[45] 曾就通用 mock theta 函数 $g_2(x,q)$ 提出了下面的问题.

问题: 设 $e(x):=\mathrm{e}^{2\pi\mathrm{i}x},\zeta_k^h:=e(h/k)$, 那么如何可以找到唯一一个弱全纯模形式 $f_{a,b,A,B,h,k}$ 使得 $g_2(\zeta_a^bq^A;q^B)-f_{a,b,A,B,h,k}$ 在 $q\to\zeta_k^h$ 时有界, 进而可以刻画有限和常数

$$Q_{a,b,A,B,h,k}:=\lim_{q\to\zeta_k^h}\left(g_2(\zeta_a^bq^A;q^B)-f_{a,b,A,B,h,k}\right). \tag{2.166}$$

Rhoades 对通用 mock theta 函数 $g_3(x,q)$ 也提出了类似的问题.

若定义

$$\mathcal{Q}:=\left\{\frac{h}{k}:b|k,(B,k)|\left(\frac{ak}{b}+hA\right)\right\} \tag{2.167}$$

及

$$(a,b;q)_n=(a;q)_n(b;q)_n, \tag{2.168}$$

则 Bringmann 和 Rolen[30] 研究发现通用 mock theta 函数 $g_2(x,q)$ 具有如下性质.

定理 2.15 若 $\dfrac{h}{k}\in\mathcal{Q}$, 则

$$\begin{aligned}&\lim_{q\to\zeta_k^h}\left(g_2(\zeta_a^bq^A;q^B)-T(\zeta_a^bq^A;q^B)\right)\\&=-\frac{1}{2}\sum_{n=0}^{k'-1}\frac{\zeta_k^{hBn}\left(\zeta_b^a\zeta_k^{hA},\zeta_b^{-a}\zeta_k^{h(B-A)};\zeta_k^{hB}\right)_n}{(-\zeta_k^{hB};\zeta_k^{hB})_n}.\end{aligned} \tag{2.169}$$

定理 2.16 若 $\dfrac{h}{k}\notin\mathcal{Q}$ 且 $\mathrm{ord}_2(k)>\mathrm{ord}_2(B)$, 则

$$\lim_{q\to\zeta_k^h}g_2\left(\zeta_a^bq^A;q^B\right)=\sum_{n=0}^{\frac{k'}{2}-1}\frac{\zeta_k^{hBn(n+1)/2}\left(-\zeta_k^{hB};\zeta_k^{hB}\right)_n}{\left(\zeta_b^a\zeta_k^{hA},\zeta_b^{-a}\zeta_k^{h(B-A)};\zeta_k^{hB}\right)_{n+1}}. \tag{2.170}$$

此外, 若 $\mathrm{ord}_2(k) \leqslant \mathrm{ord}_2(B)$, 定义

$$\mathcal{Q}' := \left\{ \frac{h}{k} : b|2k, 2|k, (B,k) \middle| \left(2hA + \frac{2ak}{b} + \frac{k}{2}\right) \right\}, \tag{2.171}$$

也可得下面结果.

定理 2.17　令 k_2 是 $\frac{h}{k} + \frac{1}{2B}$ 的分母, $k_2' := k_2/(k_2, B)$.

(1) 当 $\frac{h}{k} \in \mathcal{Q}'$ 时, 有

$$\begin{aligned}&\lim_{q \to \zeta_k^h} \left(g_2\left(\zeta_a^b q^A; q^B\right) - m\left(\zeta_a^b q^A; q^B\right)\right) \\ &= \frac{\mathrm{i}}{2} \sum_{n=0}^{\frac{k'}{2}-1} \frac{(-\zeta_k^{hB})^n \left(\mathrm{i}\zeta_b^a \zeta_k^{hA}, \mathrm{i}\zeta_b^{-a}\zeta_k^{h(B-A)}; -\zeta_k^{hB}\right)_{n+1}}{\left(\zeta_k^{hB}; -\zeta_k^{hB}\right)_n}.\end{aligned} \tag{2.172}$$

(2) 当 $\frac{h}{k} \notin \mathcal{Q}'$ 时, 有

$$\begin{aligned}&\lim_{q \to \zeta_k^h} \left(g_2\left(\zeta_a^b q^A; q^B\right) - t\left(\zeta_a^b q^A; q^B\right)\right) \\ &= \mathrm{i} \sum_{n=0}^{\frac{k'}{2}-1} \frac{(-1)^{n(n+1)/2} \zeta_k^{hBn(n+1)/2} \left(\zeta_k^{hB}; -\zeta_k^{hB}\right)_n}{(-\zeta_k^{hB})^n \left(\mathrm{i}\zeta_b^a \zeta_k^{hA}, \mathrm{i}\zeta_b^{-a}\zeta_k^{h(B-A)}; -\zeta_k^{hB}\right)_{n+1}}.\end{aligned} \tag{2.173}$$

其中,

$$t(x;q) := K(z;\tau) - \mathrm{i}K\left(z + \frac{1}{4}; \tau + \frac{1}{2}\right) + \mathrm{i}q^{-1/4}\Theta\left(2z, \tau, \frac{1}{2}; 2\tau\right), \tag{2.174}$$

$$m(x;q) := t(\zeta_b^a q^A; \zeta^B) + \mathrm{i}T(\mathrm{i}\zeta_b^a q^A; -\zeta^B), \tag{2.175}$$

$$\Theta(z_1, z_2, z; \tau) := \frac{1}{2\pi \mathrm{i}} \frac{\vartheta'(0)\vartheta(z_1+z_2+z)\vartheta(z)}{\vartheta(z_1)\vartheta(z_2)\vartheta(z_1+z)\vartheta(z_2+z)}. \tag{2.176}$$

这样, 用通用 mock theta 函数 $g_2(x,q)$ 表示的 mock theta 函数的径向极限就是其径向极限的特殊情况了. 例如, 对于 2 阶 mock theta 函数

$$B(q) = \sum_{n=0}^{\infty} \frac{q^n(-q;q^2)_n}{(q;q^2)_{n+1}} = \sum_{n=0}^{\infty} \frac{q^{n(n+1)}(-q^2;q^2)_n}{(q;q^2)_{n+1}^2} = g_2(q, q^2), \tag{2.177}$$

则可由 $g_2(x,q)$ 的径向极限推得如下结果.

定理 2.18 若如以上所设条件, 则可以得到以下结论.

(1) 当 k 是奇数时, 有

$$\lim_{q\to\zeta_k^h}(B(q)-N(q))=-\frac{1}{2}\sum_{n=0}^{\frac{k-1}{2}}\frac{\zeta_k^{2hn}(\zeta_k^h;\zeta_k^{2h})_n^2}{(-\zeta_k^{2h};\zeta_k^{2h})_{n+1}}. \tag{2.178}$$

(2) 当 $4|k$ 时, 有

$$\lim_{q\to\zeta_k^h}B(q)=\sum_{n=0}^{\frac{k}{4}-1}\frac{\zeta_k^{hn(n+1)}(-\zeta_k^{2h};\zeta_k^{2h})_n}{(\zeta_k^h;\zeta_k^{2h})_{n+1}^2}. \tag{2.179}$$

(3) 当 $k\equiv 2(\bmod 4)$ 时, 有

$$\lim_{q\to\zeta_k^h}B(q)=\mathrm{i}\sum_{n=0}^{\frac{k}{2}-1}\frac{(-1)^{n(n+1)/2}\zeta_k^{hn(n+1)}(\zeta_k^{2h};-\zeta_k^{2h})_n}{(\mathrm{i}\zeta_k^h;-\zeta_k^{2h})_{n+1}^2}. \tag{2.180}$$

2017 年, Jang 和 Löbrich[31] 研究了通用 mock theta 函数 $g_3(x,q)$ 的类似性质, 得到了下面的结果.

定理 2.19 如上假设条件, 对通用 mock theta 函数 $g_3(x,q)$ 有以下结论.

(1) 若 $\dfrac{h}{k}\in\mathcal{Q}$, 则

$$\lim_{q\to\zeta_k^h}\left(g_3(\zeta_b^a q^A,q^B)-\frac{(q^B;q^B)_\infty^2 j(q^{B/2},q^B)^2}{\zeta_b^a q^A j(\zeta_b^a q^{A+B/2},q^B)^2 j(\zeta_b^a q^A,q^B)}\right)$$
$$=-\zeta_b^{-a}q^{-hA}+\zeta_b^{-2a}q^{-2hA}\sum_{n=1}^{k'}(\zeta_b^{-a}q^{h(B-A)};\zeta_k^{hB})_{n-1}(\zeta_b^a q^{hA};\zeta_k^{hB})_n\zeta_k^{hBn}. \tag{2.181}$$

(2) 若 $\dfrac{h}{k}\notin\mathcal{Q}$, $\left\{k'\left(\dfrac{a}{b}+\dfrac{Ah}{k}\right)\right\}\in\left[0,\dfrac{1}{6}\right)\cup\left(\dfrac{5}{6},1\right)$, $3\nmid k'$ 则

$$\lim_{q\to\zeta_k^h}\left(g_3(\zeta_b^a q^A,q^B)-\frac{3\mathrm{i}(q^{3B};q^{3B})_\infty^3}{(q^B;q^B)_\infty j(\zeta_b^{3a}q^{3A},q^{3B})}\right)$$
$$=-\sum_{\ell=1}^{2}\frac{1}{1-\dfrac{1}{2-2\cos\left(2\pi k'(a/b+Ah/k+\ell/3)\right)}}$$
$$\cdot\sum_{j=1}^{k'}\frac{\zeta_k^{hBj(j-1)}}{(\zeta_3^\ell\zeta_b^a\zeta_k^{hA},\zeta_3^{2\ell}\zeta_b^{-a}\zeta_k^{h(B-A)};\zeta_k^{hB})_j}. \tag{2.182}$$

利用通用 mock theta 函数 $g_3(x,q)$ 的这个结果, 也可以构造出可以用 $g_3(x,q)$ 表示的 mock theta 函数的 Ramanujan 径向极限问题. 这些结果对进一步研究 mock theta 函数的定义和算术性质有着重要的意义.

第 3 章　Mock theta 函数的两类对偶表示及其应用

2014 年, Hickerson 和 Mortenson[66] 将 Hecke-type 双重和用 Appell-Lerch 和来表示并给出了各阶 mock theta 函数的 Appell-Lerch 和表示, Mortenson[67] 给出了某些 5 阶、7 阶和 10 阶 mock theta 函数的对偶表示, 即部分 theta 函数表示. 同时他还定义并给出了一些 Euler 级数的第二类对偶表示, 即 Appell-Lerch 和表示. 利用部分 theta 函数与 Appell-Lerch 和之间彼此对偶的关系以及 q-级数变换的方法, 首先建立了通用 mock theta 函数 $g_3(x,q)$ 的第二类对偶表示, 并利用这个结果及 Hickerson 和 Mortenson [66] 给出的 mock theta 函数的 Appell-Lerch 和表示及 mock theta 函数的双侧级数的线性关系等理论, 建立了 2 阶等 mock theta 函数的第二类对偶表示. 对得到的 mock theta 函数第二类对偶表示, 又考虑其对应的部分 theta 函数表示, 即其对应的对偶表示, 从而建立了一些 mock theta 函数第二类对偶表示的对偶关系. 最后, 应用 mock theta 函数的第二类对偶表示, 构造了一些有趣的 Ramanujan 径向极限.

3.1　预 备 知 识

近二十年, Ramanujan 的 mock theta 函数在数学家 Zagier[7]、Andrews[92,94] Zwegers[17]、Bruinier 和 Funke[18]、Ono[19]、Bringmann 和 Ono[70,95]等长期不懈地科学研究和系统发展下, 其理论体系趋于完善, 逐步形成了一支新的研究方向, 即 mock 模形式. 在 Ramanujan 的 mock theta 函数取得长足发展的同时, 数学家发现它们可以由许多形式, 如 Euler 级数形式 (超几何 q-级数)、Hecke-type 双重和、亚纯的 Jacobi 形式的 Fourier 系数、Appell-Lerch 和、弱调和 Maass 形式的全纯部分及实解析的向量模形式等来表示, 同时也丰富和发展了这些相关的理论体系.

为了介绍本章内容, 首先定义一些常用符号和函数.

设 $a,n,k\in\mathbb{Z}$, m 为正整数, $\mathbb{C}^*=\mathbb{C}-\{0\}$, $q=\mathrm{e}^{2\pi\mathrm{i}\tau},\tau\in\mathbb{H}$, $0<|q|<1$, 则

$$(x;q^{-1})_n:=(x^{-1};q)_n(-x)^nq^{-n(n-1)/2}, \tag{3.1}$$

$$J_{a,m}:=j(q^a,q^m),\quad J_m:=J_{m,3m}=\prod_{i\geqslant 1}(1-q^{mi}),\quad \overline{J}_{a,m}:=j(-q^a,q^m), \tag{3.2}$$

$$j(x_1, x_2, \cdots, x_n; q) := j(x_1, q)j(x_2, q)\cdots j(x_n, q). \tag{3.3}$$

而 $j(x,q)$ 是经典的 Jacobi 三重积恒等式. 下面, 给出 Appell-Lerch 和 $m(x,q,z)$ 第二种不同形式的定义 [66, 67].

设 $x, z \in \mathbb{C}^*$ 且 z 和 xz 都不是 q 的整数次幂, 则

$$m(x,q,z) := \frac{-z}{j(z,q)} \sum_{r=-\infty}^{\infty} \frac{(-1)^r q^{r(r+1)/2} z^r}{1 - q^r xz}. \tag{3.4}$$

通用 mock theta 函数 $g_2(x,q)$ 和 $g_3(x,q)$ 为 [8]

$$g_2(x,q) := \sum_{n=0}^{\infty} \frac{q^{n(n+1)/2}(-q;q)_n}{(x;q)_{n+1}(x^{-1}q;q)_{n+1}} \tag{3.5}$$

和

$$g_3(x,q) := x^{-1}\left(-1 + \sum_{n=0}^{\infty} \frac{q^{n^2}}{(x;q)_{n+1}(x^{-1}q;q)_n}\right). \tag{3.6}$$

对于 mock theta 函数 $M(q) := \sum_{n\geqslant 0} c(n;q)$, 定义其双侧级数为

$$B(M;q) := \sum_{n=-\infty}^{-1} c(n;q) + \sum_{n=0}^{+\infty} c(n;q). \tag{3.7}$$

则定义 $M(q)$ 的双侧级数的异侧级数为

$$\sum_{n=-\infty}^{-1} c(n;q) := D(M,q). \tag{3.8}$$

Hickerson 和 Mortenson[66] 早已给出了 Appell-Lerch 和与部分 theta 函数之间的关系, 即 $m(x,q,z)$ 与 $\sum_{n\geqslant 0}(-1)^n x^n q^{-\binom{n+1}{2}}$ 要么相等, 要么最多相差一个 theta 函数.

部分 theta 函数是 theta 函数的一侧, 而混合部分 theta 函数是指两个或多个不同的部分 theta 函数之和. Watson[9] 早就考虑了 3 阶 mock theta 函数

$$f(q) = \sum_{n=0}^{\infty} \frac{q^{n^2}}{(-q)_n^2} = 1 + \frac{q}{(1+q)^2} + \frac{q^4}{(1+q)^2(1+q^2)^2} + \cdots, \tag{3.9}$$

然后发现 $f(q)$ 也可以表示为

$$f(q) = \frac{2}{(q)_\infty} \sum_{n\in\mathbb{Z}} \frac{(-1)^n q^{\frac{3}{2}n^2 + \frac{1}{2}n}}{1+q^n}. \tag{3.10}$$

对于 5 阶 mock theta 函数 $f_0(q)$ 可以表示为

$$f_0(q)_q = \frac{2}{(q)_\infty} \sum_{n\geqslant 0} \sum_{|j|\leqslant n} (-1)^j q^{\frac{5}{2}n^2+\frac{1}{2}n-j^2}(1-q^{4n+2}), \tag{3.11}$$

进而也可以表示为

$$f_0(q)_q = \frac{2}{(q)_\infty} \left(\sum_{n+j\geqslant 0, n-j\geqslant 0} - \sum_{n+j\leqslant 0, n-j\leqslant 0} \right) (-1)^j q^{\frac{5}{2}n^2+\frac{1}{2}n-j^2}. \tag{3.12}$$

后来, 研究发现 7 阶 mock theta 函数 $\mathcal{F}_0(q)$ 可以表示为

$$\mathcal{F}_0(q) = \frac{2}{(q)_\infty} \left(\sum_{r,s\geqslant 0} - \sum_{r,s\leqslant 0} \right) (-1)^{r+s} q^{\frac{3}{2}r^2+4rs+\frac{3}{2}s^2+\frac{1}{2}r+\frac{1}{2}s}. \tag{3.13}$$

不仅如此, 2014 年, Hickerson 和 Mortenson[66] 将 Hecke-type 双重和用 Appell-Lerch 和来表示, 进而建立了部分 theta 函数与 Appell-Lerch 和之间的对偶关系, 这使得包含 Appell-Lerch 和的等式可以由部分 theta 函数来表示, 即 Appell-Lerch 和与部分 theta 函数之间彼此对偶. 这是一个十分有趣的结果, 也成为研究 Ramanujan 的 mock theta 函数的又一基石.

同年, Mortenson[67] 讨论了某些 2 阶、3 阶、5 阶、7 阶和 10 阶 mock theta 函数的对偶表示, 即它们的部分 theta 函数表示, 其可以通过在 mock theta 函数中经过变换 $q\to q^{-1}$ 得其对应的 Euler 级数, 而这个 Euler 级数可以在 mock theta 函数的 Appell-Lerch 和表示中作同样的变换并利用 Appell-Lerch 和的渐进表示, 即部分 theta 函数来表示.

例如, Mortenson[67] 对 7 阶 mock theta 函数

$$\begin{aligned}\mathcal{F}_0(q) &= \sum_{n=0}^{\infty} \frac{q^{n^2}}{(q^{n+1};q)_n} = 2 + 2qg_3(q,q^7) - \frac{J_{3,7}^2}{J_1} \\ &= m(q^{10},q^{21},q^9) + m(q^{10},q^{21},q^{-9}) \\ &\quad -q^{-1}m(q^4,q^{21},q^9) - q^{-1}m(q^4,q^{21},q^{-9})\end{aligned} \tag{3.14}$$

两边同时作变换 $q\to q^{-1}$, 则可推得其 Appell-Lerch 和表示的对偶表示为

$$\begin{aligned}\mathcal{F}_0(q) &\to \sum_{n=0}^{\infty} \frac{(-1)^n q^{n(n+1)/2}}{(q^{n+1};q)_n} \\ &= \sum_{n=0}^{\infty} (-1)^n q^{-10n} q^{21\binom{n+1}{2}} + q^{10} \sum_{n=0}^{\infty} (-1)^n q^{10n} q^{21\binom{n+1}{2}} \\ &\quad - q \sum_{n=0}^{\infty} (-1)^n q^{-4n} q^{21\binom{n+1}{2}} - q^5 \sum_{n=0}^{\infty} (-1)^n q^{4n} q^{21\binom{n+1}{2}}.\end{aligned} \tag{3.15}$$

然而相反, Mortenson 同时又对给定的 Euler 级数的对偶表示对应的 Euler 级数双侧级数的异侧级数作变换 $n \to -n$, 将所得的新 Euler 级数用 Appell-Lerch 和来表示, 称其为这些 Euler 级数的第二类对偶表示. 而由 Hickerson 和 Mortenson[66] 的研究工作可知, 这些 Appell-Lerch 和与部分 theta 函数彼此对偶. 这是非常深刻的对偶关系, 有着重要的价值和意义.

例如, 设 $a \neq 0$, 对于级数的部分 theta 函数表示

$$\begin{aligned}\left(1+\frac{1}{a}\right)\sum_{n=0}^{\infty}\frac{(-q;q)_{2n}q^{2n+1}}{(aq,q/a;q^2)_{n+1}}=&-\sum_{n=0}^{\infty}(-a)^n q^{n(n+1)}\\&+\frac{\overline{J}_{1,4}}{j(aq,q^2)}\sum_{n=0}^{\infty}(-a)^n q^{n(n+1)/2}.\end{aligned}\tag{3.16}$$

考虑其对偶级数的双侧级数的异侧级数

$$f(a):=\left(1+\frac{1}{a}\right)\sum_{n=-\infty}^{-1}\frac{(-q;q)_{2n}q^{n+1}}{(aq,q/a;q^2)_{n+1}},$$

再作变换 $n \to -n$, 并利用对偶关系, 则可以推得

$$\begin{aligned}f(a)=&\left(1+\frac{1}{a}\right)\sum_{n=0}^{\infty}\frac{(aq,q/a;q^2)_n q^{2n+1}}{(-q;q)_{2n+1}}\\=&2m(a,q^2,-1)-\frac{j(aq,q^2)}{\overline{J}_{1,4}}m(a,q,-1)-\frac{1}{2}\frac{J_1^5}{J_2^4}\frac{j(aq,q^2)}{j(-a,q)}\end{aligned}\tag{3.17}$$

是这个级数的对偶表示对应级数的第二类对偶表示.

首先, 给出了通用 mock theta 函数 $g_3(x,q)$ 的第二类对偶表示, 进而讨论了 2 阶等 mock theta 函数的第二类对偶表示, 即 Appell-Lerch 和表示. 其次, 考虑了这些第二类对偶表示的部分 theta 函数表示, 即其可能存在的对偶关系. 最后, 应用所得的 mock theta 函数的第二类对偶表示, 构造了一些 mock theta 函数的 Ramanujan 径向极限.

3.2 引理及其证明

已知 Appell-Lerch 和满足许多函数方程和恒等式, 下面分别予以介绍.

引理 3.1[66, 67] 对于 $x, z, z_0, z_1 \in \mathbb{C}^*$, 有

$$m(x,q,z)=(x,q,qz),\tag{3.18}$$

$$m(x,q,z)=x^{-1}m(x^{-1},q,z^{-1}),\tag{3.19}$$

$$m(qx,q,z)=1-xm(x,q,z),\tag{3.20}$$

$$m(x,q,z_1)-m(x,q,z_0)=\frac{z_0J_1^3j(z_1/z_0,q)j(xz_0z_1,q)}{j(z_0,q)j(z_1,q)j(xz_0,q)j(xz_1,q)}, \tag{3.21}$$

$$m(x,q,z)=m(x,q,x^{-1}z^{-1}). \tag{3.22}$$

引理 3.2[67] 对于 $x\in\mathbb{C}^*$, 有

$$(1+x^{-1})\sum_{n=0}^{\infty}\frac{q^{n+1}(-q;q)_{2n}}{(qx,q/x;q^2)_{n+1}}=-m(x,q^2,q), \tag{3.23}$$

$$\sum_{n=0}^{\infty}\frac{(-1)^nq^{n^2}(q;q^2)_n}{(-x;q^2)_{n+1}(-q^2/x;q^2)_n}=m(x,q,-1)+\frac{J_{1,2}^2}{2j(-x,q)}, \tag{3.24}$$

$$\sum_{n=0}^{\infty}\frac{(-1)^n(q;q^2)_n}{(-x;q)_{n+1}(-q/x;q)_n}=m(x,q,-1), \tag{3.25}$$

$$(1+x^{-1})\sum_{n=0}^{\infty}\frac{(-1)^nq^{(n+1)^2}(q;q^2)_n}{(-qx,-q/x;q^2)_{n+1}}=m(x,q,-1)-\frac{J_{1,2}^2}{2j(-x,q)}. \tag{3.26}$$

引理 3.3[8, 27] 若 $x\neq 0$, 则

$$g_2(x,q)=\frac{J_2^3}{J_{1,2}j(x^2,q^2)}xq^{-1}m(x^2q^{-1},q^2,q). \tag{3.27}$$

引理 3.4[66, 67] 若 $x\neq 0$, 则

$$g_3(x,q)=-x^{-1}m(q^2x^{-3},q^3,x^2)-x^{-2}m(qx^{-3},q^3,x^2). \tag{3.28}$$

引理 3.5[3, 67] 若 $a,b\neq 0$, 则

$$\begin{aligned}&\sum_{n=0}^{\infty}\frac{a^{-n-1}b^{-n}q^{n^2}}{(-a^{-1};q)_{n+1}(-qb^{-1};q)_n}+\sum_{n=1}^{\infty}(-aq;q)_{n-1}(-b;q)_nq^n\\&=\frac{(-aq)_\infty}{b(q)_\infty(-qb^{-1})_\infty}j(-b,q)m(a/b,q,-b)\end{aligned} \tag{3.29}$$

和

$$\begin{aligned}\sum_{n=-\infty}^{\infty}\frac{a^{-n-1}b^{-n}q^{n^2}}{(-a^{-1};q)_{n+1}(-qb^{-1};q)_n}&=\sum_{n=-\infty}^{\infty}(-aq;q)_{n-1}(-b;q)_nq^n\\&=\frac{(-aq)_\infty}{b(q)_\infty(-qb^{-1})_\infty}j(-b,q)m(a/b,q,-b).\end{aligned} \tag{3.30}$$

同时, 建立两个通用 mock theta 函数的第二类对偶表示.

引理 3.6[96] 对于通用 mock theta 函数 $g_2(x,q)$, 对其双侧级数的异侧级数作变换 $n\to -n$, 可得

$$\sum_{n=-\infty}^{-1}\frac{q^{n(n+1)/2}(-q;q)_n}{(x;q)_{n+1}(x^{-1}q;q)_{n+1}}=\frac{1}{2}\sum_{n=0}^{\infty}\frac{q^n(q/x;q)_n(x;q)_n}{(-q;q)_n}:=D(g_2,x,q). \tag{3.31}$$

那么, $g_2(x,q)$ 的第二类对偶表示, 即 Appell-Lerch 和表示为

$$\begin{aligned}D(g_2,x,q)=&xq^{-1}m(x^2q^{-1},q^2,-1)-\frac{j(x,q)}{2J_2}g_3(-x,q)\\&-\frac{1}{2x}\frac{J_{2,4}^2j(x,q)}{j(-x,q)j(-qx^2,q^2)}.\end{aligned} \tag{3.32}$$

引理 3.7 对于通用 mock theta 函数 $g_3(x,q)$, 对其双侧级数的异侧级数作变换 $n\to -n$, 可得

$$x^{-1}\sum_{n=-\infty}^{-1}\frac{q^{n^2}}{(x;q)_{n+1}(x^{-1}q;q)_n}=-\frac{1}{x^2}\sum_{n=0}^{\infty}(q/x)_n(x)_{n+1}q^{n+1}:=D(g_3,x,q). \tag{3.33}$$

那么, $g_3(x,q)$ 的第二类对偶表示, 即 Appell-Lerch 和表示为

$$\begin{aligned}D(g_3,x,q)=&-\frac{1}{x}+\frac{1}{x^3}\frac{1}{(q)_\infty}j(x,q)m(x^{-2},q,x)\\&+x^{-1}m(q^2x^{-3},q^3,x^2)+x^{-2}m(qx^{-3},q^3,x^2).\end{aligned} \tag{3.34}$$

证明: 在等式 (3.30) 中, 令 $a=-x^{-1},b=-x$, 可得

$$\begin{aligned}-x\sum_{n=-\infty}^{\infty}\frac{q^{n^2}}{(x)_{n+1}(q/x)_n}=&-x\left(\sum_{n=0}^{\infty}\frac{q^{n^2}}{(x)_{n+1}(q/x)_n}+\sum_{n=-\infty}^{-1}\frac{q^{n^2}}{(x)_{n+1}(q/x)_n}\right)\\=&-\frac{1}{x}\frac{1}{(q)_\infty}j(x,q)m(x^{-2},q,x),\end{aligned} \tag{3.35}$$

即有

$$\begin{aligned}&-\frac{1}{x}+\frac{1}{x}\sum_{n=0}^{\infty}\frac{q^{n^2}}{(x)_{n+1}(q/x)_n}-\frac{1}{x^2}\sum_{n=0}^{\infty}(q/x)_n(x)_{n+1}q^{n+1}\\=&-\frac{1}{x}+\frac{1}{x^3}\frac{1}{(q)_\infty}j(x,q)m(x^{-2},q,x).\end{aligned} \tag{3.36}$$

由 $g_3(x,q)$ 和 $D(g_3,x,q)$ 的定义可知

$$g_3(x,q)+D(g_3,x,q)=-\frac{1}{x}+\frac{1}{x^3}\frac{1}{(q)_\infty}j(x,q)m(x^{-2},q,x). \tag{3.37}$$

3.3 2 阶 mock theta 函数的对偶关系

首先, 对于 2 阶 mock theta 函数的 Appell-Lerch 和表示 [5]

$$B(q)=\sum_{n=0}^{\infty}\frac{q^n(-q;q^2)_n}{(q;q^2)_{n+1}}=\sum_{n=0}^{\infty}\frac{q^{n+n^2}(-q^2;q^2)_n}{(q;q^2)_{n+1}^2}=-q^{-1}m(1,q^4,q^3), \tag{3.38}$$

Mortenson[67] 对其两边作变换 $q\to q^{-1}$ 后, 再考虑近似表示发现

$$\sum_{n=0}^{\infty}\frac{(-1)^{n+1}q^{n+1}(-q;q^2)_n}{(q;q^2)_{n+1}}=-q\sum_{n=0}^{\infty}(-1)^n q^{2n(n+1)} \tag{3.39}$$

与

$$\begin{aligned}\sum_{n=0}^{\infty}\frac{q^{2(n+1)}(-q^2;q^2)_n}{(q;q^2)_{n+1}^2}=&-q\sum_{n=0}^{\infty}(-1)^n q^{2n(n+1)}\\&+q\frac{J_4}{J_{1,2}}\left(\sum_{n=0}^{\infty}q^{-n}q^{3n(n+1)}-q\sum_{n=0}^{\infty}q^n q^{3n(n+1)}\right).\end{aligned} \tag{3.40}$$

可以看出, $B(q)$ 的两个 Euler 表示式在变换 $q\to q^{-1}$ 后所得的对应的两个 Euler 表示式都可以用部分 theta 函数来表示, 但是后一个表示多了一个误差项, 其是一个 false theta 函数, 而它是两个部分 theta 函数的和. 因此, 其他 mock theta 函数的这种对应是否唯一呢? 这是一个值得研究的有趣问题. 继续研究这一问题, 发现了如下结果.

定理 3.1 考虑 2 阶 mock theta 函数 [5, 8, 66] 的 Appell-Lerch 和表示

$$A(q)=-m(q,q^4,q^2), \tag{3.41}$$

$$B(q)=-q^{-1}m(1,q^4,q^3), \tag{3.42}$$

$$\mu(q)=2m(-q,q^4,-1)+2m(-q,q^4,q), \tag{3.43}$$

$A(q)$、$B(q)$ 的第二类对偶表示及其第二类对偶表示对应的对偶表示为以下结论.

(1) $A(q)$、$B(q)$ 的第二类对偶表示分别为

$$\begin{aligned}D(A,q)&=\sum_{n=0}^{\infty}\frac{(-1)^n(q;q^2)_n}{(-1;q^2)_{n+1}}=\frac{1}{2}\sum_{n=0}^{\infty}\frac{(-1)^n(q;q^2)_n}{(-q^2;q^2)_n}\\&=\frac{1}{2}m(q,q^4,-1)+\frac{1}{2}m(q,q^4,-q),\end{aligned} \tag{3.44}$$

$$D(B,q)=\sum_{n=0}^{\infty}\frac{(-1)^n(q;q^2)_nq^n}{(-q;q^2)_{n+1}}=q^{-1}m(1,q^4,-q^3). \tag{3.45}$$

(2) $A(q)$、$B(q)$ 的第二类对偶表示对应的对偶表示分别为

$$D(A,q)\to\sum_{n=0}^{\infty}\frac{(q;q^2)_nq^n}{(-1;q^2)_{n+1}}=\frac{1}{2}\sum_{n\geqslant 0}(-1)^nq^{-n}q^{4\binom{n+1}{2}}+\frac{1}{2}q\sum_{n\geqslant 0}(-1)^nq^nq^{4\binom{n+1}{2}},\tag{3.46}$$

$$D(B,q)\to\sum_{n=0}^{\infty}\frac{(q;q^2)_nq^{n+1}}{(-q;q^2)_{n+1}}=q\sum_{n\geqslant 0}(-1)^nq^{4\binom{n+1}{2}}.\tag{3.47}$$

证明： 首先证明第一个结论, 对于 $D(A,q)$, 可得

$$D(A,q)=\sum_{n=-\infty}^{-1}\frac{q^{n+1}(-q^2;q^2)_n}{(q;q^2)_{n+1}}=\sum_{n=0}^{\infty}\frac{(-1)^n(q;q^2)_n}{(-1;q^2)_{n+1}},\tag{3.48}$$

而

$$D(A,q)=\frac{1}{4}\mu(-q)=\frac{1}{4}(U_0(-q)-2U_1(-q)),\tag{3.49}$$

其中,

$$U_0(q)=\sum_{n=0}^{\infty}\frac{q^{n^2}(-q;q^2)_n}{(-q^4;q^4)_n}=2m(-q,q^4,-1)\tag{3.50}$$

和

$$U_1(q)=\sum_{n=0}^{\infty}\frac{q^{(n+1)^2}(-q;q^2)_n}{(-q^2;q^4)_{n+1}}=-m(-q,q^4,-q^2)\tag{3.51}$$

是 8 阶 mock theta 函数.

对于 $D(B,q)$, 同理可知

$$D(B,q)=\sum_{n=-\infty}^{-1}\frac{q^n(-q;q^2)_n}{(q;q^2)_{n+1}}=\sum_{n=0}^{\infty}\frac{(-1)^n(q;q^2)_nq^n}{(-q;q^2)_{n+1}}=B(-q).\tag{3.52}$$

最后, 对于第二个结论, 由变换式 (3.1) 计算可得

$$D(A,q)\to\sum_{n=0}^{\infty}\frac{(-1)^n(q^{-1};q^{-2})_n}{(-1;q^{-2})_{n+1}}=\sum_{n=0}^{\infty}\frac{(q;q^2)_nq^n}{(-1;q^2)_{n+1}}\tag{3.53}$$

及

$$D(B,q)\to\sum_{n=0}^{\infty}\frac{(-1)^n(q^{-1};q^{-2})_nq^{-n}}{(-q^{-1};q^{-2})_{n+1}}=\sum_{n=0}^{\infty}\frac{(q;q^2)_nq^{n+1}}{(-q;q^2)_{n+1}},\tag{3.54}$$

可以发现变换后所得的这两个新级数在 $|q| < 1$ 时是收敛的.

根据 Hickerson 和 Mortenson 建立的彼此对偶关系, 可以断言它们的对偶存在, 可以通过 Appell-Lerch 和的渐进表示的一种形式

$$m(x, q, z) = \sum_{n \geqslant 0} (-1)^n x^n q^{-\binom{n+1}{2}}, \tag{3.55}$$

即部分 theta 函数来表示, 这种方法有时是有效的.

而事实上, 可以利用 Ramanujan 遗留笔记本[4] 中的 Rogers-Fine 等式加以证明.

著名的 Rogers-Fine 等式为

$$\sum_{n=0}^{\infty} \frac{(\alpha; q)_n}{(\beta; q)_n} \tau^n = \sum_{n=0}^{\infty} \frac{(\alpha; q)_n (\alpha\tau q/\beta; q)_n \beta^n \tau^n q^{n^2-n} (1 - \alpha\tau q^{2n})}{(\beta; q)_n (\tau; q)_{n+1}}, \tag{3.56}$$

若将 q 替换为 q^2, 再设 $\alpha = q$, $\beta = -q^2$, $\tau = q$, 则有

$$\begin{aligned}
\sum_{n=0}^{\infty} \frac{(q; q^2)_n}{(-q^2; q^2)_n} q^n &= \sum_{n=0}^{\infty} \frac{(q; q^2)_n (q^4/-q^2; q^2)_n (-q^2)^n q^n q^{2(n^2-n)} (1 - q^2 q^{4n})}{(-q^2; q^2)_n (q; q^2)_{n+1}} \\
&= \sum_{n=0}^{\infty} \frac{(q; q^2)_n (-q^2; q^2)_n (-1)^n q^{2n} q^n q^{2(n^2-n)} (1 - q^{4n+2})}{(-q^2; q^2)_n (q; q^2)_{n+1}} \\
&= \sum_{n=0}^{\infty} \frac{(-1)^n q^{2n^2+n} (1 - q^{4n+2})}{1 - q^{2n+1}} \\
&= \sum_{n=0}^{\infty} (-1)^n q^{2n^2+n} (1 + q^{2n+1}) \\
&= \sum_{n=0}^{\infty} (-1)^n q^{2n^2+n} + \sum_{n=0}^{\infty} (-1)^n q^{2n^2+n} q^{2n+1} \\
&= \sum_{n=0}^{\infty} (-1)^n q^{-n} q^{4\binom{n+1}{2}} + q \sum_{n=0}^{\infty} (-1)^n q^n q^{4\binom{n+1}{2}},
\end{aligned} \tag{3.57}$$

这就说明 $D(A, q)$ 的第二类对偶表示对应的对偶表示成立.

若在 Rogers-Fine 等式中将 q 替换为 q^2, 再设 $\alpha = \tau = q$, $\beta = -q^3$, 则有

$$\begin{aligned}
\sum_{n=0}^{\infty} \frac{(q; q^2)_n q^n}{(-q^3; q^2)_n} &= \sum_{n=0}^{\infty} \frac{(q; q^2)_n (-q; q^2)_n (-q^3)^n q^n q^{2(n^2-n)} (1 - q^2 q^{4n})}{(-q^3; q^2)_n (q; q^2)_{n+1}} \\
&= \sum_{n=0}^{\infty} \frac{(q; q^2)_n (-q^2; q^2)_n (-1)^n q^{3n} q^n q^{2(n^2-n)} (1 - q^{4n+2})}{(-q^3; q^2)_n (q; q^2)_{n+1}}
\end{aligned}$$

$$
\begin{aligned}
&=\sum_{n=0}^{\infty}\frac{(-1)^n(1+q)q^{2n^2+n}(1-q^{4n+2})}{(1-q^{2n+1})(1+q^{2n+1})}\\
&=\sum_{n=0}^{\infty}(-1)^n q^{2n^2+n}(1+q),
\end{aligned}\tag{3.58}
$$

等式两边再乘以 $1/(1+q)$, 可得

$$
\begin{aligned}
\sum_{n=0}^{\infty}\frac{(q;q^2)_n q^n}{(1+q)(-q^3;q^2)_n}&=\sum_{n=0}^{\infty}\frac{(q;q^2)_n q^n}{(-q;q^2)_{n+1}}\\
&=\sum_{n=0}^{\infty}(-1)^n q^{2n^2+n},\\
&=\sum_{n=0}^{\infty}(-1)^n q^{4\binom{n+1}{2}}.
\end{aligned}\tag{3.59}
$$

因此, $D(B,q)$ 的第二类对偶表示对应的对偶表示也成立. 这就证明了前面的断言, 这个结果与利用 Hickerson 和 Mortenson 建立的彼此对偶关系建立的关系式是一致的.

注: 2 阶 mock theta 函数 $\mu(q)$ 的表示十分复杂, 暂时没有发现其第二类对偶表示及其对应的对偶表示的关系.

3.4　3 阶 mock theta 函数的对偶关系

在 Ramanujan 遗留的笔记本中有两个关于部分 theta 函数的等式 [5]

$$
\sum_{n=0}^{\infty}\frac{q^n}{(-q)_{2n}}=\sum_{n=0}^{\infty}q^{12n^2+n}(1-q^{22n+11})+q\sum_{n=0}^{\infty}q^{12n^2+7n}(1-q^{10n+5})\tag{3.60}
$$

与

$$
\sum_{n=0}^{\infty}\frac{q^n}{(-q)_{2n+1}}=\sum_{n=0}^{\infty}q^{12n^2+5n}(1-q^{14n+7})+q^2\sum_{n=0}^{\infty}q^{12n^2+11n}(1-q^{2n+1}),\tag{3.61}
$$

对其两边都作变换 $q\to q^{-1}$, 再考虑近似表示式, 可以发现等式 (3.60) 的左边

$$
\sum_{n=0}^{\infty}\frac{q^{2n^2}}{(-q)_{2n}}:=\bar{\psi}_0(q)\tag{3.62}
$$

是 Andrews[97]发现的一个 3 阶 mock theta 函数. 而由 Mortenson[27] 研究得到

$$\begin{aligned}\bar{\psi}_0(q) &= 2 - 2qg_3(-q,q^8) - J_{1,2}\overline{J}_{3,8}/J_2 \\ &= m(-q^{11},q^{24},q^4) + m(-q^{11},q^{24},q^{22}) \\ &\quad + q^{-1}m(-q^5,q^{24},q^4) + q^{-1}m(-q^5,q^{24},q^{10}),\end{aligned} \tag{3.63}$$

等式 (3.60) 的右边对应的变换为

$$\begin{aligned}&\sum_{n=0}^{\infty}(q^{-11})^n q^{24\binom{n+1}{2}} - q^{11}\sum_{n=0}^{\infty}(q^{11})^n q^{24\binom{n+1}{2}} \\ &+ q\sum_{n=0}^{\infty}(q^{-5})^n q^{24\binom{n+1}{2}} - q^6\sum_{n=0}^{\infty}(q^5)^n q^{24\binom{n+1}{2}} \\ \to\, & m(-q^{11},q^{24},*) - q^{-11}m(-q^{11},q^{24},*) \\ &+ q^{-1}m(-q^5,q^{24},*) - q^{-6}m(-q^5,q^{24},*),\end{aligned} \tag{3.64}$$

这样, 对比等式 (3.63) 与等式 (3.64) 可以发现在 $*$ 为相差一个 theta 函数的意义下, 式 (3.63) 是式 (3.60) 的对偶表示式.

同理, 对于等式 (3.61) 其左边可表示为

$$\sum_{n=0}^{\infty}\frac{q^{2n^2+2n+1}}{(-q)_{2n}} := \bar{\psi}_1(q), \tag{3.65}$$

也是 Andrews[97]发现的一个 3 阶 mock theta 函数. 再由 Mortenson[27] 的研究可得

$$\begin{aligned}\bar{\psi}_1(q) &= 2q^3g_3(-q^3,q^8) + qJ_{1,2}\overline{J}_{1,8}/J_2 \\ &= m(-q^7,q^{24},q^8) + m(-q^7,q^{24},q^{16}) \\ &\quad - q^{-2}m(-q^{-1},q^{24},q^8) - q^{-3}m(-q^{-1},q^{24},q^{16}).\end{aligned} \tag{3.66}$$

当然, 在相差一个 theta 函数的意义下, 等式 (3.66) 也是等式 (3.61) 的对偶表示式. 同时, 对于 3 阶 mock theta 函数也考虑了其异侧级数的对偶表示, 即其对应的第二类对偶表示, 得到了下面的一些结果.

定理 3.2 对于 3 阶 mock theta 函数 [5, 8, 66] 的 Appell-Lerch 和表示

$$f(q) = 2m(-q,q^3,q) + 2m(-q,q^3,q^2), \tag{3.67}$$

$$\begin{aligned}\phi(q) &= m(q^5,q^{12},q^4) + m(q^5,q^{12},q^8) + q^{-1}m(q,q^{12},q^4) \\ &\quad + q^{-1}m(q,q^{12},q^8),\end{aligned} \tag{3.68}$$

$$\psi(q) = -q^{-1}m(q,q^{12},q^2) - m(q^5,q^{12},q^2), \tag{3.69}$$

$$\chi(q) = 2m(-q,q^3,q^2) - m(-q,q^3,q), \tag{3.70}$$

$$\omega(q) = -q^{-1}m(q,q^6,q^2) - q^{-1}m(q,q^6,q^4), \tag{3.71}$$

$$\nu(q) = q^{-1}m(q^2,q^{12},-q^3) + q^{-1}m(q^2,q^{12},-q^9), \tag{3.72}$$

$$\rho(q) = q^{-1}m(q,q^6,-q), \tag{3.73}$$

其对应的第二类对偶表示分别为

$$\begin{aligned} D(f,q) &= \sum_{n=1}^{\infty}(-1;q)_n^2 q^n = 4\sum_{n=0}^{\infty}(-q;q)_n^2 q^{(n+1)} \\ &= \frac{2}{(q)_\infty}j(-1;q)m(1,q,-1) - m(-q^2,q^3,1) + m(-q,q^3,1), \end{aligned} \tag{3.74}$$

$$\begin{aligned} D(\phi,q) &= \sum_{n=1}^{\infty}(-1;q^2)_n q^n = 2\sum_{n=0}^{\infty}(-q^2;q^2)_n q^{n+1} \\ &= -2q^{-1}m(q,q^{12},q^2) - 2m(q^5,q^{12},q^2), \end{aligned} \tag{3.75}$$

$$\begin{aligned} D(\psi,q) &= \sum_{n=0}^{\infty}(-1)^n(q;q^2)_n = \frac{1}{2}m(q^5,q^{12},q^4) + \frac{1}{2}m(q^5,q^{12},q^8) \\ &\quad + \frac{1}{2}q^{-1}m(q,q^{12},q^4) + \frac{1}{2}q^{-1}m(q,q^{12},q^8), \end{aligned} \tag{3.76}$$

$$\begin{aligned} D(\omega,q) &= \sum_{n=0}^{\infty}(q;q^2)_n^2 q^{2n} = -\frac{1}{q} + \frac{1}{q^3}\frac{1}{(q^2)_\infty}j(q;q^2)m(q^{-2},q^2,q) \\ &\quad + \frac{1}{q}m(q,q^6,q^2) + \frac{1}{q^2}m(q^{-1},q^6,q^2), \end{aligned} \tag{3.77}$$

$$D(\nu,q) = \sum_{n=0}^{\infty}(-q;q^2)_n q^n = -q^{-1}m(q^2,q^{12},q^3) - q^{-1}m(q^2,q^{12},q^9), \tag{3.78}$$

$$\begin{aligned} D(\rho,q) &= \sum_{n=0}^{\infty}\frac{(q^3,q^6)_n q^{2n}}{(q;q^2)_n} = -\frac{\omega^2}{q} + \frac{1}{q^3}\frac{1}{(q^2)_\infty}j(\omega q;q^2)m(\omega^2q^2,q^2,\omega q) \\ &\quad + \frac{\omega^2}{q}m(q,q^6,\omega^2q^2) + \frac{\omega}{q^2}m(q^{-1},q^6,\omega^2q^2), \end{aligned} \tag{3.79}$$

其中, ω 为本原单位立方根.

证明： 分别计算 $D(*,q)$, 再由文献 [8] 和文献 [29] 可得

$$D(f,q) = \sum_{n=-\infty}^{-1}\frac{q^{n^2}}{(-q;q)_n^2} = \sum_{n=1}^{\infty}(-1;q)_n^2 q^n = 4\sum_{n=0}^{\infty}(-q;q)_n^2 q^{(n+1)}, \tag{3.80}$$

而 $f(q) = 2 - 2g_3(-1,q)$, 再由引理 3.7, 可得

$$D(f,q) = \frac{2}{(q)_\infty}j(-1;q)m(1,q,-1) - m(-q^2,q^3,1) + m(-q,q^3,1). \tag{3.81}$$

$$D(\phi,q)=\sum_{n=-\infty}^{-1}\frac{q^{n^2}}{(-q^2;q^2)_n}=\sum_{n=1}^{\infty}(-1;q^2)_nq^n, \tag{3.82}$$

由 $B(\phi,q)=\phi(q)+2\psi(q)$, 可得 $D(\phi,q)=2\psi(q)$.

$$D(\psi,q)=\sum_{n=-\infty}^{0}\frac{q^{n^2}}{(q;q^2)_n}=\sum_{n=0}^{\infty}(-1)^n(q;q^2)_n, \tag{3.83}$$

由 $B(\psi,q)=\psi(q)+\frac{1}{2}\phi(q)$, 可知 $D(\psi,q)=\frac{1}{2}\phi(q)$.

$$D(\omega,q)=\sum_{n=-\infty}^{-1}\frac{q^{2n(n+1)}}{(q;q^2)_{n+1}^2}=\sum_{n=0}^{\infty}(q;q^2)_n^2q^{2n}, \tag{3.84}$$

利用 $\omega(q)=g(q,q^2)$ 及引理 3.7, 可知

$$\begin{aligned}D(\omega,q)=&-\frac{1}{q}+\frac{1}{q^3}\frac{1}{(q^2)_\infty}j(q;q^2)m(q^{-2},q^2,q)\\&+\frac{1}{q}m(q,q^6,q^2)+\frac{1}{q^2}m(q^{-1},q^6,q^2).\end{aligned} \tag{3.85}$$

$$D(\nu,q)=\sum_{n=-\infty}^{-1}\frac{q^{n(n+1)}}{(-q;q^2)_{n+1}}=\sum_{n=0}^{\infty}(-q;q^2)_nq^n, \tag{3.86}$$

由 $B(\nu,q)=\nu(q)+\nu(-q)$, 可得 $D(\nu,q)=\nu(-q)$.

$$D(\rho,q)=\sum_{n=-\infty}^{-1}\frac{q^{2n(n+1)}(q;q^2)_{n+1}}{(q^3;q^6)_{n+1}}=\sum_{n=0}^{\infty}\frac{(q^3,q^6)_nq^{2n}}{(q;q^2)_n}, \tag{3.87}$$

应用关系式 $\rho(q)=g(\omega q,q^2)$ 及引理 3.7, 有

$$\begin{aligned}D(\rho,q)=&-\frac{1}{\omega q}+\frac{1}{q^3}\frac{1}{(q^2)_\infty}j(\omega q;q^2)m((\omega q)^2,q^2,\omega q)\\&+\frac{1}{\omega q}m(q,q^6,(\omega q)^2)+\frac{1}{(\omega q)^2}m(q^{-1},q^6,(\omega q)^2).\end{aligned} \tag{3.88}$$

因此, 可知定理成立.

注: 通过逐一计算和研究 3 阶 mock theta 函数的第二类对偶表示对应的 Euler 级数, 发现它们在 $|q|<1$ 时不满足收敛性, 因此它们的第二类对偶表示对应的对偶表示不存在. 而且, $x(q)$ 的第二类对偶表示 $D(x,q)$ 在 $|q|<1$ 时不收敛, 因此不存在.

3.5 5 阶 mock theta 函数的对偶关系

首先, 对于 5 阶 mock theta 函数

$$\begin{aligned}\chi_0(q) &= \sum_{n=0}^{\infty}\frac{q^n}{(q^{n+1})_n} = 1+\sum_{n=0}^{\infty}\frac{q^{2n+1}}{(q^{n+1})_{n+1}}\\ &= 2-2m(q^7,q^{15},q^{12})-m(q^7,q^{15},q^9)\\ &\quad -2q^{-1}m(q^2,q^{15},q^{12})-q^{-1}m(q^2,q^{15},q^9)\end{aligned} \tag{3.89}$$

与

$$\begin{aligned}\chi_1(q) &= \sum_{n=0}^{\infty}\frac{q^n}{(q^{n+1};q)_{n+1}} = 1+\sum_{n=0}^{\infty}\frac{q^{2n+1}(1+q^n)}{(q^{n+1};q)_{n+1}}\\ &= -2q^{-1}m(q^4,q^{15},q^{-6})-q^{-1}m(q^4,q^{15},q^3)\\ &\quad -2q^{-2}m(q,q^{15},q^6)-q^{-2}m(q,q^{15},q^{-3}),\end{aligned} \tag{3.90}$$

Mortenson[67] 研究发现 $\chi_0(q)$ 的两个 Euler 形式对应的对偶表示分别为

$$\begin{aligned}\sum_{n=0}^{\infty}\frac{q^n}{(q^{n+1})_n} \to \sum_{n=0}^{\infty}\frac{(-1)^n q^{3n^2/2-n/2}}{(q^{n+1})_n} &= 2-\sum_{n=0}^{\infty}(-1)^n(q^{-7n})q^{15\binom{n+1}{2}}\\ &\quad -q^7\sum_{n=0}^{\infty}(-1)^n(q^{7n})q^{15\binom{n+1}{2}}-q\sum_{n=0}^{\infty}(-1)^n(q^{-2n})q^{15\binom{n+1}{2}}\\ &\quad -q^3\sum_{n=0}^{\infty}(-1)^n(q^{2n})q^{15\binom{n+1}{2}},\end{aligned} \tag{3.91}$$

$$\begin{aligned}1+\sum_{n=0}^{\infty}\frac{q^{2n+1}}{(q^{n+1})_{n+1}} &\to 1+\sum_{n=0}^{\infty}\frac{(-1)^{n+1}q^{3n^2/2+n/2}}{(q^{n+1})_{n+1}}\\ &= 1-\sum_{n=0}^{\infty}(-1)^n(q^{-7n})q^{15\binom{n+1}{2}}-q^7\sum_{n=0}^{\infty}(-1)^n(q^{7n})q^{15\binom{n+1}{2}}\\ &\quad -q\sum_{n=0}^{\infty}(-1)^n(q^{-2n})q^{15\binom{n+1}{2}}\\ &\quad -q^3\sum_{n=0}^{\infty}(-1)^n(q^{2n})q^{15\binom{n+1}{2}},\end{aligned} \tag{3.92}$$

同理, $\chi_1(q)$ 的两个 Euler 形式对应的对偶表示分别为

$$\sum_{n=0}^{\infty}\frac{q^n}{(q^{n+1};q)_{n+1}} \to \sum_{n=0}^{\infty}\frac{(-1)^{n+1}q^{3n^2/2+3n/2+1}}{(q^{n+1})_{n+1}} = -q\sum_{n=0}^{\infty}(-1)^n(q^{-4n})q^{15\binom{n+1}{2}}$$

$$-q^5\sum_{n=0}^{\infty}(-1)^n(q^{4n})q^{15\binom{n+1}{2}}-q^2\sum_{n=0}^{\infty}(-1)^n(q^{-n})q^{15\binom{n+1}{2}}$$
$$-q^3\sum_{n=0}^{\infty}(-1)^n(q^n)q^{15\binom{n+1}{2}}, \tag{3.93}$$

$$1+\sum_{n=0}^{\infty}\frac{q^{2n+1}(1+q^n)}{(q^{n+1};q)_{n+1}}\to 1+\sum_{n=0}^{\infty}\frac{(-1)^{n+1}q^{3n^2/2-n/2}}{(q^{n+1})_{n+1}}$$
$$=-1-q\sum_{n=0}^{\infty}(-1)^n(q^{-4n})q^{15\binom{n+1}{2}}$$
$$-q^5\sum_{n=0}^{\infty}(-1)^n(q^{4n})q^{15\binom{n+1}{2}}-q^2\sum_{n=0}^{\infty}(-1)^n(q^{-n})q^{15\binom{n+1}{2}}$$
$$-q^3\sum_{n=0}^{\infty}(-1)^n(q^n)q^{15\binom{n+1}{2}}. \tag{3.94}$$

定理 3.3　等式 (3.91)~等式 (3.93) 成立.

证明:　为了证明等式, 首先, (a,q) 的 Bailey 对是指一组序列对 $(\alpha_n,\beta_n)_{n\geqslant 0}$ 使得

$$\beta_n=\sum_{r=0}^{n}\frac{\alpha_r}{(aq)_{n+r}(q)_{n-r}}. \tag{3.95}$$

那么, (a,q) 共轭的 Bailey 对也是一组序列对 $(\delta_n,\gamma_n)_{n\geqslant 0}$ 使得

$$\gamma_n=\sum_{r=n}^{\infty}\frac{\delta_r}{(aq)_{n+r}(q)_{n-r}}, \tag{3.96}$$

则有

$$\sum_{n=0}^{\infty}\beta_n\delta_n=\sum_{n=0}^{\infty}\alpha_n\gamma_n. \tag{3.97}$$

利用等式 (3.97) 进而可以证明

$$\sum_{n=0}^{\infty}(-1)^nq^{\binom{n+1}{2}}(a)_n\beta_n=\frac{(q)_\infty}{(aq)_\infty}\sum_{n=0}^{\infty}(-1)^nq^{\binom{n+1}{2}}\frac{(a)_n}{(q)_n}\alpha_n. \tag{3.98}$$

在等式 (3.98) 中取 Bailey 对 $(\alpha_n,\beta_n)_{n\geqslant 0}$ 为

$$\alpha_n=(-1)^{[(4n+1)/3]}q^{(n-2)n/3}\frac{1-q^{2n+1}}{1-q}\chi(n\equiv 1 \pmod 3)),\quad \beta_n=\frac{q^{n(n-1)}}{(q)_{2n}}, \tag{3.99}$$

其中, χ(ture)$=0$, χ(false)$=1$, 则可得等式 (3.91).

若在等式 (3.98) 中取 Bailey 对 $(\alpha_n,\beta_n)_{n\geqslant 0}$ 为

$$\alpha_{3n-1}=q^{3n^2+n},\quad \alpha_{3n}=q^{3n^2-n},$$
$$\alpha_{3n+1}=-q^{3n^2+n}-q^{3n^2+5n+2},\quad \beta_n=\frac{q^{n^2}}{(q^2)_{2n}},\tag{3.100}$$

可得等式 (3.92) 成立.

若在等式 (3.98) 中取 Bailey 对 $(\alpha_n,\beta_n)_{n\geqslant 0}$ 为

$$\alpha_{3n-1}=q^{3n^2-2n},\quad \alpha_{3n}=q^{3n^2+2n},$$
$$\alpha_{3n+1}=-q^{3n^2+4n+1}-q^{3n^2+2n},\quad \beta_n=\frac{q^{n^2+n}}{(q^2)_{2n}},\tag{3.101}$$

可得等式 (3.93) 也成立.

若考虑 5 阶 mock theta 函数的异侧级数的对偶表示, 即其对应的第二类对偶表示, 可得到下面的结果.

定理 3.4 考虑 5 阶 mock theta 函数 [5, 8, 66]

$$f_0(q)=\sum_{n=0}^{\infty}\frac{q^{n^2}}{(-q)_n}=m(q^{14},q^{30},q^{14})+m(q^{14},q^{30},q^{29})$$
$$+q^{-2}m(q^{14},q^{30},q^{4})+q^{-2}m(q^{14},q^{30},q^{19}),\tag{3.102}$$

$$\phi_0(q)=\sum_{n=0}^{\infty}q^{n^2}(-q;q^2)_n=m(-q^7,-q^{15},q^9)-q^{-1}m(q^2,-q^{15},q^9),\tag{3.103}$$

$$\psi_0(q)=\sum_{n=0}^{\infty}q^{(n+2)(n+1)/2}(-q)_n=-m(q^{14},q^{30},q^3)-q^{-2}m(q^4,q^{30},q^3),\tag{3.104}$$

$$F_0(q)=\sum_{n=0}^{\infty}\frac{q^{2n^2}}{(q;q^2)_n}=-\frac{1}{2}q^{-1}m(q^2,q^{15},q^2)-\frac{1}{2}q^{-1}m(q^2,q^{15},-q^2)$$
$$+\frac{1}{2}m(q^8,q^{15},q^8)+\frac{1}{2}m(q^8,q^{15},-q^8),\tag{3.105}$$

$$\chi_0(q)=\sum_{n=0}^{\infty}\frac{q^n}{(q^{n+1})_n}=2-2m(q^7,q^{15},q^{12})-m(q^7,q^{15},q^9)$$
$$-2q^{-1}m(q^2,q^{15},q^{12})-q^{-1}m(q^2,q^{15},q^9),\tag{3.106}$$

$$f_1(q)=\sum_{n=0}^{\infty}\frac{q^{n(n+1)}}{(-q)_n}=q^{-1}m(q^8,q^{30},q^8)+q^{-1}m(q^8,q^{30},q^{23})$$
$$+q^{-3}m(q^2,q^{30},q^2)+q^{-3}m(q^2,q^{30},q^{17}),\tag{3.107}$$

$$\phi_1(q)=\sum_{n=0}^{\infty}q^{(n+1)^2}(-q;q^2)_n=q^{-1}m(-q,-q^{15},q^{-3})-m(q^4,-q^{15},q^3),\tag{3.108}$$

$$\psi_1(q)=\sum_{n=0}^{\infty}q^{n(n+1)/2}(-q)_n=-q^{-1}m(q^8,q^{30},q^{-9})-q^{-3}m(q^2,q^{30},q^9), \quad (3.109)$$

$$F_1(q)=\sum_{n=0}^{\infty}\frac{q^{2n(n+1)}}{(q;q^2)_{n+1}}=-\frac{1}{2}q^{-2}m(q,q^{15},q)-\frac{1}{2}q^{-2}m(q,q^{15},-q)$$
$$-\frac{1}{2}q^{-1}m(q^4,q^{15},q^4)-\frac{1}{2}q^{-1}m(q^4,q^{15},-q^4), \quad (3.110)$$

$$\chi_1(q)=\sum_{n=0}^{\infty}\frac{q^n}{(q^{n+1};q)_{n+1}}=-2q^{-1}m(q^4,q^{15},q^{-6})-q^{-1}m(q^4,q^{15},q^3)$$
$$-2q^{-2}m(q,q^{15},q^6)-q^{-2}m(q,q^{15},q^{-3}), \quad (3.111)$$

$$\Phi(q)=-1+\sum_{n=0}^{\infty}\frac{q^{5n^2}}{(q;q^5)_{n+1}(q^4;q^5)_n}=-q^{-1}m(q^2,q^{15},q^2)-m(q^7,q^{15},q^2), \quad (3.112)$$

$$\Psi(q)=-1+\sum_{n=0}^{\infty}\frac{q^{5n^2}}{(q^2;q^5)_{n+1}(q^3;q^5)_n}=-q^{-1}m(q,q^{15},q^{-4})-m(q^4,q^{15},q^4). \quad (3.113)$$

那么，它们对应的第二类对偶表示分别为

$$D(f_0,q)=\sum_{n=1}^{\infty}(-1;q)_nq^{\frac{1}{2}n^2+\frac{n}{2}}=2\sum_{n=0}^{\infty}(-q;q)_nq^{\frac{1}{2}(n+1)(n+2)}$$
$$=-2m(q^{14},q^{30},q^3)-2q^{-2}m(q^4,q^{30},q^3), \quad (3.114)$$

$$D(\phi_0,q)=\sum_{n=1}^{\infty}\frac{q^{2n^2}}{(-q;q^2)_n}=\frac{1}{2}q^{-1}m(q^2,-q^{15},q^2)+\frac{1}{2}q^{-1}m(q^2,-q^{15},-q^2)$$
$$+\frac{1}{2}m(q^8,-q^{15},q^8)+\frac{1}{2}m(q^8,-q^{15},-q^8)-1, \quad (3.115)$$

$$D(\psi_0,q)=\sum_{n=1}^{\infty}\frac{q^{(n-1)^2}}{(-1;q)_n}=\frac{1}{2}\sum_{n=0}^{\infty}\frac{q^{n^2}}{(-q;q)_n}=\frac{1}{2}m(q^{14},q^{30},q^{14})+\frac{1}{2}m(q^{14},q^{30},q^{29})$$
$$+\frac{1}{2}q^{-2}m(q^{14},q^{30},q^4)+\frac{1}{2}q^{-2}m(q^{14},q^{30},q^{19}), \quad (3.116)$$

$$D(F_0,q)=\sum_{n=1}^{\infty}(-1)^n(q;q^2)_nq^{n^2}=\sum_{n=1}^{\infty}(q;q^2)_n(-q)^{n^2}$$
$$=m(q^7,q^{15},-q^9)+q^{-1}m(q^2,q^{15},-q^9)-1, \quad (3.117)$$

$$D(\chi_0,q)=\sum_{n=1}^{\infty}(-1)^n(q^{-n};q)_nq^{\frac{1}{2}n^2-\frac{1}{2}n}=-1+\frac{3}{(q^5)_\infty}j(q;q^5)m(q^2,q^5,q^{-1})$$
$$+3m(q^7,q^{15},q^2)+\frac{3}{q}m(q^2,q^{15},q^2)-\frac{J_5^2J_{2,5}}{J_{1,5}^2}, \quad (3.118)$$

$$D(f_1,q)=\sum_{n=1}^{\infty}(-1;q)_n q^{\frac{1}{2}n(n-1)}=2\sum_{n=0}^{\infty}(-q;q)_n q^{\frac{1}{2}n(n+1)}$$
$$=-2q^{-1}m(q^8,q^{30},q^{-9})-2q^{-3}m(q^2,q^{30},q^9), \tag{3.119}$$

$$D(\phi_1,q)=\sum_{n=1}^{\infty}\frac{q^{2n^2-2n+1}}{(-q;q^2)_n}=-\frac{1}{2}q^{-1}m(-q,-q^{15},-q)-\frac{1}{2}q^{-1}m(-q,-q^{15},q)$$
$$+\frac{1}{2}m(q^4,-q^{15},q^4)+\frac{1}{2}m(q^4,-q^{15},-q^4), \tag{3.120}$$

$$D(\psi_1,q)=\sum_{n=1}^{\infty}\frac{q^{n(n-1)}}{(-1;q)_n}=\frac{1}{2}\sum_{n=0}^{\infty}\frac{q^{n(n+1)}}{(-q;q)_n}=\frac{1}{2}q^{-1}m(q^8,q^{30},q^8)+\frac{1}{2}q^{-1}m(q^8,q^{30},q^{23})$$
$$+\frac{1}{2}q^{-3}m(q^2,q^{30},q^2)+\frac{1}{2}q^{-3}m(q^2,q^{30},q^{17}), \tag{3.121}$$

$$D(F_1,q)=\sum_{n=0}^{\infty}(-1)^n(q;q^2)_n q^{n^2+2n}$$
$$=-q^{-2}m(q,q^{15},-q^{-3})-q^{-1}m(q^4,q^{15},-q^3), \tag{3.122}$$

$$D(\Phi,q)=-\sum_{n=0}^{\infty}(q^4;q^5)_n(q;q^5)_{n+1}q^{5n+4}=-1+\frac{1}{(q^5)_\infty}j(q;q^5)m(q^2,q^5,q^{-1})$$
$$+m(q^7,q^{15},q^2)+\frac{1}{q}m(q^2,q^{15},q^2), \tag{3.123}$$

$$D(\Psi,q)=-\sum_{n=0}^{\infty}(q^3;q^5)_n(q^2;q^5)_{n+1}q^{5n+3}=-1+\frac{1}{(q^5)_\infty}j(q^2;q^5)m(q^4,q^5,q^{-2})$$
$$+m(q^4,q^{15},q^4)+\frac{1}{q}m(q,q^{15},q^{-4}). \tag{3.124}$$

证明： 首先, 分别计算 $D(*,q)$, 可得

$$D(f_0,q)=\sum_{n=-\infty}^{-1}\frac{q^{n^2}}{(-q)_n}=\sum_{n=1}^{\infty}(-1;q)_n q^{\frac{1}{2}n^2+\frac{n}{2}}, \tag{3.125}$$

$$D(\phi_0,q)=\sum_{n=-\infty}^{-1}q^{n^2}(-q;q^2)_n=\sum_{n=1}^{\infty}\frac{q^{2n^2}}{(-q;q^2)_n}, \tag{3.126}$$

$$D(\psi_0,q)=\sum_{n=-\infty}^{-1}q^{(n+2)(n+1)/2}(-q)_n=\sum_{n=1}^{\infty}\frac{q^{(n-1)^2}}{(-1;q)_n}, \tag{3.127}$$

$$D(F_0,q)=\sum_{n=-\infty}^{-1}\frac{q^{2n^2}}{(q;q^2)_n}=\sum_{n=1}^{\infty}(-1)^n(q;q^2)_n q^{n^2}, \tag{3.128}$$

$$D(\chi_0,q)=\sum_{n=-\infty}^{-1}\frac{q^n}{(q^{n+1})_n}=\sum_{n=1}^{\infty}(-1)^n(q^{-n};q)_nq^{\frac{1}{2}n^2-\frac{1}{2}n}, \tag{3.129}$$

$$D(f_1,q)=\sum_{n=-\infty}^{-1}\frac{q^{n(n+1)}}{(-q)_n}=\sum_{n=1}^{\infty}(-1;q)_nq^{\frac{1}{2}n(n-1)}, \tag{3.130}$$

$$D(\phi_1,q)=\sum_{n=-\infty}^{-1}q^{(n+1)^2}(-q;q^2)_n=\sum_{n=1}^{\infty}\frac{q^{2n^2-2n+1}}{(-q;q^2)_n}, \tag{3.131}$$

$$D(\psi_1,q)=\sum_{n=-\infty}^{-1}q^{n(n+1)/2}(-q)_n=\sum_{n=1}^{\infty}\frac{q^{n(n-1)}}{(-1;q)_n}, \tag{3.132}$$

$$D(F_1,q)=\sum_{n=-\infty}^{-1}\frac{q^{2n(n+1)}}{(q;q^2)_{n+1}}=\sum_{n=0}^{\infty}(-1)^n(q;q^2)_nq^{n^2+2n}, \tag{3.133}$$

$$\begin{aligned}D(\Phi,q)&=-1+\sum_{n=-\infty}^{-1}\frac{q^{5n^2}}{(q;q^5)_{n+1}(q^4;q^5)_n}\\&=-\sum_{n=0}^{\infty}(q^4;q^5)_n(q;q^5)_{n+1}q^{5n+4},\end{aligned} \tag{3.134}$$

$$\begin{aligned}D(\Psi,q)&=-1+\sum_{n=-\infty}^{-1}\frac{q^{5n^2}}{(q^2;q^5)_{n+1}(q^3;q^5)_n}\\&=-\sum_{n=0}^{\infty}(q^3;q^5)_n(q^2;q^5)_{n+1}q^{5n+3}.\end{aligned} \tag{3.135}$$

再由文献 [8] 和文献 [29] 及引理 3.7, 可推得

$$D(f_0,q)=2\psi_0(q), \tag{3.136}$$

$$D(\phi_0,q)=F_0(-q)-1, \tag{3.137}$$

$$D(\psi_0,q)=\frac{1}{2}f_0(q), \tag{3.138}$$

$$D(F_0,q)=\phi_0(-q)-1, \tag{3.139}$$

$$\begin{aligned}D(\chi_0,q)=&-1+\frac{3}{q^2}\frac{1}{(q^5)_\infty}j(q,q^5)m(q^{-2},q^5,q)+3m(q^7,q^{15},q^2)\\&+\frac{3}{q}m(q^2,q^{15},q^2)-\frac{J_5^2J_{2,5}}{J_{1,5}^2},\end{aligned} \tag{3.140}$$

$$D(f_1,q)=2\phi_2(q), \tag{3.141}$$

$$D(\phi_1,q)=qF_1(-q), \tag{3.142}$$

$$D(\psi_1,q)=\frac{1}{2}f_1(q), \tag{3.143}$$

$$D(F_1,q)=-q^{-1}\phi_1(-q), \tag{3.144}$$

$$\begin{aligned}D(\Phi,q)=&-1+\frac{1}{q^2}\frac{1}{(q^5)_\infty}j(q;q^5)m(q^{-2},q^5,q)+m(q^7,q^{15},q^2)\\&+\frac{1}{q}m(q^2,q^{15},q^2),\end{aligned} \tag{3.145}$$

$$D(\Psi,q)=-1+\frac{1}{q^4}\frac{1}{(q^5)_\infty}j(q^2;q^5)m(q^{-4},q^5,q^2)+m(q^4,q^{15},q^4) \tag{3.146}$$

$$+\frac{1}{q^2}m(q^{-1},q^{15},q^4), \tag{3.147}$$

这就证明了结果成立.

注: 通过逐一计算和研究 5 阶 mock theta 函数的第二类对偶表示对应的 Euler 级数, 可以找到唯一的 Euler 级数

$$D(\psi_0,q)\to\sum_{n=1}^{\infty}\frac{q^{-(n-1)^2}}{(-1;q^{-1})_n}=\sum_{n=1}^{\infty}\frac{q^{n-1}}{(-1;q)_n}, \tag{3.148}$$

当 $|q|<1$ 时是收敛的. 按照对偶原理其对偶表示也应该存在, 但事实上发现这个 Euler 级数不可以由部分 theta 函数来表示.

这是由于若考虑等式 [4]

$$\sum_{n=0}^{\infty}\frac{(-1)^n a^{2n}q^{n^2}}{(a^2q^2;q^2)_n}=1-a\sum_{n=1}^{\infty}\frac{a^nq^n}{(-aq;q)_n}, \tag{3.149}$$

取 $a=1$, 可得

$$\sum_{n=0}^{\infty}\frac{(-1)^nq^{n^2}}{(q^2;q^2)_n}=1-\sum_{n=1}^{\infty}\frac{q^n}{(-q;q)_n}=2-\sum_{n=0}^{\infty}\frac{q^n}{(-q;q)_n}. \tag{3.150}$$

再利用等式

$$\sum_{n=0}^{\infty}\frac{(-1)^nq^{n^2/2}z^n}{(q;q)_n}=(zq^{\frac{1}{2}};q)_\infty, \tag{3.151}$$

用 q^2 替换 q 且令 $z=1$, 可知

$$\sum_{n=0}^{\infty}\frac{(-1)^nq^{n^2}}{(q^2;q^2)_n}=(q;q^2)_\infty. \tag{3.152}$$

因此,

$$\sum_{n=1}^{\infty}\frac{q^{n-1}}{(-1;q)_n}=\frac{1}{2}\sum_{n=1}^{\infty}\frac{q^n}{(-q;q)_n}=1-\frac{1}{2}(q;q^2)_\infty. \tag{3.153}$$

而由其他对应的 Euler 级数可以发现, 它们在 $|q|<1$ 时不满足收敛性, 因此它们的第二类对偶表示对应的对偶表示不存在.

3.6 6 阶 mock theta 函数的对偶关系

定理 3.5 对于 6 阶 mock theta 函数 [5, 8, 66]

$$\phi(q)=\sum_{n=0}^{\infty}\frac{(-1)^n q^{n^2}(q;q^2)_n}{(-q)_{2n}}=2m(q,q^3,-1), \tag{3.154}$$

$$\psi(q)=\sum_{n=0}^{\infty}\frac{(-1)^n q^{(n+1)^2}(q;q^2)_n}{(-q)_{2n+1}}=m(1,q^3,-q), \tag{3.155}$$

$$\rho(q)=\sum_{n=0}^{\infty}\frac{q^{n(n+1)/2}(-q)_n}{(q;q^2)_{n+1}}=-q^{-1}m(1,q^6,q), \tag{3.156}$$

$$\sigma(q)=\sum_{n=0}^{\infty}\frac{q^{(n+1)(n+2)/2}(-q)_n}{(q;q^2)_{n+1}}=-m(q^2,q^6,q), \tag{3.157}$$

$$\lambda(q)=\sum_{n=0}^{\infty}\frac{(-1)^n q^n(q;q^2)_n}{(-q)_n}=q^{-1}m(1,q^6,-q^2)+q^{-1}m(1,q^6,-q), \tag{3.158}$$

$$\begin{aligned}\mu(q)&=\sum_{n=0}^{\infty}{}^{*}\frac{(-1)^n(q;q^2)_n}{(-q)_n}=\frac{1}{2}\left(\sum_{n=0}^{\infty}\frac{(q;q^2)_{2n}}{(-q)_{2n}}-\sum_{n=0}^{\infty}\frac{(q;q^2)_{2n+1}}{(-q)_{2n+1}}\right)\\&=m(q^2,q^6,-1)+m(q^2,q^6,-q^3),\end{aligned} \tag{3.159}$$

$$\gamma(q)=\sum_{n=0}^{\infty}\frac{q^{n^2}(q)_n}{(q^3;q^3)_n}=2m(q,q^3,-1)+m(q,q^3,-q), \tag{3.160}$$

$$\nu(q)=\sum_{n=1}^{\infty}\frac{q^n(-q;q)_{2n-1}}{(q;q^2)_n}=-\frac{3}{4}m(q,q^3,q)-\frac{1}{4}m(q,q^3,-q), \tag{3.161}$$

$$\xi(q)=\sum_{n=1}^{\infty}\frac{q^n(-q;q)_{2n-2}}{(q;q^2)_n}=-\frac{3}{4}m(1,q^3,q)+\frac{1}{4}m(1,q^3,-q), \tag{3.162}$$

这些函数的第二类对偶表示及其第二类对偶表示对应的对偶表示分别如下.

(1) 它们对应的第二类对偶表示分别为

$$D(\phi,q)=\sum_{n=1}^{\infty}\frac{(-1;q)_{2n}q^n}{(q;q^2)_n}=2\sum_{n=0}^{\infty}\frac{(-q;q)_{2n+1}q^{n+1}}{(q;q^2)_{n+1}}$$

$$= -\frac{3}{2}m(q,q^3,q) - \frac{1}{2}m(q,q^3,-q), \tag{3.163}$$

$$\begin{aligned} D(\psi,q) &= \sum_{n=0}^{\infty}\frac{(-1;q)_{2n+1}q^{n+1}}{(q;q^2)_{n+1}} = 2\sum_{n=0}^{\infty}\frac{(-q;q)_{2n}q^{n+1}}{(q;q^2)_{n+1}} \\ &= -\frac{3}{2}m(1,q^3,q) + \frac{1}{2}m(1,q^3,-q), \end{aligned} \tag{3.164}$$

$$\begin{aligned} D(\rho,q) &= \sum_{n=0}^{\infty}\frac{(-1)^n(q;q^2)_nq^n}{(-1;q)_{n+1}} = \frac{1}{2}\sum_{n=0}^{\infty}\frac{(-1)^n(q;q^2)_nq^n}{(-q;q)_n} \\ &= \frac{1}{2}q^{-1}m(1,q^6,-q^2) + \frac{1}{2}q^{-1}m(1,q^6,-q), \end{aligned} \tag{3.165}$$

$$\begin{aligned} D(\sigma,q) &= \sum_{n=0}^{\infty}\frac{(-1)^n(q;q^2)_n}{(-1;q)_{n+1}} = \frac{1}{2}\sum_{n=0}^{\infty}\frac{(-1)^n(q;q^2)_n}{(-q;q)_n} \\ &= \frac{1}{2}m(q^2,q^6,-1) + \frac{1}{2}m(q^2,q^6,-q^3), \end{aligned} \tag{3.166}$$

$$\begin{aligned} D(\lambda,q) &= \sum_{n=1}^{\infty}\frac{(-1;q)_nq^{\frac{1}{2}n(n-1)}}{(q;q^2)_n} = 2\sum_{n=0}^{\infty}\frac{(-q;q)_nq^{\frac{1}{2}n(n+1)}}{(q;q^2)_{n+1}} \\ &= -2q^{-1}m(1,q^6,q), \end{aligned} \tag{3.167}$$

$$\begin{aligned} D(\mu,q) &= \frac{1}{2}\left(\sum_{n=0}^{\infty}\frac{(-q;q)_{2n+1}q^{2n^2+5n+3}}{(q;q^2)_{2n+2}} + \sum_{n=0}^{\infty}\frac{(-q;q)_{2n}q^{2n^2+3n+1}}{(q;q^2)_{2n+1}}\right) \\ &= -2m(q^2,q^6,q), \end{aligned} \tag{3.168}$$

$$\begin{aligned} D(\gamma,q) &= \sum_{n=1}^{\infty}\frac{(1;q^3)_nq^n}{(1;q)_n} = \sum_{n=0}^{\infty}\frac{(q^3;q^3)_nq^{n+1}}{(q;q)_n} = (1-\omega)(\frac{\omega}{(q)_\infty}j(\omega;q)m(\omega^2,q,\omega^{-1}) \\ &+m(q^2,q^3,\omega^2) + \frac{1}{\omega}m(q,q^3,\omega^2)), \end{aligned} \tag{3.169}$$

其中, ω 是本原单位根,

$$\begin{aligned} D(\nu,q) &= \sum_{n=0}^{\infty}\frac{(-1)^n(q;q^2)_nq^{n^2}}{(-1;q)_{2n+1}} = \frac{1}{2}\sum_{n=0}^{\infty}\frac{(-1)^n(q;q^2)_nq^{n^2}}{(-q;q)_{2n}} \\ &= m(q,q^3,-1), \end{aligned} \tag{3.170}$$

$$\begin{aligned} D(\xi,q) &= \sum_{n=0}^{\infty}\frac{(-1)^n(q;q^2)_nq^{(n+1)^2}}{(1;q)_{2n+2}} = \frac{1}{2}\sum_{n=0}^{\infty}\frac{(-1)^n(q;q^2)_nq^{(n+1)^2}}{(q;q)_{2n+1}} \\ &= \frac{1}{2}m(1,q^3,-q). \end{aligned} \tag{3.171}$$

(2) 函数 $\lambda(q)$、$\nu(q)$ 的第二类对偶表示对应的对偶表示分别为

$$D(\lambda,q)\to\sum_{n=1}^{\infty}(-1)^n\frac{(-1;q)_nq^n}{(q;q^2)_n}=-2\sum_{n=0}^{\infty}(-1)^n\frac{(-q;q)_nq^{n+1}}{(q;q^2)_{n+1}}$$
$$=-2q\sum_{n\geqslant0}(-1)^nq^{6\binom{n+1}{2}},\tag{3.172}$$

$$D(\nu,q)\to\sum_{n=0}^{\infty}\frac{(q;q^2)_nq^n}{(-1;q)_{2n+1}}=\frac{1}{2}\sum_{n=0}^{\infty}\frac{(q;q^2)_nq^n}{(-q;q)_{2n}}$$
$$=\frac{1}{2}\sum_{n\geqslant0}(-1)^nq^{-n}q^{3\binom{n+1}{2}}(1+q^{2n+1}).\tag{3.173}$$

证明: 首先, 计算每一个 $D(*,q)$, 可知

$$D(\phi,q)=\sum_{n=-\infty}^{-1}\frac{(-1)^nq^{n^2}(q;q^2)_n}{(-q)_{2n}}=\sum_{n=1}^{\infty}\frac{(-1;q)_{2n}q^n}{(q;q^2)_n}=2\nu(q),\tag{3.174}$$

$$D(\psi,q)=\sum_{n=-\infty}^{-1}\frac{(-1)^nq^{(n+1)^2}(q;q^2)_n}{(-q)_{2n+1}}=\sum_{n=0}^{\infty}\frac{(-1;q)_{2n+1}q^{n+1}}{(q;q^2)_{n+1}}=2\xi(q),\tag{3.175}$$

$$D(\rho,q)=\sum_{n=-\infty}^{-1}\frac{q^{n(n+1)/2}(-q)_n}{(q;q^2)_{n+1}}=\sum_{n=0}^{\infty}\frac{(-1)^n(q;q^2)_nq^n}{(-1;q)_{n+1}}=\frac{1}{2}\lambda(q),\tag{3.176}$$

$$D(\sigma,q)=\sum_{n=-\infty}^{-1}\frac{q^{(n+1)(n+2)/2}(-q)_n}{(q;q^2)_{n+1}}=\sum_{n=0}^{\infty}\frac{(-1)^n(q;q^2)_n}{(-1;q)_{n+1}}=\frac{1}{2}\mu(q),\tag{3.177}$$

$$D(\lambda,q)=\sum_{n=-\infty}^{-1}\frac{(-1)^nq^n(q;q^2)_n}{(-q)_n}=\sum_{n=1}^{\infty}\frac{(-1;q)_nq^{\frac{1}{2}n(n-1)}}{(q;q^2)_n}=2\rho(q),\tag{3.178}$$

$$D(\mu,q)=\sum_{n=-\infty}^{-1}{}^*\frac{(-1)^n(q;q^2)_n}{(-q)_n}=\frac{1}{2}\left(\sum_{n=-\infty}^{-1}\frac{(q;q^2)_{2n}}{(-q)_{2n}}-\sum_{n=-\infty}^{-1}\frac{(q;q^2)_{2n+1}}{(-q)_{2n+1}}\right)$$
$$=2\sigma(q),\tag{3.179}$$

$$D(\gamma,q)=\sum_{n=-\infty}^{-1}\frac{q^{n^2}(q)_n}{(q^3;q^3)_n}=\sum_{n=1}^{\infty}\frac{(1;q^3)_nq^n}{(1;q)_n}=(1-\omega)(1+\omega D(g_3,\omega,q)),\tag{3.180}$$

其中, ω 是本原单位根,

$$D(\nu,q)=\sum_{n=-\infty}^{0}\frac{q^n(-q;q)_{2n-1}}{(q;q^2)_n}=\sum_{n=0}^{\infty}\frac{(-1)^n(q;q^2)_nq^{n^2}}{(-1;q)_{2n+1}}=\frac{1}{2}\phi(q),\tag{3.181}$$

$$D(\xi,q)=\sum_{n=-\infty}^{0}\frac{q^n(-q;q)_{2n-2}}{(q;q^2)_n}=\sum_{n=0}^{\infty}\frac{(-1)^n(q;q^2)_nq^{(n+1)^2}}{(1;q)_{2n+2}}=\frac{1}{2}\psi(q).\tag{3.182}$$

再由文献 [8] 和文献 [29] 及引理 3.7, 就可以推得结论成立.

其次, 在 $D(*,q)$ 中利用变换式 (3.1), 可知

$$D(\lambda,q)\to\sum_{n=1}^{\infty}\frac{(-1;q^{-1})_nq^{\frac{1}{2}n(n-1)}}{(q^{-1};q^{-2})_n}=\sum_{n=1}^{\infty}(-1)^n\frac{(-1;q)_nq^n}{(q;q^2)_n}, \tag{3.183}$$

$$D(\nu,q)\to\sum_{n=0}^{\infty}\frac{(-1)^n(q^{-1};q^{-2})_nq^{-n^2}}{(-1;q^{-1})_{2n+1}}=\sum_{n=0}^{\infty}\frac{(q;q^2)_nq^n}{(-1;q)_{2n+1}}, \tag{3.184}$$

可以发现变换后所得的这些新的 Euler 级数在 $|q|<1$ 时是收敛的.

结合 Appell-Lerch 和与部分 theta 函数之间的对偶关系, 计算后可以建立它们的对偶关系, 但可以发现 $D(\nu,q)$ 的结果与 Hickerson 及 Mortenson 的对偶原理不完全一致, 若考虑 Appell-Lerch 和的渐进估计允许相差一个 theta 函数, 其结果是一致的. 下面也对这两个对偶关系予以证明, 验证此断言.

考虑等式 [4]

$$\sum_{n=0}^{\infty}\frac{(-aq^{n+1};q)_nq^n}{(q;q)_n}=\frac{1}{(q;q)_\infty}\sum_{n=0}^{\infty}a^nq^{3n(n+1)/2}, \tag{3.185}$$

在等式中, 把 q 替换为 q^2, 令 $a=-1$, 可得

$$\begin{aligned}\sum_{n=0}^{\infty}(-1)^nq^{3n(n+1)}&=(q^2;q^2)_\infty\sum_{n=0}^{\infty}\frac{(q^{2(n+1)};q^2)_nq^{2n}}{(q^2;q^2)_n}\\&=(q^2;q^2)_\infty\sum_{n=0}^{\infty}\frac{(q^2;q^2)_{2n}q^{2n}}{(q^2;q^2)_n^2}\\&=(q^2;q^2)_\infty\sum_{n=0}^{\infty}\frac{(q;q)_{2n}(-q;q)_{2n}q^{2n}}{(q^2;q^2)_n^2}\\&=(q^2;q^2)_\infty\sum_{n=0}^{\infty}\frac{(q;q^2)_n(-q;q)_{2n}q^{2n}}{(q^2;q^2)_n^2}\\&=\sum_{n=0}^{\infty}\frac{(-q;q)_n(-1)^nq^n}{(q;q^2)_{n+1}},\end{aligned} \tag{3.186}$$

其中用到了 Andrews 的等式 [4]

$$\sum_{n=0}^{\infty}\frac{(a;q^2)_n(b;q)_{2n}t^n}{(q^2;q^2)_n(c;q)_{2n}}=\frac{(b;q)_\infty(at;q^2)_\infty}{(c;q)_\infty(t;q^2)_\infty}\sum_{n=0}^{\infty}\frac{(c/b;q)_n(t;q^2)_nb^n}{(q;q)_n(at;q^2)_n}, \tag{3.187}$$

在此等式中, 取 $a=q$, $b=-q$, $c=0$, $t=q^2$, 然后两边再乘以 $1/(1-q)$, 就可以得到要证明的结论.

因此, $D(\lambda,q)$ 的第二类对偶表示的对偶关系成立, 且与 Hickerson 及 Mortenson 的对偶原理的结果一致.

若考虑等式 [4]

$$\sum_{n=0}^{\infty}\frac{(a;q^2)_n(b;q)_{2n}t^n}{(q^2;q^2)_n(c;q)_{2n}}=\frac{(b;q)_\infty(at;q^2)_\infty}{(c;q)_\infty(t;q^2)_\infty}\sum_{n=0}^{\infty}\frac{(c/b;q)_n(t;q^2)_nb^n}{(q;q)_n(at;q^2)_n}, \tag{3.188}$$

令 $a=0$, $b=t=q$, $c=-q$, 可推得

$$\sum_{n=0}^{\infty}\frac{(q;q^2)_nq^n}{(-q;q)_{2n}}=(q;q)_\infty\sum_{n=0}^{\infty}\frac{(-1;q)_n(q;q^2)_nq^n}{(q;q)_n}, \tag{3.189}$$

再结合等式 [4]

$$\sum_{n=0}^{\infty}\frac{(-aq^{n+1};q)_nq^n}{(q;q)_n}=\frac{1}{(q;q)_\infty}\sum_{n=0}^{\infty}a^nq^{3n(n+1)/2}, \tag{3.190}$$

在其中分别先令 $a=-1/q$, 再次取 $a=-q$ 可得两个关系式并给第二个关系式乘以 q 后把两个加起来, 则有

$$\begin{aligned}
&\sum_{n=0}^{\infty}(-1)^nq^{n(3n+1)/2}(1+q^{2n+1})\\
&=(q;q)_\infty\left(1+\sum_{n=0}^{\infty}\frac{(q;q)_{2n-1}q^n}{(q;q)_n(q;q)_{n-1}}+\sum_{n=0}^{\infty}\frac{(q;q)_{2n+1}q^{n+1}}{(q;q)_n(q;q)_{n+1}}\right)\\
&=(q;q)_\infty\left(1+2\sum_{n=0}^{\infty}\frac{(q;q)_{2n+1}q^{n+1}}{(q;q)_n(q;q)_{n+1}}\right)\\
&=(q;q)_\infty\left(1+2\sum_{n=0}^{\infty}\frac{(q;q^2)_{n+1}(-q;q)_nq^{n+1}}{(q;q)_{n+1}}\right)\\
&=(q;q)_\infty\sum_{n=0}^{\infty}\frac{(-1;q)_n(q;q^2)_nq^n}{(q;q)_n},
\end{aligned} \tag{3.191}$$

这样, 就证明了 $D(\nu,q)$ 的第二类对偶表示对应的对偶表示成立.

可以发现 $D(\nu,q)$ 的这个结果与利用 Hickerson 及 Mortenson 的对偶原理建立的结果 $\sum_{n=0}^{\infty}(-1)^nq^{-n}q^{3\binom{n+1}{2}}$ 相差一个 theta 函数, 这是合理的. 若允许误差估计, 这两个结果也是一致的.

注: 通过逐一计算和研究其他 6 阶 mock theta 函数的第二类对偶表示对应的 Euler 级数, 容易发现它们在 $|q|<1$ 时不满足收敛性, 因此它们的第二类对偶表示对应的对偶表示不存在.

3.7　7 阶 mock theta 函数的对偶关系

对于 7 阶 mock theta 函数, Mortenson[67] 研究发现

$$\begin{aligned}\mathcal{F}_0(q)=&\sum_{n=0}^{\infty}\frac{q^{n^2}}{(q^{n+1};q)_n}=2+2qg_3(q,q^7)-\frac{J_{3,7}^2}{J_1}\\=&m(q^{10},q^{21},q^9)+m(q^{10},q^{21},q^{-9})\\&-q^{-1}m(q^4,q^{21},q^9)-q^{-1}m(q^4,q^{21},q^{-9}),\end{aligned}\tag{3.192}$$

$$\begin{aligned}\mathcal{F}_1(q)=&\sum_{n=1}^{\infty}\frac{q^{n^2}}{(q^n;q)_n}=2q^2g_3(q^2,q^7)-\frac{qJ_{1,7}^2}{J_1}\\=&-m(q^8,q^{21},q^3)-m(q^8,q^{21},q^{-3})\\&-q^{-2}m(q,q^{21},q^3)-q^{-2}m(q,q^{21},q^{-3}),\end{aligned}\tag{3.193}$$

$$\begin{aligned}\mathcal{F}_2(q)=&\sum_{n=0}^{\infty}\frac{q^{n(n+1)}}{(q^{n+1};q)_{n+1}}=2q^2g_3(q^3,q^7)-\frac{J_{2,7}^2}{J_1}\\=&-q^{-1}m(q^5,q^{21},q^6)-q^{-1}m(q^5,q^{21},q^{-6})\\&-q^{-2}m(q^2,q^{21},q^6)-q^{-2}m(q^2,q^{21},q^{-6}),\end{aligned}\tag{3.194}$$

则两边作变换 $q\to q^{-1}$ 后, 再考虑近似表示式, 可得其 Appell-Lerch 和表示的对偶表示, 部分 theta 函数表示为

$$\begin{aligned}&\mathcal{F}_0(q)\to\sum_{n=0}^{\infty}\frac{(-1)^nq^{n(n+1)/2}}{(q^{n+1};q)_n}\\=&\sum_{n=0}^{\infty}(-1)^nq^{-10n}q^{21\binom{n+1}{2}}+q^{10}\sum_{n=0}^{\infty}(-1)^nq^{10n}q^{21\binom{n+1}{2}}\\&-q\sum_{n=0}^{\infty}(-1)^nq^{-4n}q^{21\binom{n+1}{2}}-q^5\sum_{n=0}^{\infty}(-1)^nq^{4n}q^{21\binom{n+1}{2}},\end{aligned}\tag{3.195}$$

$$\begin{aligned}&\mathcal{F}_1(q)\to\sum_{n=0}^{\infty}\frac{(-1)^{n+1}q^{n(n+1)/2}}{(q^{n+1};q)_n}\\=&-\sum_{n=0}^{\infty}(-1)^nq^{-8n}q^{21\binom{n+1}{2}}-q^8\sum_{n=0}^{\infty}(-1)^nq^{8n}q^{21\binom{n+1}{2}}\\&-q^2\sum_{n=0}^{\infty}(-1)^nq^{-n}q^{21\binom{n+1}{2}}-q^3\sum_{n=0}^{\infty}(-1)^nq^{n}q^{21\binom{n+1}{2}},\end{aligned}\tag{3.196}$$

$$\begin{aligned}\mathcal{F}_2(q)\to&\sum_{n=0}^{\infty}\frac{(-1)^nq^{(n+1)(n+2)/2}}{(q^{n+1};q)_n}\\=&-q\sum_{n=0}^{\infty}(-1)^nq^{-5n}q^{21\binom{n+1}{2}}-q^6\sum_{n=0}^{\infty}(-1)^nq^{5n}q^{21\binom{n+1}{2}}\\&-q^2\sum_{n=0}^{\infty}(-1)^nq^{-2n}q^{21\binom{n+1}{2}}-q^4\sum_{n=0}^{\infty}(-1)^nq^{2n}q^{21\binom{n+1}{2}}.\end{aligned}\tag{3.197}$$

定理 3.6 等式 (3.195)~等式 (3.197) 成立.

证明: 利用 Bailey 对 $(\alpha_n,\beta_n)_{n\geqslant 0}$ 的性质

$$\sum_{n=0}^{\infty}(-1)^nq^{\binom{n+1}{2}}(a)_n\beta_n=\frac{(q)_\infty}{(aq)_\infty}\sum_{n=0}^{\infty}(-1)^nq^{\binom{n+1}{2}}\frac{(a)_n}{(q)_n}\alpha_n,\tag{3.198}$$

若在等式 (3.198) 中取 Bailey 对 $(\alpha_n,\beta_n)_{n\geqslant 0}$ 为

$$\alpha_n=(-1)^{[(4n+1)/3]}q^{(2n-1)n/3}\frac{1-q^{2n+1}}{1-q}\chi(n\equiv 1\pmod 3),\quad \beta_n=\frac{1}{(q)_{2n}},\tag{3.199}$$

其中, $\chi(\text{ture})=0$, $\chi(\text{false})=1$, 则可得等式 (3.195).

同理, 若在等式 (3.198) 中取 Bailey 对 $(\alpha_n,\beta_n)_{n\geqslant 0}$ 为

$$\begin{aligned}&\alpha_{3n-1}=q^{6n^2-n},\quad \alpha_{3n}=q^{6n^2+n},\\&\alpha_{3n+1}=-q^{6n^2+5n+1}-q^{6n^2+7n+2},\quad \beta_n=\frac{1}{(q^2)_{2n}},\end{aligned}\tag{3.200}$$

可得等式 (3.196) 成立.

若在等式 (3.198) 中取 Bailey 对 $(\alpha_n,\beta_n)_{n\geqslant 0}$ 为

$$\begin{aligned}&\alpha_{3n-1}=q^{6n^2-4n},\quad \alpha_{3n}=q^{6n^2+4n},\\&\alpha_{3n+1}=-q^{6n^2+8n+2}-q^{6n^2+4n},\quad \beta_n=\frac{q^n}{(q^2)_{2n}},\end{aligned}\tag{3.201}$$

可得等式 (3.197) 也成立.

注: 最后, 关于这三个 7 阶 mock theta 函数的异侧级数的第二类对偶表示问题, 通过计算发现其均在 $|q|<1$ 时不收敛, 故其对应的第二类对偶表示不存在.

3.8 8 阶 mock theta 函数的对偶关系

定理 3.7 对于 8 阶 mock theta 函数 [5, 8, 66]

$$S_0(q)=\sum_{n=0}^{\infty}\frac{q^{n^2}(-q;q^2)_n}{(-q^2;q^2)_n}=m(-q^3,q^8,-q^2)+m(-q^3,q^8,-q^6), \tag{3.202}$$

$$S_1(q)=\sum_{n=0}^{\infty}\frac{q^{n(n+2)}(-q;q^2)_n}{(-q^2;q^2)_n}=-q^{-1}m(-q,q^8,-q^2)-q^{-1}m(-q,q^8,-q^6), \tag{3.203}$$

$$T_0(q)=\sum_{n=0}^{\infty}\frac{q^{(n+1)(n+2)}(-q^2;q^2)_n}{(-q;q^2)_{n+1}}=-m(-q^3,q^8,q^2), \tag{3.204}$$

$$T_1(q)=\sum_{n=0}^{\infty}\frac{q^{n(n+1)}(-q^2;q^2)_n}{(-q;q^2)_{n+1}}=q^{-1}m(-q,q^8,q^6), \tag{3.205}$$

$$U_0(q)=\sum_{n=0}^{\infty}\frac{q^{n^2}(-q;q^2)_n}{(-q^4;q^4)_n}=2m(-q,q^4,-1), \tag{3.206}$$

$$U_1(q)=\sum_{n=0}^{\infty}\frac{q^{(n+1)^2}(-q;q^2)_n}{(-q^2;q^4)_{n+1}}=-m(-q,q^4,-q^2), \tag{3.207}$$

$$V_0(q)=-1+2\sum_{n=0}^{\infty}\frac{q^{n^2}(-q;q^2)_n}{(q;q^2)_n}=-q^{-1}m(1,q^8,q)-q^{-1}m(1,q^8,q^3), \tag{3.208}$$

$$V_1(q)=\sum_{n=0}^{\infty}\frac{q^{(n+1)^2}(-q;q^2)_n}{(q;q^2)_{n+1}}=-m(q^2,q^8,q), \tag{3.209}$$

其对应的第二类对偶表示分别为

$$\begin{aligned}D(S_0,q)&=\sum_{n=1}^{\infty}\frac{(-1;q^2)_nq^{n(n+1)}}{(-q;q^2)_n}\\&=2\sum_{n=0}^{\infty}\frac{(-q^2;q^2)_nq^{(n+1)(n+2)}}{(-q;q^2)_{n+1}}=-2m(-q^3,q^8,q^2),\end{aligned} \tag{3.210}$$

$$\begin{aligned}D(S_1,q)&=\sum_{n=1}^{\infty}\frac{(-1;q^2)_nq^{n(n-1)}}{(-q;q^2)_n}=2\sum_{n=0}^{\infty}\frac{(-q^2;q^2)_nq^{n(n+1)}}{(-q;q^2)_{n+1}}\\&=2q^{-1}m(-q,q^8,q^6),\end{aligned} \tag{3.211}$$

$$\begin{aligned}D(T_0,q)&=\sum_{n=0}^{\infty}\frac{(-q;q^2)_nq^{n^2}}{(-1;q^2)_{n+1}}=\frac{1}{2}\sum_{n=0}^{\infty}\frac{(-q;q^2)_nq^{n^2}}{(-q^2;q^2)_n}\\&=\frac{1}{2}m(-q^3,q^8,-q^2)+\frac{1}{2}m(-q^3,q^8,-q^6),\end{aligned} \tag{3.212}$$

$$\begin{aligned}D(T_1,q)&=\sum_{n=0}^{\infty}\frac{(-q;q^2)_nq^{n(n+2)}}{(-1;q^2)_{n+1}}=\frac{1}{2}\sum_{n=0}^{\infty}\frac{(-q;q^2)_nq^{n(n+2)}}{(-q^2;q^2)_n}\\&=-\frac{1}{2}q^{-1}m(-q,q^8,-q^2)-\frac{1}{2}q^{-1}m(-q,q^8,-q^6),\end{aligned} \tag{3.213}$$

$$D(U_0,q)=\sum_{n=1}^{\infty}\frac{(-1;q^4)_nq^{2n}}{(-q;q^2)_n}=2\sum_{n=0}^{\infty}\frac{(-q^4;q^4)_nq^{2(n+1)}}{(-q;q^2)_{n+1}}$$
$$=-2m(-q^6,q^{16},q^4)+2q^{-1}m(-q^2,q^{16},q^{12}), \tag{3.214}$$

$$D(U_1,q)=\sum_{n=0}^{\infty}\frac{(-q^2;q^4)_nq^{2n+1}}{(-q;q^2)_{n+1}}=\frac{1}{2}m(-q^6,q^{16},-q^4)+\frac{1}{2}m(-q^6,q^{16},-q^{12})$$
$$-\frac{1}{2}q^{-1}m(-q^2,q^{16},-q^4)-\frac{1}{2}q^{-1}m(-q^2,q^{16},-q^{12}), \tag{3.215}$$

$$D(V_0,q)=-1+2\sum_{n=1}^{\infty}\frac{(-1)^n(q;q^2)_nq^{n^2}}{(-q;q^2)_n}$$
$$=q^{-1}m(1,q^8,-q)+q^{-1}m(1,q^8,-q^3)+1, \tag{3.216}$$

$$D(V_1,q)=\sum_{n=0}^{\infty}\frac{(-1)^n(q;q^2)_nq^{(n+1)^2}}{(-q;q^2)_{n+1}}=m(q^2,q^8,-q). \tag{3.217}$$

证明:　由变换计算每一个 $D(*,q)$, 再由文献 [8] 和文献 [29] 可以推得

$$D(S_0,q)=\sum_{n=-\infty}^{-1}\frac{q^{n^2}(-q;q^2)_n}{(-q^2;q^2)_n}=\sum_{n=1}^{\infty}\frac{(-1;q^2)_nq^{n(n+1)}}{(-q;q^2)_n}=2T_0(q), \tag{3.218}$$

$$D(S_1,q)=\sum_{n=-\infty}^{-1}\frac{q^{n(n+2)}(-q;q^2)_n}{(-q^2;q^2)_n}=\sum_{n=1}^{\infty}\frac{(-1;q^2)_nq^{n(n-1)}}{(-q;q^2)_n}=2T_1(q), \tag{3.219}$$

$$D(T_0,q)=\sum_{n=-\infty}^{-1}\frac{q^{(n+1)(n+2)}(-q^2;q^2)_n}{(-q;q^2)_{n+1}}=\sum_{n=0}^{\infty}\frac{(-q;q^2)_nq^{n^2}}{(-1;q^2)_{n+1}}=\frac{1}{2}S_0(q), \tag{3.220}$$

$$D(T_1,q)=\sum_{n=-\infty}^{-1}\frac{q^{n(n+1)}(-q^2;q^2)_n}{(-q;q^2)_{n+1}}=\sum_{n=0}^{\infty}\frac{(-q;q^2)_nq^{n(n+2)}}{(-1;q^2)_{n+1}}=\frac{1}{2}S_1(q), \tag{3.221}$$

$$D(U_0,q)=\sum_{n=-\infty}^{-1}\frac{q^{n^2}(-q;q^2)_n}{(-q^4;q^4)_n}=\sum_{n=1}^{\infty}\frac{(-1;q^4)_nq^{2n}}{(-q;q^2)_n} \tag{3.222}$$

$$=D(S_0,q^2)+qD(S_1,q^2), \tag{3.223}$$

$$D(U_1,q)=\sum_{n=-\infty}^{-1}\frac{q^{(n+1)^2}(-q;q^2)_n}{(-q^2;q^4)_{n+1}}=\sum_{n=0}^{\infty}\frac{(-q^2;q^4)_nq^{2n+1}}{(-q;q^2)_{n+1}} \tag{3.224}$$

$$=D(T_0,q^2)+qD(T_1,q^2), \tag{3.225}$$

$$D(V_0,q)=-1+2\sum_{n=-\infty}^{-1}\frac{q^{n^2}(-q;q^2)_n}{(q;q^2)_n}=-1+2\sum_{n=1}^{\infty}\frac{(-1)^n(q;q^2)_nq^{n^2}}{(-q;q^2)_n} \tag{3.226}$$

$$=V_0(-q)+1, \tag{3.227}$$

$$D(V_1,q)=\sum_{n=-\infty}^{-1}\frac{q^{(n+1)^2}(-q;q^2)_n}{(q;q^2)_{n+1}}=\sum_{n=0}^{\infty}\frac{(-1)^n(q;q^2)_nq^{(n+1)^2}}{(-q;q^2)_{n+1}}=-V_1(-q), \tag{3.228}$$

再结合假设条件, 就可以证明结论成立.

注: 通过逐一计算和研究 8 阶 mock theta 函数的第二类对偶表示对应的 Euler 级数, 均发现它们在 $|q|<1$ 时不满足收敛性, 因此它们的第二类对偶表示对应的对偶表示不存在.

3.9 10 阶 mock theta 函数的对偶关系

对于 10 阶 mock theta 函数

$$\phi(q)=\sum_{n=0}^{\infty}\frac{q^{n(n+1)/2}}{(q;q^2)_{n+1}}=-q^{-1}m(q,q^{10},q)-q^{-1}m(q,q^{10},q^2), \tag{3.229}$$

$$\psi(q)=\sum_{n=0}^{\infty}\frac{q^{(n+1)(n+2)/2}}{(q;q^2)_{n+1}}=-m(q^3,q^{10},q)-m(q^3,q^{10},q^3), \tag{3.230}$$

$$X(q)=\sum_{n=0}^{\infty}\frac{(-1)^nq^{n^2}}{(-q;q)_{2n}}=m(-q^2,q^5,q)+m(-q^2,q^5,q^4), \tag{3.231}$$

$$\chi(q)=\sum_{n=0}^{\infty}\frac{(-1)^nq^{(n+1)^2}}{(-q;q)_{2n+1}}=m(-q,q^5,q^2)+m(-q,q^5,q^3), \tag{3.232}$$

Mortenson[67] 研究发现两边作变换 $q\rightarrow q^{-1}$ 后, 再考虑 $m(x,q,z)$ 的近似表示, 可得其 Appell-Lerch 和表示的对偶表示, 部分 theta 函数表示为

$$\begin{aligned}\phi(q)\rightarrow&\sum_{n=0}^{\infty}\frac{(-1)^{n+1}q^{(n+1)(n+2)/2}}{(q;q^2)_{n+1}}\\&=-q\sum_{n=0}^{\infty}(-1)^nq^{-n}q^{10\binom{n+1}{2}}-q^2\sum_{n=0}^{\infty}(-1)^nq^nq^{10\binom{n+1}{2}},\end{aligned} \tag{3.233}$$

$$\begin{aligned}\psi(q)\rightarrow&\sum_{n=0}^{\infty}\frac{(-1)^{n+1}q^{n(n+1)/2}}{(q;q^2)_{n+1}}\\&=-\sum_{n=0}^{\infty}(-1)^nq^{-3n}q^{10\binom{n+1}{2}}-q^3\sum_{n=0}^{\infty}(-1)^nq^{3n}q^{10\binom{n+1}{2}},\end{aligned} \tag{3.234}$$

$$X(q)\rightarrow\sum_{n=0}^{\infty}\frac{(-1)^nq^{n(n+1)}}{(-q;q)_{2n}}=\sum_{n=0}^{\infty}q^{-2n}q^{5\binom{n+1}{2}}-q^2\sum_{n=0}^{\infty}q^{2n}q^{5\binom{n+1}{2}}, \tag{3.235}$$

$$\chi(q)\rightarrow\sum_{n=0}^{\infty}\frac{(-1)^nq^{n(n+1)}}{(-q;q)_{2n+1}}=\sum_{n=0}^{\infty}q^{-n}q^{5\binom{n+1}{2}}-q\sum_{n=0}^{\infty}q^nq^{5\binom{n+1}{2}}, \tag{3.236}$$

则可得如下定理.

定理 3.8　等式 (3.233)~式 (3.236) 成立.

证明:　利用 Bailey 对 $(\alpha_n,\beta_n)_{n\geqslant 0}$ 的性质

$$\sum_{n=0}^{\infty}(-1)^n q^{\binom{n+1}{2}}(a)_n\beta_n=\frac{(q)_\infty}{(aq)_\infty}\sum_{n=0}^{\infty}(-1)^n q^{\binom{n+1}{2}}\frac{(a)_n}{(q)_n}\alpha_n, \tag{3.237}$$

若在等式 (3.237) 中取 Bailey 对 $(\alpha_n,\beta_n)_{n\geqslant 0}$ 为

$$\alpha_{2n}=(-1)^n q^{3n^2+3n},\quad \alpha_{2n+1}=(-1)^{n+1}q^{3n^2+3n},\quad \beta_n=\frac{q^n}{(q^3;q^2)_n(q)_n}, \tag{3.238}$$

则可得等式 (3.233).

同理, 若在等式 (3.237) 中取 Bailey 对 $(\alpha_n,\beta_n)_{n\geqslant 0}$ 为

$$\alpha_{2n}=(-1)^n q^{3n^2+n},\quad \alpha_{2n+1}=(-1)^{n+1}q^{3n^2+5n+2},\quad \beta_n=\frac{1}{(q^3;q^2)_n(q)_n}, \tag{3.239}$$

可得等式 (3.234) 成立.

若在等式 (3.237) 中取 Bailey 对 $(\alpha_n,\beta_n)_{n\geqslant 0}$ 为

$$\alpha_{2n}=\frac{(-1)^n q^{n(3n-1)/4}(1-q^{2n+1})}{1-q},\quad \beta_n=\frac{1}{(q^2;q^2)_n(-q^{1/2};q)_n}, \tag{3.240}$$

可得等式 (3.235) 也成立.

若在等式 (3.237) 中取 Bailey 对 $(\alpha_n,\beta_n)_{n\geqslant 0}$ 为

$$\begin{aligned}\alpha_{2n}&=q^{3n^2+n/2}\frac{(1-q^{2n+1/2})}{1-q^{1/2}},\quad \alpha_{2n-1}=q^{3n^2-n/2}\frac{(1-q^{-2n+1/2})}{1-q^{1/2}},\\ \beta_n&=\frac{1}{(q^2;q^2)_n(-q^{3/2};q)_n},\end{aligned} \tag{3.241}$$

可得等式 (3.236) 也成立.

注: 通过逐一计算和研究 10 阶 mock theta 函数的第二类对偶表示对应的 Euler 级数, 均发现它们在 $|q|<1$ 时不满足收敛性, 因此它们的第二类对偶表示对应的对偶表示不存在.

3.10　Mock theta 函数对偶表示的应用

2014 年, Bajpai 等 [29] 讨论了 3 阶、5 阶、6 阶及 8 阶 mock theta 函数的径向极限问题. 最后, 他们又给出了更一般的结论, 下面将利用 mock theta 函数的第二类对偶表示来构造一些有趣的 Ramanujan 径向极限.

定理 3.9 设 ζ 是一个奇数 $2k-1$ 次本原单位根, $k\in\mathbb{N}$, 当 q 在单位圆周内径向趋向于 ζ 时, 则

$$\lim_{q\to\zeta}\left(A(q)-\frac{J_4^3\overline{J}_{2,4}}{2J_{2,4}\overline{J}_{0,4}J_{1,4}}-\frac{qJ_4^3\overline{J}_{0,4}}{2J_{2,4}J_{1,4}\overline{J}_{2,4}}\right)=\sum_{n=0}^{k-1}\frac{(-1)^{n+1}(\zeta;\zeta^2)_n}{(-1;\zeta^2)_{n+1}}, \tag{3.242}$$

$$\lim_{q\to\zeta}\left(B(q)-\frac{J_4^3\overline{J}_{0,4}\overline{J}_{2,4}}{J_{1,4}^2\overline{J}_{1,4}^2}\right)=\sum_{n=0}^{k-1}\frac{(-1)^{n+1}(\zeta;\zeta^2)_n\zeta^n}{(-\zeta;\zeta^2)_{n+1}}, \tag{3.243}$$

其中, $A(q)$ 和 $B(q)$ 是 2 阶 mock theta 函数.

证明: 考虑 $A(q)$ 和 $D(A,q)$ 的 Appell-Lerch 和表示及式 (3.21), 可得

$$\begin{aligned}A(q)+D(A,q)=&\frac{1}{2}\frac{q^2J_4^3j(-q^{-2},q^4)j(-q^3,q^4)}{j(q^2,q^4)j(-1,q^4)j(q^3,q^4)j(-q,q^4)}\\&+\frac{1}{2}\frac{q^2J_4^3j(-q^{-1},q^4)j(-q^4,q^4)}{j(q^2,q^4)j(-q,q^4)j(q^3,q^4)j(-q^2,q^4)}.\end{aligned} \tag{3.244}$$

再利用公式

$$j(q^nx,q)=(-1)^nq^{-n(n-1)/2}x^{-n}j(x,q) \tag{3.245}$$

和

$$j(x,q)=j(q/x,q)=-xj(x^{-1},q), \tag{3.246}$$

可推得

$$A(q)+D(A,q)=\frac{J_4^3\overline{J}_{2,4}}{2J_{2,4}\overline{J}_{0,4}J_{1,4}}+\frac{qJ_4^3\overline{J}_{0,4}}{2J_{2,4}J_{1,4}\overline{J}_{2,4}}, \tag{3.247}$$

则可知 $A(q)$ 的 Ramanujan 径向极限成立.

若考虑 $B(q)$ 和 $D(B,q)$ 的 Appell-Lerch 和表示, 则有

$$B(q)+D(B,q)=-q^{-1}m(1,q^4,q^3)+q^{-1}m(1,q^4,-q^3), \tag{3.248}$$

利用式 (3.21), 可知

$$B(q)+D(B,q)=\frac{q^2J_4^3j(-1,q^4)j(-q^6,q^4)}{j(q^3,q^4)^2j(-q^3,q^4)^2}, \tag{3.249}$$

再由 $j(x;q)$ 的性质, 可得

$$B(q)+D(B,q)=\frac{J_4^3\overline{J}_{0,4}\overline{J}_{2,4}}{J_{1,4}^2\overline{J}_{1,4}^2}, \tag{3.250}$$

故 $B(q)$ 的 Ramanujan 径向极限也成立.

定理 3.10　设 ζ 是一个本原单位根, $k\in\mathbb{N}$, 当 q 在单位圆周内径向趋向于 ζ 时有以下结论.

(1) 若 ζ 是偶数 $2k$ 次本原单位根, 则

$$\lim_{q\to\zeta}\left(2\phi(q)-\frac{3J_3^3\overline{J}_{1,3}}{J_{1,3}^2\overline{J}_{0,3}}-\frac{J_3^3J_{1,3}^2}{\overline{J}_{1,3}^3\overline{J}_{0,3}}\right)=-4\sum_{n=0}^{k-1}\frac{(-\zeta;\zeta)_{2n+1}\zeta^{n+1}}{(\zeta;\zeta^2)_{n+1}},\tag{3.251}$$

$$\lim_{q\to\zeta}\left(2\psi(q)-\frac{3qJ_3^3\overline{J}_{0,3}}{J_{1,3}^2\overline{J}_{1,3}}\right)=-4\sum_{n=0}^{k-1}\frac{(-\zeta;\zeta)_{2n}\zeta^{n+1}}{(\zeta;\zeta^2)_{n+1}}.\tag{3.252}$$

(2) 若 ζ 是奇数 $2k-1$ 次本原单位根, 则

$$\lim_{q\to\zeta}\left(2\rho(q)-\frac{J_6^3\overline{J}_{1,6}\overline{J}_{3,6}}{J_{1,6}^2J_{2,6}^2}-\frac{J_6^3\overline{J}_{0,6}\overline{J}_{2,6}}{J_{1,6}^2\overline{J}_{1,6}^2}\right)=\sum_{n=0}^{k-1}\frac{(-1)^{n+1}(\zeta;\zeta^2)_n\zeta^n}{(-\zeta;\zeta)_n},\tag{3.253}$$

$$\lim_{q\to\zeta}\left(2\sigma(q)-\frac{J_6^3\overline{J}_{1,6}\overline{J}_{3,6}}{J_{1,6}\overline{J}_{0,6}J_{3,6}\overline{J}_{2,6}}-\frac{qJ_6^3\overline{J}_{2,6}\overline{J}_{0,6}}{J_{1,6}\overline{J}_{3,6}J_{3,6}\overline{J}_{1,6}}\right)=\sum_{n=0}^{k-1}\frac{(-1)^{n+1}(\zeta;\zeta^2)_n}{(-\zeta;\zeta)_n}.\tag{3.254}$$

(3) 若 ζ 是偶数 $2k$ 次本原单位根, 则

$$\lim_{q\to\zeta}\left(\lambda(q)-\frac{J_6^3\overline{J}_{1,6}\overline{J}_{3,6}}{J_{1,6}^2J_{2,6}^2}-\frac{J_6^3\overline{J}_{0,6}\overline{J}_{2,6}}{J_{1,6}^2\overline{J}_{1,6}^2}\right)=-2\sum_{n=0}^{k-1}\frac{(-\zeta;\zeta)_n\zeta^{\frac{1}{2}n(n+1)}}{(\zeta;\zeta^2)_{n+1}},\tag{3.255}$$

$$\begin{aligned}&\lim_{q\to\zeta}\left(\mu(q)-\frac{J_6^3\overline{J}_{1,6}\overline{J}_{3,6}}{J_{1,6}\overline{J}_{0,6}J_{3,6}\overline{J}_{2,6}}-\frac{qJ_6^3\overline{J}_{2,6}\overline{J}_{0,6}}{J_{1,6}\overline{J}_{3,6}J_{3,6}\overline{J}_{1,6}}\right)\\&=-2\sum_{n=0}^{k-1}\frac{(-\zeta;\zeta)_n\zeta^{\frac{1}{2}(n+1)(n+2)}}{(\zeta;\zeta^2)_{n+1}}.\end{aligned}\tag{3.256}$$

(4) 若 ζ 是奇数 $2k-1$ 次本原单位根, 则

$$\lim_{q\to\zeta}\left(4\nu(q)-\frac{3J_3^3\overline{J}_{1,3}}{J_{1,3}^2\overline{J}_{0,3}}-\frac{J_3^3J_{1,3}^2}{\overline{J}_{1,3}^3\overline{J}_{0,3}}\right)=2\sum_{n=0}^{k-1}\frac{(-1)^{n+1}(\zeta;\zeta^2)_n\zeta^{n^2}}{(-\zeta;\zeta)_{2n}},\tag{3.257}$$

$$\lim_{q\to\zeta}\left(4\xi(q)-\frac{3qJ_3^3\overline{J}_{0,3}}{J_{1,3}^2\overline{J}_{1,3}}\right)=2\sum_{n=0}^{k-1}\frac{(-1)^{n+1}(\zeta;\zeta^2)_n\zeta^{(n+1)^2}}{(\zeta;\zeta)_{2n+1}}.\tag{3.258}$$

其中, $\phi(q)$、$\psi(q)$、$\rho(q)$、$\sigma(q)$、$\lambda(q)$、$\mu(q)$、$\nu(q)$ 和 $\xi(q)$ 是 6 阶 mock theta 函数.

证明:　由 6 阶 mock theta 函数的 Appell-Lerch 和表示及其第二类对偶表示, 利用式 (3.21) 及函数 $j(x;q)$ 的性质, 可得

$$\begin{aligned}2\phi(q)+2D(\phi,q)&=3\left(m(q,q^3,-1)-m(q,q^3,q)\right)+m(q,q^3,-1)-m(q,q^3,-q)\\&=\frac{3J_3^3\overline{J}_{1,3}}{J_{1,3}^2\overline{J}_{0,3}}+\frac{J_3^3J_{1,3}^2}{\overline{J}_{1,3}^3\overline{J}_{0,3}}=4\nu(q)+4D(\nu,q),\end{aligned}\tag{3.259}$$

$$
\begin{aligned}
2\psi(q)+2D(\psi,q) &= 3\left(m(1,q^3,-q)-m(1,q^3,q)\right)\\
&= \frac{3qJ_3^3\overline{J}_{0,3}}{J_{1,3}^2\overline{J}_{1,3}} = 4\xi(q)+4D(\xi,q),
\end{aligned} \tag{3.260}
$$

$$
\begin{aligned}
2\rho(q)+2D(\rho,q) &= q^{-1}\left(m(1,q^6,-q^2)-m(1,q^6,q)\right)+q^{-1}(m(1,q^6,-q)-m(1,q^6,q))\\
&= \frac{J_6^3\overline{J}_{1,6}\overline{J}_{3,6}}{J_{1,6}^2J_{2,6}^2}+\frac{J_6^3\overline{J}_{0,6}\overline{J}_{2,6}}{J_{1,6}^2\overline{J}_{1,6}^2} = \lambda(q)+D(\lambda,q),
\end{aligned} \tag{3.261}
$$

$$
\begin{aligned}
2\sigma(q)+2D(\sigma,q) &= m(q^2,q^6,-1)-m(q^2,q^6,q)+m(q^2,q^6,-q^3)-m(q^2,q^6,q)\\
&= \frac{J_6^3\overline{J}_{1,6}\overline{J}_{3,6}}{J_{1,6}\overline{J}_{0,6}J_{3,6}\overline{J}_{2,6}}+\frac{qJ_6^3\overline{J}_{2,6}\overline{J}_{0,6}}{J_{1,6}\overline{J}_{3,6}J_{3,6}\overline{J}_{1,6}} = \mu(q)+D(\mu,q),
\end{aligned} \tag{3.262}
$$

说明结论成立.

定理 3.11 设 ζ 是一个本原单位根, $k\in\mathbb{N}$, 当 q 在单位圆周内径向趋向于 ζ 时有以下结论.

(1) 若 ζ 是偶数 $4k$ 次本原单位根, 则

$$
\begin{aligned}
&\lim_{q\to\zeta}\left(S_0(q)-\frac{q^2J_8^3\overline{J}_{0,8}J_{1,8}}{J_{2,8}\overline{J}_{2,8}J_{3,8}\overline{J}_{3,8}}-\frac{J_8^3\overline{J}_{4,8}J_{3,8}}{J_{2,8}\overline{J}_{2,8}J_{1,8}\overline{J}_{3,8}}\right)\\
&= -2\sum_{n=0}^{k-1}\frac{(-\zeta^2;\zeta^2)_n\zeta^{(n+1)(n+2)}}{(-\zeta;\zeta^2)_{n+1}},
\end{aligned} \tag{3.263}
$$

$$
\begin{aligned}
&\lim_{q\to\zeta}\left(S_1(q)-\frac{J_8^3\overline{J}_{4,8}J_{1,8}}{J_{2,8}\overline{J}_{2,8}J_{3,8}\overline{J}_{1,8}}-\frac{J_8^3\overline{J}_{0,8}J_{3,8}}{J_{2,8}\overline{J}_{2,8}J_{1,8}\overline{J}_{1,8}}\right)\\
&= -2\sum_{n=0}^{k-1}\frac{(-\zeta^2;\zeta^2)_n\zeta^{n(n+1)}}{(-\zeta;\zeta^2)_{n+1}}.
\end{aligned} \tag{3.264}
$$

(2) 若 ζ 是偶数 $4k-2$ 次本原单位根, 则

$$
\begin{aligned}
&\lim_{q\to\zeta}\left(T_0(q)-\frac{1}{2}\frac{q^2J_8^3\overline{J}_{0,8}J_{1,8}}{J_{2,8}\overline{J}_{2,8}J_{3,8}\overline{J}_{3,8}}-\frac{1}{2}\frac{J_8\overline{J}_{4,8}J_{3,8}}{J_{2,8}\overline{J}_{2,8}\overline{J}_{3,8}J_{1,8}}\right)\\
&= -\sum_{n=0}^{k-1}\frac{(-\zeta;\zeta^2)_n\zeta^{n^2}}{(-1;\zeta^2)_{n+1}},
\end{aligned} \tag{3.265}
$$

$$
\begin{aligned}
&\lim_{q\to\zeta}\left(T_1(q)-\frac{1}{2}\frac{J_8^3\overline{J}_{4,8}J_{1,8}}{J_{2,8}\overline{J}_{2,8}\overline{J}_{1,8}J_{3,8}}+\frac{1}{2}\frac{J_8^3\overline{J}_{0,8}J_{3,8}}{J_{2,8}\overline{J}_{2,8}J_{1,8}\overline{J}_{1,8}}\right)\\
&= -\sum_{n=0}^{k-1}\frac{(-\zeta;\zeta^2)_n\zeta^{n(n+2)}}{(-1;\zeta^2)_{n+1}}.
\end{aligned} \tag{3.266}
$$

(3) 若 ζ 是奇数 $2k-1$ 次本原单位根, 则

$$\lim_{q\to\zeta}\left(V_0(q)-\frac{J_8^3\overline{J}_{0,8}\overline{J}_{2,8}}{J_{1,8}^2\overline{J}_{1,8}^2}-\frac{q^2J_8^3\overline{J}_{0,8}\overline{J}_{2,8}}{J_{3,8}^2\overline{J}_{3,8}^2}-1\right)$$

$$=-2\sum_{n=1}^{k-1}\frac{(-1)^n(\zeta;\zeta^2)_n\zeta^{n^2}}{(-\zeta;\zeta^2)_n},\tag{3.267}$$

$$\lim_{q\to\zeta}\left(V_1(q)-\frac{qJ_8^3\overline{J}_{0,8}\overline{J}_{4,8}}{J_{1,8}\overline{J}_{1,8}J_{3,8}\overline{J}_{3,8}}\right)=-\sum_{n=0}^{k-1}\frac{(-1)^n(\zeta;\zeta^2)_n\zeta^{(n+1)^2}}{(-\zeta;\zeta^2)_{n+1}}.\tag{3.268}$$

(4) 若 ζ 是偶数 $4k-2$ 次本原单位根, 则

$$\lim_{q\to\zeta}\left(U_0(q)-\frac{2J_4^3J_{2,4}\overline{J}_{1,4}}{J_{1,4}^2\overline{J}_{2,4}\overline{J}_{0,4}}\right)=-2\sum_{n=0}^{k-1}\frac{\zeta^{(n+1)^2}(-\zeta;\zeta^2)_n}{(-\zeta^2;\zeta^4)_{n+1}},\tag{3.269}$$

$$\lim_{q\to\zeta}\left(2U_1(q)-\frac{2J_4^3J_{2,4}\overline{J}_{1,4}}{J_{1,4}^2\overline{J}_{2,4}\overline{J}_{0,4}}\right)=-\sum_{n=0}^{k-1}\frac{\zeta^{n^2}(-\zeta;\zeta^2)_n}{(-\zeta^4;\zeta^4)_n}.\tag{3.270}$$

其中, $S_0(q)$、$S_1(q)$、$T_0(q)$、$T_1(q)$、$V_0(q)$、$V_1(q)$、$U_0(q)$ 和 $U_1(q)$ 是 8 阶 mock theta 函数.

证明:　由 8 阶 mock theta 函数的 Appell-Lerch 和表示及其第二类对偶表示, 利用式 (3.21) 及函数 $j(x;q)$ 的性质, 可得

$$\begin{aligned}S_0(q)+D(S_0,q)&=m(-q^3,q^8,-q^2)-m(-q^3,q^8,q^2)\\&\quad+m(-q^3,q^8,-q^6)-m(-q^3,q^8,q^2)\\&=\frac{q^2J_8^3\overline{J}_{0,8}J_{1,8}}{J_{2,8}\overline{J}_{2,8}J_{3,8}\overline{J}_{3,8}}+\frac{J_8^3\overline{J}_{4,8}J_{3,8}}{J_{2,8}\overline{J}_{2,8}J_{1,8}\overline{J}_{3,8}},\end{aligned}\tag{3.271}$$

$$\begin{aligned}S_1(q)+D(S_1,q)&=q^{-1}(m(-q,q^8,q^6)-m(-q,q^8,-q^2))\\&\quad+q^{-1}(m(-q,q^8,q^6)-m(-q,q^8,-q^6))\\&=\frac{J_8^3\overline{J}_{4,8}J_{1,8}}{J_{2,8}\overline{J}_{2,8}J_{3,8}\overline{J}_{1,8}}+\frac{J_8^3\overline{J}_{0,8}J_{3,8}}{J_{2,8}\overline{J}_{2,8}J_{1,8}\overline{J}_{1,8}},\end{aligned}\tag{3.272}$$

$$\begin{aligned}T_0(q)+D(T_0,q)&=\frac{1}{2}(m(-q^3,q^8,-q^2)-m(-q^3,q^8,q^2))\\&\quad+\frac{1}{2}(m(-q^3,q^8,-q^6)-m(-q^3,q^8,q^2))\\&=\frac{1}{2}\frac{q^2J_8^3\overline{J}_{0,8}J_{1,8}}{J_{2,8}\overline{J}_{2,8}J_{3,8}\overline{J}_{3,8}}+\frac{1}{2}\frac{J_8\overline{J}_{4,8}J_{3,8}}{J_{2,8}\overline{J}_{2,8}\overline{J}_{3,8}J_{1,8}},\end{aligned}\tag{3.273}$$

$$\begin{aligned}T_1(q)+D(T_1,q)=&\frac{1}{2}q^{-1}(m(-q,q^8,q^6)-m(-q,q^8,-q^2))\\&+\frac{1}{2}q^{-1}(m(-q,q^8,q^6)-m(-q,q^8,-q^6))\\=&\frac{1}{2}\frac{J_8^3\overline{J}_{4,8}J_{1,8}}{J_{2,8}\overline{J}_{2,8}\overline{J}_{1,8}J_{3,8}}+\frac{1}{2}\frac{J_8^3\overline{J}_{0,8}J_{3,8}}{J_{2,8}\overline{J}_{2,8}J_{1,8}\overline{J}_{1,8}},\end{aligned}\tag{3.274}$$

$$\begin{aligned}V_0(q)+D(V_0,q)=&q^{-1}(m(1,q^8,-q)-m(1,q^8,q))\\&+q^{-1}(m(1,q^8,-q^3)-m(1,q^8,q^3))+1\\=&\frac{J_8^3\overline{J}_{0,8}\overline{J}_{2,8}}{J_{1,8}^2\overline{J}_{1,8}^2}+\frac{q^2J_8^3\overline{J}_{0,8}\overline{J}_{2,8}}{J_{3,8}^2\overline{J}_{3,8}^2}+1,\end{aligned}\tag{3.275}$$

$$V_1(q)+D(V_1,q)=m(q^2,q^8,-q)-m(q^2,q^8,q)=\frac{qJ_8^3\overline{J}_{0,8}\overline{J}_{4,8}}{J_{1,8}\overline{J}_{1,8}J_{3,8}\overline{J}_{3,8}},\tag{3.276}$$

$$U_0(q)+2U_1(q)=2(m(-q,q^4,-1)-m(-q,q^4,-q^2))=\frac{2J_4^3J_{2,4}\overline{J}_{1,4}}{J_{1,4}^2\overline{J}_{2,4}\overline{J}_{0,4}},\tag{3.277}$$

定理得证.

第4章　混合 mock 模形式与弱调和 Maass 形式

2014 年, Rhoades[71] 证明了正整数 n 的严格单峰序列数 $u^*(n)$ 的生成函数 $U^*(q)=\sum_{n=1}^{\infty}u^*(n)q^n$ 是一类混合 mock 模形式, 进而他给出了 $u^*(n)$ 的渐进公式. 本章利用生成函数 $U^*(q)$ 及 3 阶 mock theta 函数 $f(q)$ 相关的双侧级数定义了三个新函数, 证明了它们是一类权为 1/2 的混合 mock 模形式. 同时, 构造了其对应的 mock theta 函数, 得出其也是一类权为 1/2 的弱调和 Maass 形式的全纯部分. 进而证明了 Bajpai 等 [29] 提出的 $B(f;q)$ 是权为 1/2 的混合 mock 模形式的断言.

4.1　正整数 n 的严格单峰序列

由 Rhoades[71] 的工作可知, 正整数 n 的单峰序列定义如下.

定义 4.1　若存在一个整数序列 $\{d_1,d_2,\cdots,d_m\}$ 且满足以下条件.

(1) $\sum_{j=1}^{m}d_j=n$.

(2) 对某个 j, 有 $1\leqslant d_1\leqslant\cdots\leqslant d_{j-1}\leqslant d_j\geqslant d_{j+1}\geqslant\cdots\geqslant d_m\geqslant 1$.

则称此整数序列为正整数 n 的一个单峰序列.

一般地, 记正整数 n 的单峰序列的个数为 $u(n)$. 例如, $u(3)=4$, 可以发现 3 的单峰序列分别是 $\{1,1,1\}$, $\{1,2\}$, $\{2,1\}$, $\{3\}$.

定义 4.2　若存在一个整数序列 $\{d_1,d_2,\cdots,d_m\}$ 且满足以下条件.

(1) $\sum_{j=1}^{m}d_j=n$.

(2) 对某个 j, 有 $0<d_1<\cdots<d_{j-1}<d_j>d_{j+1}>\cdots>d_m>0$.

则称其是正整数 n 的严格单峰序列.

一般地, 记正整数 n 的严格单峰序列的个数为 $u^*(n)$. 例如, $u^*(3)=3$, 则可知 3 的严格单峰序列分别是 $\{1,2\}$, $\{2,1\}$, $\{3\}$.

若正整数 n 的单峰序列不是其严格单峰序列, 则称其为正整数 n 的弱单峰序列. 例如, 二项式系数序列 $\left\{\binom{n}{j}\right\}_{j=0}^{n}$ 是权为 2^n 的单峰序列, 当 n 是偶数时, 此单峰序列是权为 2^n 的严格单峰序列, 而当 n 是奇数时, 其是权为 2^n 的弱单峰序列.

为了介绍 Rhoades[71] 及本章关于正整数 n 的严格单峰序列 $u^*(n)$ 的相关结果, 首先介绍下列符号及函数.

设 $N:=[n^{\frac{1}{2}}]$, 定义周期函数

$$((x)):=\begin{cases} x-[x]-\dfrac{1}{2}, & x\in\mathbb{R}\backslash\mathbb{Z}, \\ 0, & x\in\mathbb{Z}. \end{cases} \tag{4.1}$$

考虑经典的 Dedekind 和 [98]

$$s(h,k):=\sum_{r=1}^{k-1}\frac{r}{k}\left(\frac{hr}{k}-\left[\frac{hr}{k}\right]-\frac{1}{2}\right), \tag{4.2}$$

其也可以表示为

$$s(h,k):=\sum_{\mu(\mathrm{mod}k)}\left(\left(\frac{\mu}{k}\right)\right)\left(\left(\frac{h\mu}{k}\right)\right). \tag{4.3}$$

再定义函数 $\omega_{h,k}:=\exp(\pi \mathrm{i} s(h,k))$.

Rhoades[71] 给出了正整数 n 的严格单峰序列 $u^*(n)$ 的一个精确的渐进公式

$$u^*(n)=\frac{1}{(24n-1)^{1/2}}\sum_{0<k<N,2\nmid k}\frac{1}{k}\sum_{\ell=0}^{k-1}\mathcal{A}_k(\ell,n)\tilde{\mathcal{I}}_{\ell,k}(24n-1)+O(n^{1+\epsilon}), \tag{4.4}$$

其中,

$$\tilde{\mathcal{I}}_{\ell,k}(m):=\int_0^1\frac{\cosh\left(\dfrac{\pi x}{\sqrt{3k}}\left(\ell-\dfrac{k-1}{2}\right)\right)}{\cosh\left(\dfrac{\pi x}{2\sqrt{3}}\right)}\sinh\left(\frac{\pi}{6k}\sqrt{m(1-x^2)}\right)\mathrm{d}x,\quad m\geqslant 1, \tag{4.5}$$

$$\mathcal{A}_k(\ell,n):=\mathrm{i}^{\frac{1-k}{2}}\sum_{h(\mathrm{mod}k)}(-1)^{\frac{k+1}{2}(1-h)}\left(\frac{h}{k}\right)\omega_{h,k}^{-1}\mathrm{e}^{-\pi\mathrm{i}\frac{h}{k}(\ell-\frac{k-1}{2})^2-\frac{2\pi\mathrm{i}hn}{k}}, \tag{4.6}$$

且整数 k 是奇数, $0\leqslant\ell<k$, $0<h<k$, $(h,k)=1$.

进而, 当 $n\to\infty$ 时, 他还给出了 $u^*(n)$ 的首项阶的一个渐进性估计

$$u^*(n)=\frac{\sqrt{3}}{2(24n-1)^{3/4}}\exp\left(\frac{\pi}{6}\sqrt{24n-1}\right)\left(1-\frac{2\pi^2+9}{2^6\pi}\frac{1}{(24n-1)^{\frac{1}{2}}}+O\left(\frac{1}{n}\right)\right). \tag{4.7}$$

若记正整数 n 的单峰数列 $\{u(n)\}_{n=1}^{\infty}$ 和严格单峰数列 $\{u^*(n)\}_{n=1}^{\infty}$ 的生成函数分别为 $U(q):=\sum_{n=1}^{\infty}u(n)q^n$ 和 $U^*(q):=\sum_{n=1}^{\infty}u^*(n)q^n$, 那么, Rhoades 在文献 [71] 中得到 $u^*(n)$ 的渐进公式的关键是证明其生成函数 $U^*(q)$ 是一类混合 mock 模形式, 即是一个模形式与 mock 模形式之积. 实际上, $U^*(q)$ 及其相关的混合 mock 模

形式都与 Ramanujan 的 mock theta 函数密切相关. 通过利用混合 mock 模形式具有的模拟模变换性质及 Bringmann 和 Mahlburg[99] 定义的圆法, Rhoades 进而构造了一个 Poincaré 级数并给出了 $u^*(n)$ 的渐进公式.

对于正整数 n 的单峰序列 $u(n)$ 的生成函数 $U(q)$, Auluck[100] 和 Wright[101] 先后分别独立证明了其一个准确表示式

$$U(q)=\sum_{n=0}^{\infty}\frac{q^n}{(q)_{n-1}(q)_n}. \tag{4.8}$$

之后, Stanley[102] 又得到了 $U(q)$ 的新的表示形式

$$U(q)=\frac{1}{(q)_\infty^2}\sum_{n\geqslant 1}(-1)^{n-1}q^{\frac{n(n+1)}{2}}. \tag{4.9}$$

同时, 根据 Andrews[85] 和 Zudilin[26] 的研究结果可知

$$U^*(q)=\sum_{n=0}^{\infty}q^{n+1}(-q)_n^2. \tag{4.10}$$

那么, Rhoades[71] 利用一对 Ramanujan 的 mock theta 函数给出了 $U^*(q)$ 和近似模形式 $(-q)_\infty^2$ 之间的联系, 即

$$4U^*(q)=-f(q)+(-q)_\infty^2\tilde{F}(q), \tag{4.11}$$

其中,

$$f(q)=\sum_{n=0}^{\infty}\frac{q^{n^2}}{(-q)_n^2} \tag{4.12}$$

是 3 阶 Ramanujan 的 mock theta 函数,

$$\tilde{F}(q):=\frac{2}{(q)_\infty(-q)_\infty^2}\sum_{n\in\mathbb{Z}}\frac{q^{\frac{n(n+1)}{2}}}{1+q^n} \tag{4.13}$$

是一个 mock theta 函数.

若定义

$$F(q):=f(q)+4U^*(q), \tag{4.14}$$

则可得

$$\tilde{F}(q)=(-q)_\infty^{-2}F(q) \tag{4.15}$$

和

$$F(q)=\frac{2}{(q)_\infty}\sum_{n\in\mathbb{Z}}\frac{q^{\frac{n(n+1)}{2}}}{1+q^n}. \tag{4.16}$$

注: (1) 可以推得

$$U^*(q)=\frac{1}{2}(-q)_\infty^2\times\frac{1}{2}\left(\tilde{F}(q)-(-q)_\infty^{-2}f(q)\right), \tag{4.17}$$

其中, $\tilde{F}(q)-(-q)_\infty^{-2}f(q)$ 是一个混合 mock 模形式.

(2) Andrews[85] 利用一对不同的 Ramanujan 的 mock theta 函数也证明了与 Rhoades 类似的一个结果

$$U^*(q)=\omega(-q)+2(-q)_\infty^2\alpha(-q), \tag{4.18}$$

其中,

$$\omega(q)=\sum_{n=1}^{\infty}\frac{q^{n^2}}{(q;q^2)_n}, \tag{4.19}$$

$$\alpha(q)=\sum_{n=0}^{\infty}\frac{q^{n+1}(-q^2;q^2)_n}{(q;q^2)_{n+1}}, \tag{4.20}$$

分别是 3 阶 Ramanujan 的 mock theta 函数[7, 17] 和 2 阶 Ramanujan 的 mock theta 函数[88].

(3) 函数 $F(q)=(-q)_\infty^2\tilde{F}(q)$ 是一个混合 mock 模形式.

4.2 混合 mock 模形式

首先, 考虑 mock theta 函数 $M(q):=\sum_{n\geqslant 0}c(n;q)$ 的双侧级数 $B(M;q)$[29].

其次, 再考虑 3 阶 Ramanujan 的 mock theta 函数 $f(q)$ 和正整数 n 的严格单峰序列的生成函数 $U^*(q)$ 的双侧级数 $B(f;q)$ 与 $B(U^*;q)$, 可以定义三个新的函数

$$H_1(q)=B(U^*;q)=\sum_{n\in\mathbb{Z}}u^*(n)q^n=\sum_{n\in\mathbb{Z}}q^{n+1}(-q)_n^2, \tag{4.21}$$

$$H_2(q)=\sum_{n=-\infty}^{-1}\frac{q^{n^2}}{(-q)_n^2}+4\sum_{n=-\infty}^{-1}q^{n+1}(-q)_n^2, \tag{4.22}$$

$$H_3(q) = \sum_{n\in\mathbb{Z}} \frac{q^{n^2}}{(-q)_n^2} + 4\sum_{n\in\mathbb{Z}} q^{n+1}(-q)_n^2. \tag{4.23}$$

在此, 主要研究和讨论这三个新的函数具有的模变换性质及其内在的联系问题, 进而考虑它们与 Appell-Lerch 和及弱调和 Maass 形式的关系.

回顾 Appell-Lerch 和为 [67]

$$m(a,q,z) := \frac{1}{j(z;q)} \sum_{r=-\infty}^{\infty} \frac{(-1)^r q^{r(r-1)/2} z^r}{1-q^{r-1}az}, \tag{4.24}$$

其中,

$$j(a;q) := \sum_{n=-\infty}^{\infty} (-1)^n q^{n(n-1)/2} a^n. \tag{4.25}$$

主要结果如下.

定理 4.1

$$H_1(q) = \frac{1}{4}F(q) = \frac{1}{2(q)_\infty} \sum_{n\in\mathbb{Z}} \frac{q^{\frac{n(n+1)}{2}}}{1+q^n} = (-q)_\infty^2 m(1,q,-1) \tag{4.26}$$

是一个权为 1/2 的混合 mock 模形式.

定理 4.2

$$H_2(q) = 4B(U^*;q) = 4\sum_{n\in\mathbb{Z}} q^{n+1}(-q)_n^2 = 4H_1(q) = F(q) \tag{4.27}$$

和

$$H_2(q) = B(f;q) = \sum_{n\in\mathbb{Z}} \frac{q^{n^2}}{(-q)_n^2} \tag{4.28}$$

是一个权为 1/2 的混合 mock 模形式. 若设 $\tilde{H}_2(q) = (-q)_\infty^{-2} H_2(q)$, 则 $\tilde{H}_2(q)$ 是一个 mock theta 函数.

定理 4.3

$$H_3(q) = 2H_2(q) = 2F(q) = 8H_1(q) = 8(-q)_\infty^2 m(1,q,-1) \tag{4.29}$$

是一个权为 1/2 的混合 mock 模形式.

定理 4.4 若设 $\tilde{H}_1(q) = (-q)_\infty^{-2} H_1(q)$, 则

(1) $\tilde{H}_1(q) = m(1,q,-1)$ 是一个 mock theta 函数.

(2) $H_1(q):=q^{-1}\tilde{H}_1(q^8)+\dfrac{2}{q}g^*(q^8)$ 是 $\Gamma_1(1024)$ 上权为 1/2 的弱调和 Maass 形式, 其中

$$g^*(q)=\sum_{n=0}^{\infty}\frac{(-1)^{n+1}q^{(n+1)^2}(q;q^2)_n}{(-q;q^2)_{n+1}^2}. \tag{4.30}$$

推论 4.1

$$\sum_{n\in\mathbb{Z}}\frac{q^{n^2}}{(-q)_n^2}=4\sum_{n\in\mathbb{Z}}q^{n+1}(-q)_n^2=\frac{2}{(q)_\infty}\sum_{n\in\mathbb{Z}}\frac{q^{\frac{n(n+1)}{2}}}{1+q^n} \tag{4.31}$$

和

$$\sum_{n\in\mathbb{Z}}\frac{q^{n^2}}{(-q)_n^2}+\sum_{n\in\mathbb{Z}}q^{n+1}(-q)_n^2=5\mathrm{i}q^{\frac{1}{24}}\left(\frac{\eta(2\tau)}{\eta(\tau)}\right)^2\mu\left(\frac{1}{2},\frac{1}{2};\tau\right), \tag{4.32}$$

其中,

$$\mu(u,v;\tau):=\frac{\mathrm{e}^{\pi\mathrm{i}u}}{\vartheta(v;\tau)}\sum_{n\in\mathbb{Z}}\frac{(-1)^n\mathrm{e}^{2\pi\mathrm{i}nv}q^{\frac{n(n+1)}{2}}}{1-\mathrm{e}^{2\pi\mathrm{i}u}q^n}, \tag{4.33}$$

$$\vartheta(v;\tau):=\sum_{\nu\in\frac{1}{2}+\mathbb{Z}}\mathrm{e}^{\pi\mathrm{i}\nu^2\tau+2\pi\mathrm{i}\nu(v+\frac{1}{2})}, \tag{4.34}$$

$$\eta(\tau):=q^{1/24}\prod_{n=1}^{\infty}(1-q^n). \tag{4.35}$$

推论 4.2

$$F(q)=H_2(q)=B(f;q)=\sum_{n\in\mathbb{Z}}\frac{q^{n^2}}{(-q)_n^2}=4(-q)_\infty^2m(1,q,-1) \tag{4.36}$$

是一个权为 1/2 的混合 mock 模形式.

注: Bajpai 等 [29] 指出 $B(f;q)$ 是一个混合 mock 模形式, 但是他们没有给出这个结论的证明. 这里, 不仅证明了 $B(f;q)$ 是一个权为 1/2 的混合 mock 模形式, 而且还给出了 $B(f;q)$ 的 Appell-Lerch 和表示.

4.3 定理的证明

定理 4.1 的证明 对于 $H_1(q)$, 在其第一项的双侧级数的异侧级数中作变换 $n\to -n$, 并利用 $(x;q)_{-n}$ 的变换公式, 可以推得

$$\begin{aligned}H_1(q) &= \sum_{n=-\infty}^{-1} q^{n+1}(-q)_n^2 + \sum_{n=0}^{\infty} q^{n+1}(-q)_n^2 \\ &= \sum_{n=1}^{\infty} q^{-n+1}(-q)_{-n}^2 + U^*(q) \\ &= \sum_{n=1}^{\infty} \frac{q^{n^2-2n+1}}{(-1;q)_n^2} + U^*(q) \\ &= \frac{1}{4}\sum_{n=0}^{\infty} \frac{q^{n^2}}{(-q)_n^2} + U^*(q) \\ &= \frac{1}{4}f(q) + U^*(q) \\ &= \frac{1}{4}F(q).\end{aligned} \tag{4.37}$$

Rhoades[71] 在 $U^*(q)$ 的渐进式证明中用到了 Choi[90] 证明的等式

$$\begin{aligned}&\sum_{n=0}^{\infty} \frac{(ab)^n q^{n^2}}{(aq)_n(bq)_n} + \sum_{n=1}^{\infty} q^n (a^{-1})_n (b^{-1})_n \\ =&\, \mathrm{i}q^{\frac{1}{8}}(1-a)a^{-\frac{1}{2}}b^{\frac{1}{2}}(a^{-1}q)_\infty (b^{-1})_\infty \mu(u,v;\tau),\end{aligned} \tag{4.38}$$

其中, $a=\mathrm{e}^{2\pi\mathrm{i}u}$, $b=\mathrm{e}^{2\pi\mathrm{i}v}$.

Rhoades 令 $a=b=-1$, $u=v=1/2$, 推得

$$\begin{aligned}F(q) &= f(q) + 4U^*(q) \\ &= 4\mathrm{i}q^{\frac{1}{24}}\left(\frac{\eta(2\tau)}{\eta(\tau)}\right)^2 \mu\left(\frac{1}{2},\frac{1}{2};\tau\right) \\ &= \frac{2}{(q)_\infty}\sum_{n\in\mathbb{Z}} \frac{q^{\frac{n(n+1)}{2}}}{1+q^n}.\end{aligned} \tag{4.39}$$

这里, 考虑 Ramanujan[3] 和 Mortenson[67] 给出的等式

$$\begin{aligned}&\sum_{n=0}^{\infty} \frac{a^{-n-1}b^{-n}q^{n^2}}{(-a^{-1};q)_{n+1}(-qb^{-1};q)_n} + \sum_{n=1}^{\infty}(-aq;q)_{n-1}(-b;q)_n q^n \\ =&\, \frac{(-aq)_\infty}{b(q)_\infty(-qb^{-1})_\infty} j(-b;q)m(a/b,q,-b),\end{aligned} \tag{4.40}$$

其中, $a,b\neq 0$.

若令 $a=b=1$, 则有

$$\sum_{n=0}^{\infty}\frac{q^{n^2}}{(-1;q)_{n+1}(-q;q)_n}+\sum_{n=1}^{\infty}(-q;q)_{n-1}(-1;q)_n q^n$$
$$=\frac{(-q)_\infty}{(q)_\infty(-q)_\infty}j(-1;q)m(1,q,-1), \tag{4.41}$$

可推出

$$\begin{aligned}\frac{1}{4}\sum_{n=0}^{\infty}\frac{q^{n^2}}{(-q;q)_n^2}+\sum_{n=0}^{\infty}q^{n+1}(-q;q)_n^2&=\frac{1}{4}f(q)+U^*(q)\\&=H_1(q)\\&=\frac{1}{2(q)_\infty}j(-1;q)m(1,q,-1)\\&=\frac{1}{2(q)_\infty}j(-1;q)\frac{1}{j(-1;q)}\sum_{n=-\infty}^{\infty}\frac{(-1)^{2n}q^{n(n-1)/2}}{1+q^{n-1}}\\&=\frac{1}{2(q)_\infty}\sum_{n\in\mathbb{Z}}\frac{q^{\frac{n(n+1)}{2}}}{1+q^n}\\&=\frac{1}{4}F(q).\end{aligned} \tag{4.42}$$

由 $F(q)=(-q)_\infty^2\tilde{F}(q)$ 是权为 1/2 的混合 mock 模形式的性质, 可知 $H_1(q)=\frac{1}{4}F(q)$ 也是一类权为 1/2 的混合 mock 模形式.

注: (1) 前面对 $H_1(q)$ 表示式的证明也是对 $F(q)$ 的一种新的证明.

(2) 在两种不同的证明中, 可以得出 Lerch 和及 Appell-Lerch 和的内在关联.

$$\begin{aligned}\mathrm{i}q^{\frac{1}{24}}\left(\frac{\eta(2\tau)}{\eta(\tau)}\right)^2\mu\left(\frac{1}{2},\frac{1}{2};\tau\right)&=\mathrm{i}q^{\frac{1}{24}}q^{-\frac{1}{12}}(-q)_\infty^2\mu\left(\frac{1}{2},\frac{1}{2};\tau\right)\\&=\mathrm{i}q^{-\frac{1}{24}}(-q)_\infty^2\mu\left(\frac{1}{2},\frac{1}{2};\tau\right)\\&=\frac{1}{2(q)_\infty}j(-1;q)m(1,q,-1)\\&=\frac{1}{2(q)_\infty}(-1;q)_\infty(-q)_\infty(q)_\infty m(1,q,-1),\end{aligned} \tag{4.43}$$

进而可得

$$m(1,q,-1)=\mathrm{i}q^{-\frac{1}{24}}\mu\left(\frac{1}{2},\frac{1}{2};\tau\right), \tag{4.44}$$

其中, $q=\mathrm{e}^{2\pi\mathrm{i}\tau}, \tau\in\mathbb{H}$.

定理 4.2 的证明 考虑 $H_2(q)$ 的定义的第二项, 由变换可知

$$\begin{aligned}H_2(q)&=\sum_{n=-\infty}^{-1}\frac{q^{n^2}}{(-q)_n^2}+4\sum_{n=-\infty}^{-1}q^{n+1}(-q)_n^2\\&=\sum_{n=-\infty}^{-1}\frac{q^{n^2}}{(-q)_n^2}+\sum_{n=0}^{\infty}\frac{q^{n^2}}{(-q)_n^2}\\&=\sum_{n\in\mathbb{Z}}\frac{q^{n^2}}{(-q)_n^2}\\&=B(f;q).\end{aligned}\tag{4.45}$$

此外, 若考虑 $H_2(q)$ 的定义的第一项, 可推得

$$\begin{aligned}H_2(q)&=\sum_{n=-\infty}^{-1}\frac{q^{n^2}}{(-q)_n^2}+4\sum_{n=-\infty}^{-1}q^{n+1}(-q)_n^2\\&=4\sum_{n=0}^{\infty}q^{n+1}(-q)_n^2+4\sum_{n=-\infty}^{-1}q^{n+1}(-q)_n^2\\&=4\sum_{n\in\mathbb{Z}}q^{n+1}(-q)_n^2\\&=4B(U^*;q)=4H_1(q)=F(q).\end{aligned}\tag{4.46}$$

那么可知

$$H_2(q)=F(q)=B(f;q).\tag{4.47}$$

由 $F(q)$ 具有的模性质可知, $H_2(q)$ 是一类权为 $1/2$ 的混合 mock 模形式.

而 $\tilde{H}_2(q)=(-q)_\infty^{-2}H_2(q)=(-q)_\infty^{-2}F(q)=\tilde{F}(q)$ 也是一个 mock theta 函数.

定理 4.3 的证明 对于 $H_3(q)$, 考虑 Mortenson[67] 给出的下面等式

$$\begin{aligned}&\sum_{n=-\infty}^{\infty}\frac{a^{-n-1}b^{-n}q^{n^2}}{(-a^{-1};q)_{n+1}(-qb^{-1};q)_n}=\sum_{n=-\infty}^{\infty}(-aq;q)_{n-1}(-b;q)_nq^n\\&=\frac{(-aq)_\infty}{b(q)_\infty(-qb^{-1})_\infty}j(-b;q)m(a/b,q,-b).\end{aligned}\tag{4.48}$$

若令 $a=b=1$, 可得

$$\begin{aligned}\sum_{n=-\infty}^{\infty}\frac{q^{n^2}}{(-1;q)_{n+1}(-q;q)_n}&=\sum_{n=-\infty}^{\infty}(-q;q)_{n-1}(-1;q)_nq^n\\&=\frac{1}{(q)_\infty}j(-1;q)m(1,q,-1).\end{aligned}\tag{4.49}$$

由 $H_3(q)$ 的定义, 可知

$$H_3(q)=\sum_{n\in\mathbb{Z}}\frac{q^{n^2}}{(-q)_n^2}+4\sum_{n\in\mathbb{Z}}q^{n+1}(-q)_n^2=4\frac{1}{(q)_\infty}j(-1;q)m(1,q,-1). \tag{4.50}$$

结合 $H_1(q)$、$H_2(q)$ 与 $F(q)$ 的关系式, 可知

$$H_3(q)=2H_2(q)=2F(q)=8H_1(q). \tag{4.51}$$

定理 4.4 的证明 对于定理 4.4 的第一个结论, 可以计算发现

$$\begin{aligned}\tilde{H}_1(q)&=(-q)_\infty^{-2}H_1(q)\\&=(-q)_\infty^{-2}\mathrm{i}q^{-\frac{1}{24}}(-q)_\infty^2\mu\left(\frac{1}{2},\frac{1}{2};\tau\right)\\&=\mathrm{i}q^{-\frac{1}{24}}\mu\left(\frac{1}{2},\frac{1}{2};\tau\right)\\&=m(1,q,-1)\\&=\mathrm{i}q^{-\frac{1}{24}}\mu\left(\frac{1}{2},\frac{1}{2};\tau\right).\end{aligned} \tag{4.52}$$

再由 Zwegers[17] 的研究结果, 可知 $\mathrm{i}q^{-\frac{1}{24}}\mu\left(\frac{1}{2},\frac{1}{2};\tau\right)$ 是一个 mock theta 函数. 因此, $\tilde{H}_1(q)=\frac{1}{4}\tilde{F}(q)$ 也是一个 mock theta 函数.

而对于定理 4.4 的第二个结论, 考虑 Mortenson[67] 的一个等式

$$\sum_{n=0}^{\infty}\frac{(-1)^nq^{n^2}(q;q^2)_n}{(-x;q^2)_{n+1}(-q^2/x;q^2)_n}=m(x,q,-1)+\frac{J_{1,2}^2}{2j(-x;q)} \tag{4.53}$$

和

$$(1+x^{-1})\sum_{n=0}^{\infty}\frac{(-1)^nq^{(n+1)^2}(q;q^2)_n}{(-qx,-q/x;q^2)_{n+1}}=m(x,q,-1)-\frac{J_{1,2}^2}{2j(-x,q)}, \tag{4.54}$$

可以推得 Appell-Lerch 和 $m(1,q,-1)$ 的一种级数和表示

$$m(1,q,-1)=\frac{1}{4}\sum_{n=0}^{\infty}\frac{(-1)^nq^{n^2}(q;q^2)_n}{(-q^2;q^2)_n^2}+\sum_{n=0}^{\infty}\frac{(-1)^nq^{(n+1)^2}(q;q^2)_n}{(-q;q^2)_{n+1}^2}. \tag{4.55}$$

同时, 再考虑 Ono[19] 定义的两个 q-级数 K' 和 K'',

$$K'(\omega;z):=\sum_{n=0}^{\infty}\frac{(-1)^nq^{n^2}(q;q^2)_n}{(\omega q^2;q^2)_n(\omega^{-1}q^2;q^2)_n} \tag{4.56}$$

和

$$K''(\omega; z) := \sum_{n=1}^{\infty} \frac{(-1)^n q^{n^2} (q; q^2)_{n-1}}{(\omega q; q^2)_n (\omega^{-1} q; q^2)_n}, \tag{4.57}$$

其中, $0 < a < c$.

进而设 $\zeta_c := \mathrm{e}^{\frac{2\pi\mathrm{i}}{c}}$, $f_c := \dfrac{2c}{\gcd(c, 4)}$. 对于 $0 < a < c$, $q = \mathrm{e}^{2\pi\mathrm{i}z}$, 并记

$$\tilde{K}(a, c; z) := \frac{1}{4} \csc\left(\pi \frac{a}{c}\right) q^{-\frac{1}{8}} K'(\zeta_c^a; z) + \sin\left(\pi \frac{a}{c}\right) q^{-\frac{1}{8}} K''(\zeta_c^a; z). \tag{4.58}$$

对于 $\tilde{K}(a, c; z)$, Ono[19] 证明了 $\tilde{K}(a, c; 2f_c^2 z)$ 是 $\Gamma_1(64 f_c^4)$ 上权为 1/2 的弱调和 Maass 形式.

在 $\tilde{K}(a, c; z)$ 中, 若取 $a = 1, c = 2$, 则可知

$$\tilde{K}(1, 2; z) = q^{-\frac{1}{8}} \left(\frac{1}{4} \sum_{n=0}^{\infty} \frac{(-1)^n q^{n^2} (q; q^2)_n}{(-q^2; q^2)_n^2} - \sum_{n=0}^{\infty} \frac{(-1)^n q^{(n+1)^2} (q; q^2)_n}{(-q; q^2)_{n+1}^2} \right). \tag{4.59}$$

进而可得

$$\tilde{K}(1, 2; z) = q^{-\frac{1}{8}} m(1, q, -1) + 2q^{-\frac{1}{8}} K''(-1; z). \tag{4.60}$$

易知当 $c = 2$ 时, 有 $f_c = 2$, 由 $\tilde{K}(a, c; 2f_c^2 z)$ 的结果可知

$$\tilde{K}(1, 2; 8z) = q^{-1} m(1, q^8, -1) + 2q^{-1} K''(-1; 8z) \tag{4.61}$$

是 $\Gamma_1(1024)$ 上权为 1/2 的弱调和 Maass 形式, 其中

$$K''(-1; 8z) = \sum_{n=0}^{\infty} \frac{(-1)^{n+1} q^{(n+1)^2} (q; q^2)_n}{(-q; q^2)_{n+1}^2} = g^*(q). \tag{4.62}$$

最后, 推论 4.1 和推论 4.2 可以由定理 4.1～ 定理 4.4 及定理 4.1 注记的结论推得, 这里不再予以证明.

注: 关于这一问题的相关结果已经公开发表在文献 [103] 上.

第 5 章 Mock 模形式与半整权尖形式的系数问题

虽然对 mock theta 函数系数的渐进估计十分困难, 但是越来越激发起人们的研究兴趣. 而其他与之相关的问题也在不断发展和完善, 特别是弱调和 Maass 形式 Fourier 系数估计问题、全纯整权本原尖形式 Fourier 系数的符号变化问题及半整权本征形式的尖形式 Fourier 系数等问题也成为数学家研究的一个热点问题. 本章主要讨论了两个经典的 3 阶 mock theta 函数系数的渐进公式, 给出了它们经典的证明方法. 同时, 介绍了与 mock theta 函数系数相关的同余关系式, 给出了一些较新的研究结果. 最后, 考虑了带特征的半整权 Hecke 本征形式的尖形式 Fourier 系数在特殊整数序列上的符号变化及其非零值问题, 即它们的 Hecke 本征值问题, 进而给出了几个结果. 这为进一步研究弱调和 Maass 形式 Fourier 系数的渐进估计和 mock theta 函数的系数问题提供了新思想和方法.

5.1 两个 3 阶 mock theta 函数系数的渐进公式

5.1.1 引言及主要结论

Ramanujan 在他的最后一封信中强调了研究 Ramanujan 的 mock theta 函数系数渐进性的重要性. 因此, 对于非负整数 n, 考虑 q 的移位升阶乘符号

$$(x;q)_0 = 1, \quad (a)_n = (x;q)_n := (1-x)(1-xq)\cdots(1-xq^{n-1}) \tag{5.1}$$

及 3 阶 Ramanujan 的 mock theta 函数 $f(q)$.

为了说明这一问题, 首先设分拆函数 $p(n)$ 的生成函数为

$$\sum_{n=0}^{\infty} p(n)q^n = \prod_{n=1}^{\infty} \frac{1}{1-q^n}, \tag{5.2}$$

进而可以推出

$$\frac{1}{\eta(\tau)} = q^{-\frac{1}{24}} \sum_{n=0}^{\infty} p(n)q^n \tag{5.3}$$

是权为 $-1/2$ 的弱全纯模形式.

利用模形式的性质, 可以得到著名的 Hardy-Ramanujan 渐进公式

$$p(n) \sim \frac{1}{4n\sqrt{3}} \mathrm{e}^{\pi\sqrt{2n/3}}. \tag{5.4}$$

之后, Rademacher 给出了 $p(n)$ 的一个渐进公式

$$p(n)=2\pi(24n-1)^{-3/4}\sum_{n=1}^{\infty}\frac{A_k(n)}{k}\mathrm{I}_{3/2}\left(\frac{\pi\sqrt{24n-1}}{6k}\right), \tag{5.5}$$

其中, I_s 为 s 阶 Bessel 函数, 设 $k\geqslant 1$,

$$A_k(n):=\frac{1}{2}\sqrt{\frac{k}{12}}\sum_{\substack{x \ (\mathrm{mod}\ 24k)\\ x^2\equiv -24n+1 \ (\mathrm{mod}\ 24k)}}\chi_{12}(x)\cdot e\left(\frac{x}{12k}\right). \tag{5.6}$$

1954 年, Dyson 的 rank 猜想被证明, 其中 rank 分拆函数起到了重要的作用, 正整数 n 的 rank 为 m 的分拆函数, 记为 $N(m,n)$, 则其生成函数可表示为

$$1+\sum_{n=1}^{\infty}\sum_{n=-\infty}^{\infty}N(m,n)z^mq^n=1+\sum_{n=1}^{\infty}\frac{q^{n^2}}{(zq;q)_n(z^{-1}q;q)_n}, \tag{5.7}$$

若记 $N_{\mathrm{e}}(n)$ 和 $N_{\mathrm{o}}(n)$ 分别表示 m 为偶数和奇数时的分拆函数的个数, 则 $p(n)=N_{\mathrm{e}}(n)+N_{\mathrm{o}}(n)$. 当 $z=-1$ 时, 可得

$$1+\sum_{n=1}^{\infty}\sum_{n=-\infty}^{\infty}\left(N_{\mathrm{e}}(n)-N_{\mathrm{o}}(n)\right)q^n=1+\sum_{n=1}^{\infty}\frac{q^{n^2}}{(-q;q)_n^2}=f(q), \tag{5.8}$$

若设

$$f(q)=\sum_{n=0}^{\infty}\alpha(n)q^n, \tag{5.9}$$

事实上, Ramanujan 早在其最后一封信中就其系数 $\alpha(n)$ 断言道

$$\alpha(n)=(-1)^{n-1}\frac{\exp\left(\pi\sqrt{\frac{n}{6}-\frac{1}{144}}\right)}{2\sqrt{n-\frac{1}{24}}}+O\left(\frac{\exp\left(\frac{1}{2}\pi\sqrt{\frac{n}{6}-\frac{1}{144}}\right)}{\sqrt{n-\frac{1}{24}}}\right), \tag{5.10}$$

但是, Ramanujan 并未给出任何证明. Dragonette[68] 和 Andrews[69] 先后得到了 3 阶 Ramanujan 的 mock theta 函数 $f(q)$ 系数的精确渐进公式

$$\mathrm{e}^{\frac{1}{144}}\alpha(n)\sim\frac{(-1)^{n-1}}{2\sqrt{n-\frac{1}{24}}}\cdot\mathrm{e}^{\pi\sqrt{\frac{n}{6}}} \tag{5.11}$$

及

$$\begin{aligned}&\alpha(n)-O(n^{\epsilon})\\ =&\pi(24n-1)^{-\frac{1}{4}}\sum_{k=1}^{\lfloor\sqrt{n}\rfloor}\frac{(-1)^{\lfloor\frac{k+1}{2}\rfloor}A_{2k}\left(n-\frac{k(1+(-1)^k)}{4}\right)}{k}\cdot\mathrm{I}_{\frac{1}{2}}\left(\frac{\pi\sqrt{24n-1}}{12k}\right),\end{aligned} \tag{5.12}$$

其中, I_k 为 Bessel 函数, $A_{2k}(n)$ 为式 (1.149) 所定义

$$A_{2k}(n) := \frac{1}{2}\sqrt{\frac{k}{12}} \sum_{\substack{x \pmod{24k} \\ x^2 \equiv -24n+1 \pmod{24k}}} \chi_{12}(x) \cdot e\left(\frac{x}{12k}\right). \tag{5.13}$$

其中, $\chi_{12}(x) := \left(\frac{12}{x}\right)$.

1966 年, Andrews[69] 就 $\alpha(n)$ 给出了下面的猜想.

(Andrews-Dragonette 猜想) 对于正整数 n, $\alpha(n)$ 是 3 阶 Ramanujan 的 mock theta 函数 $f(q)$ 的系数, 则

$$\alpha(n) = \pi(24n-1)^{-\frac{1}{4}} \sum_{k=1}^{\infty} \frac{(-1)^{[\frac{k+1}{2}]} A_{2k}\left(n - \frac{k(1+(-1)^k)}{4}\right)}{k} \cdot \mathrm{I}_{\frac{1}{2}}\left(\frac{\pi\sqrt{24n-1}}{12k}\right). \tag{5.14}$$

2006 年, Bringmann 和 Ono[70] 利用 Zwegers 关于 mock theta 函数建立的实解析的向量模形式理论、弱调和 Maass 形式理论和 Poincaré 级数证明了 $\alpha(n)$ 的这一猜想.

定理 5.1 Andrews-Dragonette 猜想式 (5.14) 成立.

同时，Andrews[69] 也给出了 3 阶 Ramanujan 的 mock theta 函数

$$\omega(q) := \sum_{k=1}^{\infty} \frac{q^{2n^2+2n}}{(q;q^2)_{n+1}^2} = \sum_{n=0}^{\infty} \beta(n) q^n \tag{5.15}$$

一个类似的渐进公式

$$\beta(n) = \sum_{\substack{k=1 \\ (k,2)=1}}^{[\sqrt{n}]} \frac{(-1)^{\frac{k-1}{2}} A_k\left(\frac{n(k+1)}{2} - \frac{3(k^2-1)}{8}\right) \exp\left(\frac{\pi\sqrt{(n+2/3)}}{\sqrt{3}k}\right)}{4\sqrt{k}\sqrt{(n+2/3)}} + O(n^{\epsilon}). \tag{5.16}$$

2008 年, Garthwaite[104] 在 Andrews 的基础上利用 Bringmann 和 Ono 的方法也给出了 $\omega(q)$ 系数 $\beta(n)$ 的一个精确公式.

定理 5.2

$$\begin{aligned} \beta(n) = {} & \frac{\pi}{2\sqrt{2}}(3n+2)^{-1/4} \\ & \cdot \sum_{\substack{k=1 \\ (k,2)=1}}^{\infty} \frac{(-1)^{\frac{k-1}{2}} A_k\left(\frac{n(k+1)}{2} - \frac{3(k^2-1)}{8}\right)}{k} \mathrm{I}_{1/2}\left(\frac{\pi\sqrt{3n+2}}{3k}\right). \end{aligned} \tag{5.17}$$

而其他 Ramanujan 的 mock theta 函数的系数问题仍然是一个新的挑战, 必将吸引着数学家为之努力学习和研究. 2017 年, Bruinier 和 Schwagenscheidt[105] 从代数的角度研究, 并给出了 3 阶 Ramanujan 的 mock theta 函数 $f(q)$ 和 $\omega(q)$ 系数的代数公式, 主要是将其用一类若全纯模形式在 CM 值点的迹公式来表示.

对于

$$f(q)=1+\sum_{n=1}^{\infty}\frac{q^{n^2}}{(1+q)^2(1+q^2)^2\cdots(1+q^n)^2}=1+\sum_{n=1}^{\infty}\alpha(n)q^n, \tag{5.18}$$

则有

$$\alpha(n)=-\frac{1}{\sqrt{24n-1}}\Im\left(\sum_{Q\in\mathcal{Q}_\backslash}\frac{F_{z_Q}}{\omega_Q}\right), \tag{5.19}$$

其中,

$$F(z)=-\frac{1}{40}\frac{E_4(z)+4E_4(2z)-9E_4(3z)-36E_4(6z)}{(\eta(z)\eta(2z)\eta(3z)\eta(6z))^2}=q^{-1}-4-83q-296q^2\cdots \tag{5.20}$$

是 $\Gamma_0(6)$ 上的弱全纯模形式, $\mathcal{Q}$ 是 $\Gamma_0(6)$ 下一类正定二元二次型 $Q(x,y)=ax^2+bxy+cy^2$ 等价类的有限集合, 其判别式为 $1-24n$, 且 $6|a,\ \ b\equiv 1 \pmod{1}2$, $z_Q\in\mathbb{H}$ 是满足条件 $Q(z_Q,1)=0$ 的 CM 点, ω_Q 是二次型在 $\Gamma_0(6)$ 下不变因子的一半, $E_4(z)$ 是 $\mathrm{SL}_2(\mathbb{Z})$ 上的标准 Eisenstein 级数, $\eta(\tau)$ 是 Dedekind η 函数.

进而, 对于 3 阶 Ramanujan 的 mock theta 函数 $f(q)$ 和 $\omega(q)$ 的系数有如下表示.

定理 5.3 设 $F\in M_0^!(6)$, $n\geqslant 1$, 则有以下结论.

(1) $f(q)$ 的系数 $\alpha(n)$ 可以表示为

$$\alpha(n)=\frac{\mathrm{i}}{2\sqrt{24n-1}}\left(\mathrm{tr}_F^+(1-24n,1)-\mathrm{tr}_F^-(1-24n,1)\right). \tag{5.21}$$

(2) $\omega(q)$ 的系数 $\beta(n)$ 可以表示为

$$\beta(n)=\begin{cases}\dfrac{-\mathrm{i}}{8\sqrt{24\dfrac{n+1}{2}-4}}\left(\mathrm{tr}_F^+\left(4-24\dfrac{n+1}{2},1\right)\right.\\ \qquad\left.-\mathrm{tr}_F^-\left(4-24\dfrac{n+1}{2},2\right)\right), & n\text{ 为奇数},\\ \dfrac{-\mathrm{i}}{8\sqrt{24\left(\dfrac{n}{2}+1\right)-16}}\left(\mathrm{tr}_F^+\left(16-24\left(\dfrac{n}{2}+1\right),4\right)\right.\\ \qquad\left.-\mathrm{tr}_F^-\left(16-24\left(\dfrac{n}{2}+1\right),4\right)\right), & n\text{ 为偶数},\end{cases} \tag{5.22}$$

其中,

$$\mathrm{tr}_F^{+}(D,r)=\sum_{Q\in\mathcal{Q}_{N,D,r}^{+}/\Gamma_0(N)}\frac{F(z_Q)}{\omega_Q}, \tag{5.23}$$

$$\mathrm{tr}_F^{-}(D,r)=\sum_{Q\in\mathcal{Q}_{N,D,r}^{-}/\Gamma_0(N)}\frac{F(z_Q)}{\omega_Q}. \tag{5.24}$$

5.1.2 定义及引理

首先, Zwegers 利用 Ramanujan 的 mock theta 函数 $f(q)$ 和 $\omega(q)$ 定义了一个向量函数

$$F(z):=(F_0(z),F_1(z),F_2(z))^{\mathrm{T}}. \tag{5.25}$$

其次, 他又考虑了非全纯的向量函数

$$G(z):=(G_0(z),G_1(z),G_2(z))^{\mathrm{T}}. \tag{5.26}$$

Zwegers 再利用 $F(z)$ 和 $G(z)$ 定义了一个新的向量函数 $H(z)$

$$H(z)=F(z)+G(z). \tag{5.27}$$

最后, Zwegers 讨论了 $H(z)$ 具有的模变换的性质, 并给出了下面的结论.

(Zwegers[17, 32]) 向量函数 $H(z)$ 是一个权为 1/2 的实解析的向量模形式且满足

$$H(Tz)=\begin{pmatrix}\zeta_{24}^{-1} & 0 & 0\\ 0 & 0 & \zeta_3\\ 0 & \zeta_3 & 0\end{pmatrix}H(z), \tag{5.28}$$

$$H(Sz)=\sqrt{-\mathrm{i}z}\cdot\begin{pmatrix}0 & 1 & 0\\ 1 & 0 & 0\\ 0 & 0 & -1\end{pmatrix}H(z), \tag{5.29}$$

其中, $\zeta_n:=\mathrm{e}^{\frac{2\pi\mathrm{i}}{n}}$. 进而可知, $H(z)$ 是 Casimir 算子 $\Omega_{\frac{1}{2}}$, 其特征值为 3/16 的特征函数, 这里, $z=x+\mathrm{i}y$, $T=\begin{pmatrix}1 & 1\\ 0 & 1\end{pmatrix}$, $S=\begin{pmatrix}0 & -1\\ 1 & 0\end{pmatrix}$.

下面设 $N:=[n^{\frac{1}{2}}]$, $x\in\mathbb{R}$, 定义周期函数

$$((x)):=\begin{cases}x-[x]-\dfrac{1}{2}, & x\in\mathbb{R}\backslash\mathbb{Z},\\ 0, & x\in\mathbb{Z}.\end{cases} \tag{5.30}$$

考虑经典的 Dedekind 和 [98], 若 $(h,k)=1$, 则

$$s(h,k):=\sum_{r=1}^{k-1}\frac{r}{k}\left(\frac{hr}{k}-\left[\frac{hr}{k}\right]-\frac{1}{2}\right), \tag{5.31}$$

其也可以表示为

$$s(h,k):=\sum_{\mu(\mathrm{mod} k)}\left(\left(\frac{\mu}{k}\right)\right)\left(\left(\frac{h\mu}{k}\right)\right). \tag{5.32}$$

同时定义函数 $\omega_{h,k}:=\exp\left(\frac{1}{2}s(h,k)\right)$. 对于 $s\in\mathbb{C}$, $\frac{1}{2}+\mathbb{Z}$, $y\in\mathbb{R}\ \{0\}$, 则

$$\mathcal{M}_s(y):=|y|^{-\frac{k}{2}}M_{\frac{k}{2}\mathrm{sgn}(y),s-\frac{1}{2}}(|y|), \tag{5.33}$$

其中, $M_{u,v}(Z)$ 是标准的 M-Whittaker 函数, 它是下列微分方程的解

$$\frac{\partial^2 u}{\partial z^2}+\left(-\frac{1}{4}+\frac{\nu}{z}+\frac{\frac{1}{4}-\mu^2}{z^2}u\right). \tag{5.34}$$

进而设

$$\varphi_{s,k}(z):=\mathcal{M}\left(-\frac{\pi y}{6}\right)e\left(-\frac{x}{24}\right), \tag{5.35}$$

而对于 $M=\left\{\begin{pmatrix}a & b\\ c & d\end{pmatrix}\in\mathrm{SL}_2(\mathbb{Z})\right\}$, 设

$$\chi(M):=\begin{cases}\mathrm{i}^{-\frac{1}{2}}(-1)^{\frac{1}{2}(c+ad+1)}e\left(\dfrac{3dc}{8}-\dfrac{(a+d)}{24c}-\dfrac{a}{4}\right)\omega_{-d,c}^{-1}, & c>0, c\text{为偶数},\\ e\left(\dfrac{-b}{24}\right), & c=0.\end{cases} \tag{5.36}$$

Bringmann 和 Ono[70] 给出了 $H_0(z)$ 的一个结果, 如下所示.

定理 5.4　函数 $H_0(24z)$ 是同余子群 $\Gamma_0(144)$ 上 Nebentypus 特征为 χ_{12} 的权为 1/2 的弱调和 Maass 形式, 进而有

$$H_0(24z)=P_{\frac{1}{2}}\left(\frac{3}{4};24z\right), \tag{5.37}$$

其中,

$$P_k(s;z):=\frac{2}{\sqrt{\pi}}\sum_{M\in\Gamma_\infty\ \ \Gamma_0(2)}\chi(M)^{-1}(cz+d)^{-k}\varphi_{s,k}(Mz), \tag{5.38}$$

其中, Γ_∞ 是 $\mathrm{SL}_2(\mathbb{Z})$ 上的平移子群, 即

$$\Gamma_\infty:\left\{\pm\begin{pmatrix}a & b\\ c & d\end{pmatrix}:n\in\mathbb{Z}\right\}. \tag{5.39}$$

证明：易知, $\eta(24\tau)$ 是同余子群 $\Gamma_0(576)$ 上 Nebentypus 特征为 χ_{12} 的权为 1/2 的尖形式. 对于整数 n, 可知

$$\tilde{H}_0(z+n)=e\left(-\frac{n}{24}\right)\tilde{H}_0(z), \tag{5.40}$$

其中, $\tilde{H}_0(z)=F_0(z)-G_0(z)$. 因此, 只需要对比 $H_0(24z)$ 与 $\eta(24\tau)$ 在模群作用下的自守因子即可, 而对于 $c>0$ 且 $\begin{pmatrix} a & b \\ c & d \end{pmatrix}\in\Gamma_0(2)$, 则有

$$\tilde{H}_0\left(\frac{az+b}{cz+d}\right)=\mathrm{i}^{-1/2}\omega_{-d,c}^{-1}(-1)^{\frac{c+ad+1}{2}}e\left(-\frac{a+d}{24c}-\frac{a}{4}+\frac{3dc}{8}\right)(cz+d)^{1/2}\tilde{H}_0(z), \tag{5.41}$$

可以发现其自守因子与 $\eta(24\tau)$ 在同余子群 $\Gamma_0(576)$ 上是一致的, 因此 $H_0(24z)$ 也是同余子群 $\Gamma_0(576)$ 上 Nebentypus 特征为 χ_{12} 的权为 1/2 的弱调和 Maass 形式.

最后, 可验证

$$\begin{aligned}H_0\left(\frac{24z}{12(24z)}+1\right)&=\left(-\mathrm{i}\left(\frac{12(24z)+1}{-24z}\right)\right)^{1/2}H_1\left(\frac{12(24z)+1}{-24z}\right)\\&=\left(-\mathrm{i}\left(\frac{12(24z)+1}{-24z}\right)\right)^{1/2}H_1\left(\frac{1}{-24z}\right)\\&=(288z+1)^{1/2}H_0(24z),\end{aligned} \tag{5.42}$$

可得 $H_0(24z)$ 是同余子群 $\Gamma_0(144)$ 上 Nebentypus 特征为 χ_{12} 的权为 1/2 的弱调和 Maass 形式.

进而关于 $P_k(s;z)$, 可得更一般的结果, 如下所示.

定理 5.5 若 $k\in\frac{1}{2}+\mathbb{Z}$ 且 $k\leqslant\frac{1}{2}$, 对于 $M\in\Gamma_0(2)$, 则函数 $P_k\left(1-\frac{k}{2};z\right)$ 是实解析函数且满足模变换律

$$P_k\left(1-\frac{k}{2};Mz\right)=\chi(M)(cz+d)^kP_k\left(1-\frac{k}{2};z\right). \tag{5.43}$$

特别地, 函数 $P_k\left(1-\frac{k}{2};24z\right)$ 是同余子群 $\Gamma_0(144)$ 上 Nebentypus 特征为 χ_{12} 的权为 1/2 的弱调和 Maass 形式.

下面, 可以计算 $P_k\left(1-\frac{k}{2};z\right)$ 的 Fourier 系数, 进而可得其展开式如下.

定理 5.6

$$P_{\frac{1}{2}}\left(\frac{3}{4};z\right)=\left(1-\pi^{1/2}\Gamma\left(\frac{1}{2},\frac{\pi y}{6}\right)\right)q^{-1/24}+\sum_{n=1}^{\infty}\beta(n)q^{n-1/24}+\sum_{n=-\infty}^{0}P_y(n)q^{n-1/24}, \tag{5.44}$$

其中

$$\Gamma_{a,x} := \int_x^{\infty} \mathrm{e}^{-t} t^a \frac{\mathrm{d}t}{t} \tag{5.45}$$

是不完全 Gamma 函数. 对于正整数 n, 有

$$\beta(n) = \pi(24n-1)^{-1/4} \sum_{n=1}^{\infty} \frac{(-1)^{\left[\frac{k+1}{2}\right]} A_{2k}\left(n - \frac{k(1+(-1)^k)}{4}\right)}{k} \mathrm{I}_{\frac{1}{2}}\left(\frac{\pi\sqrt{24n-1}}{12k}\right), \tag{5.46}$$

而对于非负整数 n, 有

$$\begin{aligned} P_y(n) =& \pi^{1/2}|24n-1|^{-1/4}\Gamma\left(\frac{1}{2}, \frac{\pi|24n-1|y}{6}\right) \\ &\cdot \sum_{n=1}^{\infty} \frac{(-1)^{\left[\frac{k+1}{2}\right]} A_{2k}\left(n - \frac{k(1+(-1)^k)}{4}\right)}{k} \mathrm{J}_{\frac{1}{2}}\left(\frac{\pi\sqrt{24n-1}}{12k}\right), \end{aligned} \tag{5.47}$$

其中, $\mathrm{J}_{\frac{1}{2}}$ 是 1/2 阶的 J-Bessel 函数.

其次, 需要给出 $A_{2k}(n)$ 的两个估计式, 如下所示.

定理 5.7 (1) 对于正整数 n, 有

$$\left| \sum_{n=\lfloor\sqrt{n}\rfloor}^{\infty} \frac{(-1)^{\left\lfloor\frac{k+1}{2}\right\rfloor} A_{2k}\left(n - \frac{k(1+(-1)^k)}{4}\right)}{k} \mathrm{I}_{\frac{1}{2}}\left(\frac{\pi\sqrt{24n-1}}{12k}\right) \right| = O\left((24n-1)^{\frac{3}{4}}\right). \tag{5.48}$$

(2) 对于非负整数 n, 有

$$\left| \sum_{n=1}^{\infty} \frac{(-1)^{\left\lfloor\frac{k+1}{2}\right\rfloor} A_{2k}\left(n - \frac{k(1+(-1)^k)}{4}\right)}{k} \mathrm{J}_{\frac{1}{2}}\left(\frac{\pi\sqrt{24n-1}}{12k}\right) \right| = O\left(|24n-1|^{\frac{3}{4}}\right). \tag{5.49}$$

5.1.3 定理的证明

定理 5.1 的证明 现给出定理 5.1 的证明, 定理 5.2 的证明方法与其类似, 仅仅在 $P_k\left(1-\frac{k}{2}; z\right)$ 定义的时候引入了极限的思想, 使其收敛性和连续性更容易说明.

为了方便, 记 $P(z) := P_{\frac{1}{2}}\left(\frac{3}{4}; 24z\right)$, 然后将 $P(z)$ 表示成全纯和非全纯两部分 $P(z) = P_{\mathrm{nh}}(z) + P_{\mathrm{h}}(z)$. 进而可知

$$P_{\mathrm{h}}(z) = q^{-1} + \sum_{n=1}^{\infty} \beta(n) q^{24n-1}, \tag{5.50}$$

其中, $\beta(n)$ 由式 (5.46) 定义.

而由定理 5.4 可得 $P(z)$ 是同余子群 $\Gamma_0(144)$ 上 Nebentypus 特征为 χ_{12} 的权为 1/2 的弱调和 Maass 形式, 同理, 令 $M(z) := H_0(24z) = F_0(24z) - G_0(24z)$ 可知 $M(z)$ 也是同余子群 $\Gamma_0(144)$ 上 Nebentypus 特征为 χ_{12} 的权为 1/2 的弱调和 Maass 形式, 则也可将 $M(z)$ 分成全纯和非全纯两部分来表示, 即 $M(z) = M_{\mathrm{nh}}(z) + M_{\mathrm{h}}(z)$, 特别地, 可得

$$M_{\mathrm{h}}(z) = q^{-1} f(q^{24}). \tag{5.51}$$

因此, 要证明定理 5.1, 即要证明 $P_{\mathrm{h}}(z) = M_{\mathrm{h}}(z)$, 也就是需要证明 $P(z) = M(z)$ 且 $P_{\mathrm{nh}}(z) = M_{\mathrm{nh}}(z)$. 下面说明 $P_{\mathrm{nh}}(z) = M_{\mathrm{nh}}(z)$ 成立.

考虑共轭线性微分算子

$$\xi_k(g)(z) := 2\mathrm{i}y^k \overline{\frac{\partial}{\partial \overline{z}} g(z)}, \tag{5.52}$$

由 Bruinier 和 Funke[18] 的 theta 提升, 可知若 $g(z)$ 是同余子群 $\Gamma_0(4N)$ 上 Nebentypus 特征为 χ 的权为 k 的弱调和 Maass 形式, 则 $\xi_k(g)(z)$ 是同余子群 $\Gamma_0(4N)$ 上 Nebentypus 特征为 χ 的权为 $2-k$ 的弱全纯模形式.

由于对于全纯的 $g(z)$ 可知 $\xi_{\frac{1}{2}}(g)(z) = 0$, 又因为 $\xi_{\frac{1}{2}}$ 是共轭线性的, 所以对于 $P(z)$ 仅需要计算 $\xi_{\frac{1}{2}}\left(\Gamma\left(\frac{1}{2}, 4\pi|24n-1|y\right)\right)$ 即可. 对于非负整数 n, 则有

$$\xi_{\frac{1}{2}}\left(\Gamma\left(\frac{1}{2}, 4\pi|24n-1|y\right)\right) = -(4\pi|24n-1|)^{1/2}\mathrm{e}^{4\pi(24n-1)y}, \tag{5.53}$$

因此

$$\xi_{\frac{1}{2}}(P(z)) = \sum_{n=0}^{\infty} a(n)\mathrm{e}^{2\pi\mathrm{i}(24n+1)z}, \tag{5.54}$$

进而当 $n \neq 0$ 时, 有

$$a(n) = -2\pi(24n+1)^{1/4}\sum_{n=1}^{\infty}\overline{\frac{(-1)^{[\frac{k+1}{2}]}\overline{A_{2k}\left(-n-\frac{k(1+(-1)^k)}{4}\right)}}{k}\mathrm{J}_{1/2}\left(\frac{\pi\sqrt{24n+1}}{12k}\right)}, \tag{5.55}$$

当 $n = 0$ 时, 有

$$a(n) = 2 - 2\pi\sum_{n=1}^{\infty}\overline{\frac{(-1)^{[\frac{k+1}{2}]}\overline{A_{2k}\left(-\frac{k(1+(-1)^k)}{4}\right)}}{k}\mathrm{J}_{1/2}\left(\frac{\pi}{12k}\right)}. \tag{5.56}$$

由定理 5.7 可知, 弱全纯模形式 $\xi_{\frac{1}{2}}(P(z))$ 实际上是同余子群 $\Gamma_0(144)$ 上 Nebentypus 特征为 χ_{12} 的权为 3/2 的全纯模形式, 它的非零系数全在 1(mod 24) 的一支.

同理, 将 $\xi_{\frac{1}{2}}$ 作用在 $M(z)$ 上, 可得

$$\xi_{\frac{1}{2}}(M(z)) = -24\overline{g_1(-24\bar{z})} = 4\vartheta(\psi; z), \tag{5.57}$$

其中, $\psi \pmod 6$ 是 Dirichlet 特征且

$$\psi(n) := \begin{cases} 1, & n \equiv 1(\mathrm{mod} 6), \\ -1, & n \equiv 5(\mathrm{mod} 6), \end{cases} \tag{5.58}$$

$$\vartheta(\psi; z) := \sum_{n=1}^{\infty} \psi(n) n q^{n^2}, \tag{5.59}$$

因此, 它是同余子群 $\Gamma_0(144)$ 上 Nebentypus 特征为 χ_{12} 的权为 3/2 的尖形式, 显然它的非零系数全在 1 (mod 24) 的一支. 故可以得到 $\xi_{\frac{1}{2}}(P(z))$ 和 $\xi_{\frac{1}{2}}(M(z))$ 都是 $\Gamma_0(144)$ 上 Nebentypus 特征为 χ_{12} 的权为 3/2 的全纯模形式, 由维数公式通过计算可得存在 $c > 0$ 使得

$$P_{\mathrm{nh}}(z) = cM_{\mathrm{nh}}(z). \tag{5.60}$$

令 $E(z) := P(z) - cM(z)$, 可知 $E(z)$ 是 $\Gamma_0(144)$ 上 Nebentypus 特征为 χ_{12} 的权为 1/2 的弱全纯模形式, 进由定理 5.7 可知

$$E(z) = P_{\mathrm{h}}(z) - cM_{\mathrm{h}}(z) = (1-c)q^{-1}f(q^{24}) + \sum_{n \geqslant 0} A(n) q^{24n-1}, \tag{5.61}$$

其中, $|A(n)| = O((24n-1)^{3/4+\epsilon})$, n 为正整数.

若对 $E(z)$ 作模变换 $z \longmapsto -\dfrac{1}{z}$ 可得其非全纯项, 当且仅当 $c = 1$ 时, 由于 $E(z)$ 没有非全纯项, 因此可知必须有 $c = 1$, 即

$$P_{\mathrm{nh}}(z) = M_{\mathrm{nh}}(z), \tag{5.62}$$

这样, 可得

$$P_{\mathrm{h}}(z) - M_{\mathrm{h}}(z) = P_{\mathrm{h}}(z) - M_{\mathrm{h}}(z) = q^{-1} + \sum_{n=1}^{\infty} \beta(n) q^{24n-1},$$

$$-q^{-1}f(q^{24}) := \sum_{n=1}^{\infty} v(n) q^{24n-1} \tag{5.63}$$

是 $\Gamma_0(144)$ 上 Nebentypus 特征为 χ_{12} 的权为 1/2 的弱全纯模形式, 由 $\alpha(n)$ 和定理 5.7 可知

$$|v(n)| = O(n^{3/4+\epsilon}). \tag{5.64}$$

因此, $P_{\mathrm{h}}(z)-M_{\mathrm{h}}(z)$ 是一个全纯模形式, 可是由维数公式可知这个空间是空集, 故可得

$$P_{\mathrm{h}}(z)=M_{\mathrm{h}}(z), \tag{5.65}$$

进而可知

$$q^{-1}+\sum_{n=1}^{\infty}\beta(n)q^{24n-1}=q^{-1}f(q^{24}), \tag{5.66}$$

即

$$P_{\mathrm{h}}(z)=M_{\mathrm{h}}(z), \tag{5.67}$$

故定理 5.1 成立.

5.2 Mock theta 函数系数的同余关系

Ramanujan[1] 早已根据分拆函数 $P(n)$ 给出了著名的 Ramanujan 同余式

$$\begin{aligned}P(5n+4)&\equiv 0(\mathrm{mod}5),\\P(7n+5)&\equiv 0(\mathrm{mod}7),\\P(11n+6)&\equiv 0(\mathrm{mod}11).\end{aligned}$$

之后, Dyson[106]、Andrews 和 Garvan[107] 分别利用分拆函数的 rank 和 crank 证明了这三个 Ramanujan 同余式. 从而引发了人们对 q-级数类似问题的深入研究, 许多有趣的同余关系式不断涌现. 例如, 对于著名的 3 阶 mock theta 函数

$$\omega(q)=\sum_{n=0}^{\infty}\frac{2n^2+2n}{(q;q^2)_{n+1}^2}=\sum_{n=0}^{\infty}a_{\omega}(n)q^n, \tag{5.68}$$

Bruinier 和 Ono[86] 研究发现当素数 $p>5$ 时, 有

$$a_{\omega}\left(\frac{2^2-2}{3}\right)\equiv\begin{cases}\left(\dfrac{p}{3}\right)(\mathrm{mod}512), & p\equiv 1,3(\mathrm{mod}8),\\[2ex] \left(\dfrac{p}{3}\right)(1+2p^{255})(\mathrm{mod}512), & p\equiv 5,7(\mathrm{mod}8),\end{cases}$$

其中, $\left(\dfrac{p}{3}\right)$ 是 Legendre 符号.

进而, Waldhter 继续研究了 3 阶 mock theta 函数 $\omega(q)$ 和一个 q-级数 $\mathcal{C}(q)$ 的同余关系, 发现对所有的 $n\geqslant 0$, 有

$$a_{\omega}(40n+27)\equiv a_{\omega}(40n+35)\equiv 0\ (\mathrm{mod}\ 5), \tag{5.69}$$

$$a_{\mathcal{C}}(3n+1)\equiv 0\ (\mathrm{mod}\ 3),\tag{5.70}$$

$$a_\omega(7n+2)\equiv a_\omega(7n+3)\equiv a_\omega(7n+5)\equiv 0\ (\mathrm{mod}\ 7),\tag{5.71}$$

其中,

$$\mathcal{C}(q):=\sum_{n=0}^{\infty}(-1)^n\frac{(q;q^2)_n}{(-q;q)_n^2}=\sum_{n=0}^{\infty}a_{\mathcal{C}}(n)q^n.\tag{5.72}$$

Waldherr[108] 主要利用了一类弱调和 Maass 形式的全纯部分 Fourier 展开式及 Zwegers 的 Lerch 和函数在特殊点的展开式的性质得到了 $\omega(q)$ 系数的上述同余关系. 同时他还巧妙地构造了一个弱全纯模形式, 即

$$F_1(q):=\sum_{n\equiv 27,35\ (\mathrm{mod}\ 40)}a_\omega(n)q^{3n+2}\tag{5.73}$$

是同余子群 $\Gamma_0(86400)$ 上特征为 χ_{12} 的权为 1/2 的弱全纯模形式.

之后, 2014 年, Berg 等 [109] 通过 Borcherds 乘积研究了 3 阶 mock theta 函数 $\omega(q)$ 和 $f(q)$ 的系数同余关系, 他们发现若设素数 $p\neq 2,3$, 对于任意素数 $\ell\neq p$ 和正整数 $R,n\geqslant 1$, 有

$$a_\omega\left(\frac{2(p^{4n+2}-1)}{3}\right)\equiv-\frac{1}{p^{2n+1}}(-p^{k-1})^n\left(\frac{-8}{p}\right)_2\left(\frac{p}{3}\right)_2(\mathrm{mod}\ \ell^R),\tag{5.74}$$

$$a_\omega\left(\frac{2(p^{4n}-1)}{3}\right)\equiv-\frac{1}{p^{2n}}(-p^{k-1})^n(\mathrm{mod}\ \ell^R),\tag{5.75}$$

其中, $\left(\frac{a}{p}\right)_2$ 是模 p 的二次剩余符号, 且有

$$\left(\frac{-8}{p}\right)_2=\begin{cases}1, & p\equiv 1,3(\mathrm{mod}8)\\ -1, & p\equiv 5,7(\mathrm{mod}8)\end{cases}$$

及

$$\left(\frac{p}{3}\right)_2=\begin{cases}1, & p\equiv 1(\mathrm{mod}3),\\ -1, & p\equiv 2(\mathrm{mod}3).\end{cases}$$

同时, 对于 3 阶 mock theta 函数 $f(q)$, 即

$$f(q)=\sum_{n=0}^{\infty}\frac{q^{n^2}}{(-q;q)_n^2}=\sum_{n=0}^{\infty}a_f(n)q^n\tag{5.76}$$

也有类似的同余关系, 即若设素数 $p \neq 2,3,23$, 对于任意素数 $\ell \neq p$ 和正整数 R, $n \geqslant 1$, 有

$$a_f\left(\frac{23p^{4n+2}+1}{24}\right) \equiv -\frac{1}{p^{2n+1}}(-p^{k-1})^n\left(\frac{-23}{p}\right)_2\left(\frac{p}{6}\right)_2(\text{mod}\ell^R), \tag{5.77}$$

$$a_f\left(\frac{23p^{4n}+1)}{24}\right) \equiv -\frac{1}{p^{2n}}(-p^{k-1})^n(\text{mod}\ell^R). \tag{5.78}$$

最后, Berg 等对 $\omega(q)$ 的系数 $a_\omega(n)$ 给出了下面一个更有意义的结果, 即对于任意的正整数 $M=2m+\epsilon, \epsilon \in \{0,1\}$, 可得

$$a_\omega\left(\frac{2(5^{2M+2}-1)}{3}\right) \equiv (-5)^{-m-\epsilon} \equiv (\text{mod}23). \tag{5.79}$$

2017 年, Andrews 等 [110] 研究了两个与 3 阶 mock theta 函数 $\omega(q)$ 和 $\nu(q)$ 相关的两个分拆函数的同余性质. 若定义函数

$$\sum_{n=1}^{\infty} P_\omega(n)q^n = \sum_{n=1}^{\infty}\frac{q^n}{(1-q^n)(q^{n+1};q)_n(q^{2n+2;q^2})_\infty}, \tag{5.80}$$

其中, $P_\omega(n)$ 是指正整数 n 的奇分拆不大于其最小分拆的二倍的分拆的个数.

容易发现其与函数 $\omega(q)$ 有如下关系

$$\sum_{n=1}^{\infty} P_\omega(n)q^n = q\omega(q). \tag{5.81}$$

事实上, Waldherr[108] 早已得到了 $P_\omega(n)$ 的两个同余关系, 即对于正整数 n, 有

$$P_\omega(40n+28) \equiv 0(\text{mod}5), \tag{5.82}$$

$$P_\omega(40n+36) \equiv 0(\text{mod}5). \tag{5.83}$$

进而, Andrews 等发现, 对于正整数 n,k, $P_\omega(n)$ 满足同余关系

$$P_\omega\left(2^{2k+3}n+\frac{11\cdot 2^{2k}+1}{3}\right) \equiv 0(\text{mod}4), \tag{5.84}$$

$$P_\omega\left(2^{2k+3}n+\frac{17\cdot 2^{2k}+1}{3}\right) \equiv 0(\text{mod}8), \tag{5.85}$$

$$P_\omega\left(2^{2k+4}n+\frac{38\cdot 2^{2k}+1}{3}\right) \equiv 0(\text{mod}4) \tag{5.86}$$

和

$$P_\omega \equiv \begin{cases} 1 \equiv (\mathrm{mod}2), & n = 6j^2+4j+1, j \in \mathbb{Z}, \\ 0 \equiv (\mathrm{mod}2), & \text{其他}, \end{cases}$$

以及对于正整数 n, 有

$$P_\omega(8n+4) \equiv 0(\mathrm{mod}4), \tag{5.87}$$

$$P_\omega(8n+6) \equiv 0(\mathrm{mod}8), \tag{5.88}$$

$$P_\omega(16n+13) \equiv 0(\mathrm{mod}4). \tag{5.89}$$

同时, 定义函数

$$\sum_{n=0}^{\infty} P_\nu(n)q^n = \sum_{n=0}^{\infty} q^n(-q^{n+1};q)_n(q^{2n+2};q^2)_\infty, \tag{5.90}$$

可知

$$\sum_{n=0}^{\infty} P_\nu(n)q^n = \nu(-q), \tag{5.91}$$

其中,

$$\nu(q) = \sum_{n=0}^{\infty} \frac{q^{n(n+1)}}{(-q;q^2)_{n+1}} \tag{5.92}$$

是 3 阶 mock theta 函数.

Andrews 等研究发现, $P_\nu(n)$ 有下面同余关系

$$P_\nu(n) \equiv \begin{cases} 1 \equiv (\mathrm{mod}2), & n = 3j^2+2j, j \in \mathbb{Z}, \\ 0 \equiv (\mathrm{mod}2), & \text{其他}, \end{cases}$$

以及对于 $n \geqslant 0, r = 2, 3$, 有

$$P_\nu(4n+r) \equiv 0(\mathrm{mod}2), \tag{5.93}$$

进而有

$$P_\nu\left(2^{2k+4}n + \frac{11\cdot 2^{2k}-1}{3}\right) \equiv 0(\mathrm{mod}4), \tag{5.94}$$

$$P_\nu\left(2^{2k+4}n + \frac{17\cdot 2^{2k}-1}{3}\right) \equiv 0(\mathrm{mod}8), \tag{5.95}$$

$$P_\nu\left(2^{2k+5}n + \frac{38\cdot 2^{2k}-1}{3}\right) \equiv 0(\mathrm{mod}4) \tag{5.96}$$

及

$$P_\nu(8n+6)\equiv 0(\mathrm{mod}4). \tag{5.97}$$

研究了 3 阶 mock theta 函数 $\omega(q)$ 的双侧级数

$$B(\omega;q):=\sum_{n=-\infty}^{\infty}\frac{2n^2+2n}{(q;q^2)_{n+1}^2} \tag{5.98}$$

的同余性质, 具体地讲, 得到了下面的同余关系.

定理 5.8 对于 3 阶 mock theta 函数 $\omega(q)$ 的双侧级数 $B(\omega;q)$, 设

$$1+qB(\omega;q):=\sum_{n=0}^{\infty}c(n)q^n, \tag{5.99}$$

则有

$$a_{1,1,2}(2n+1)\equiv c(2n+1)\equiv 0(\mathrm{mod}2). \tag{5.100}$$

其中, $a_{m,j,p}$ 是指对于整数 m,j,p 满足条件 $1\leqslant j\leqslant p-1$, 则有

$$\begin{aligned}\sum_{n=0}^{\infty}a_{m,j,p}(n)q^n&:=-m(q^{mp},q^p,q^j)\\&=\frac{1}{(q^j,q^{p-j},q^p;q^p)_\infty}\sum_{n=-\infty}^{\infty}\frac{(-1)^nq^{pn(n+1)/2+jn+j}}{1-q^{pn+pm+j}}.\end{aligned} \tag{5.101}$$

证明: 首先, 计算 $B(\omega;q)$, 易知

$$\omega(q)=\sum_{n=0}^{\infty}\frac{q^{2n(n+1)}}{(q;q^2)_{n+1}^2}=g_3(q,q^2), \tag{5.102}$$

其中,

$$g_3(x,q):=x^{-1}\left(-1+\sum_{n=0}^{\infty}\frac{q^{n^2}}{(x;q)_{n+1}(x^{-1}q;q)_n}\right) \tag{5.103}$$

是通用 mock theta 函数.

由在文献 [111] 中已经证明的结果

$$B(g_3;x,q)=-\frac{1}{x}+\frac{1}{x^3}\frac{1}{(q)_\infty}j(x,q)m(x^{-2},q,x) \tag{5.104}$$

可知

$$\begin{aligned}B(\omega;q)&=B(g_3;q,q^2)\\&=-\frac{1}{q}+\frac{1}{q}\frac{1}{(q^2;q^2)_\infty}q^{-2}j(q,q^2)m(q^{-2},q^2,q)\\&=\frac{1}{q}\left(-1+\frac{1}{(q^2;q^2)_\infty}(q;q^2)_\infty^2(q^2;q^2)_\infty m(q^2,q^2,q^{-1})\right)\\&=\frac{1}{q}\left(-1+(q;q^2)_\infty^2 m(q^2,q^2,q)\right).\end{aligned}\tag{5.105}$$

而由定义可知

$$\sum_{n=0}^{\infty}a_{1,1,2}(n)q^n=-m(q^2,q^2,q),\tag{5.106}$$

进而可得

$$qB(\omega;q)+1=(q^2;q^2)_\infty m(q^2,q^2,q)=-(q^2;q^2)_\infty\sum_{n=0}^{\infty}a_{1,1,2}(n)q^n.\tag{5.107}$$

再根据 Chan 和 Mao[112] 关于 $a_{m,j,p}$ 性质的研究, 即对于任意整数 m, 整数 p、j 互素且满足条件 $p\geqslant 2$ 及 $1\leqslant j\leqslant p-1$, 则有

$$\sum_{n=0}^{\infty}a_{m,j,p}(pn+pj-j^2)q^n=(-1)^m p\frac{q^{m(m-1)/2}(q^p;q^p)_\infty^4}{(q;q^3)_\infty^3(q^j,q^{p-j};q^p)_\infty^2},\tag{5.108}$$

以及对于任意整数 m, 整数 $2p$、j 互素且满足条件 $p\geqslant 1$ 及 $1\leqslant j\leqslant 2p-1$, 则有

$$\begin{aligned}&\sum_{n=0}^{\infty}a_{m,j,p}(2pn+p)q^n\\&=(-1)^m p\frac{q^{m(m-1)/2+(j-1)/2}(-q^j,-q^{p-j};q^p)_\infty(q^{2p};q^{2p})_\infty^4}{(q;q^3)_\infty^3(q^j,q^{2p-j};q^{2p})_\infty^2(-q^p;q^p)_\infty^2},\end{aligned}\tag{5.109}$$

可得

$$\sum_{n=0}^{\infty}a_{1,1,2}(2n+1)q^n=-2\frac{(q^2;q^2)_\infty^4}{(q;q^3)_\infty^3(q,q;q^2)_\infty^2}.\tag{5.110}$$

进而可推得

$$-(q^2;q^2)_\infty\sum_{n=0}^{\infty}a_{1,1,2}(2n+1)q^n=2\frac{(q^2;q^2)_\infty^5}{(q;q^3)_\infty^3(q,q;q^2)_\infty^2}.\tag{5.111}$$

5.3 半整权尖形式 Fourier 系数的算术性质

5.3.1 引言及主要结论

众所周知, mock theta 函数是一类半整权的模形式, 即一类 mock 的模形式, 而关于其系数的算术性质研究已有一些结果, 但仍然是一个神秘的领域. 因此, 研究与其相关的弱调和 Maass 形式 Fourier 系数问题、全纯整权本原尖形式 Fourier 系数的符号变化问题及半整权本征形式的尖形式 Fourier 系数的算术性质等问题, 已成为数学家研究的一个热点问题. 本节主要关注一类带特征的半整权 Hecke 本征形式的尖形式 Fourier 系数在特殊整数序列上的符号变化及其非零值问题, 即它们的 Hecke 本征值问题.

首先设 $\tau\in\mathbb{H}$, 整数 $k\geqslant 1$, $N\geqslant 4$ 且能被 4 整除, χ 是模 N 的一个实 Dirichlet 特征. 记同余子群 $\Gamma_0(N)$ 上特征为 χ 的权是 $k+1/2$ 的尖形式空间为 $S_{k+1/2}(N,\chi)$[35]. 已经知道权为 3/2 的尖形式空间 $S_{3/2}(N,\chi)$ 包含了一元 theta 函数, 由这些 theta 函数生成的子空间关于 Petersson 内积的正交补空间记为 $S^*_{3/2}(N,\chi)$[35, 113]. 当整数 $k\geqslant 2$ 时, 记 $S^*_{k+1/2}(N,\chi)=S_{k+1/2}(N,\chi)$.

对于任意的 $\mathfrak{f}\in S^*_{k+1/2}(N,\chi)$, 设其在 i∞ 点的 Fourier 展开式为

$$\mathfrak{f}(\tau)=\sum_{n\geqslant 1}\mathfrak{a}_{\mathfrak{f}}(n)\mathrm{e}^{2\pi i n\tau}. \tag{5.112}$$

对于尖形式 $\mathfrak{f}\in S^*_{k+1/2}(N,\chi_0)$, 其中 χ_0 为其平凡特征、level N 为无平方因子数及其 Fourier 系数 $\mathfrak{a}_{\mathfrak{f}}(n)$ 为实数. 而当 $\mathfrak{f}$ 满足 Kohnen 的加法空间的条件时 [114, 115], 即 $(-1)^k n\equiv 2,3\,(\mathrm{mod}\,4)$, 则有 $\mathfrak{a}_{\mathfrak{f}}(n)=0$.

2008 年, Bruinier 和 Kohnen[74] 就 $\mathfrak{f}\in S^*_{k+1/2}(N,\chi_0)$ 的 Fourier 系数给出了下面的猜想:

$$\lim_{x\to\infty}\frac{|\{n\leqslant x:\mathfrak{a}_{\mathfrak{f}}(n)\gtrless 0\}|}{|\{n\leqslant x:\mathfrak{a}_{\mathfrak{f}}(n)\neq 0\}|}=\frac{1}{2} \tag{5.113}$$

和

$$\lim_{x\to\infty}\frac{|\{|d|\leqslant x: d\text{ 为基本判别式}, \mathfrak{a}_{\mathfrak{f}}(|d|)\gtrless 0\}|}{|\{|d|\leqslant x: d\text{ 为基本判别式}, \mathfrak{a}_{\mathfrak{f}}(|d|)\neq 0\}|}=\frac{1}{2}. \tag{5.114}$$

这两个猜测是在他们大量的数值验证的基础上提出的, 但其证明是很困难的. 然而他们却思考和观察 $\mathfrak{f}$ 的 Fourier 系数 $\mathfrak{a}_{\mathfrak{f}}(n)$ 在特殊整数序列上的符号变化情况. 例如, $\{tn^2\}_{n\in\mathbb{N}}$, $\{tp^{2\nu}\}_{\nu\in\mathbb{N}}$ 及 $\{tn_t^2\}_t$ 是无平方因子数, 其中正整数 t 为使 $\mathfrak{a}_{\mathfrak{f}}(t)\neq 0$ 的无平方因子数, p 是任意给定的素数, n_t 是由 t 决定的整数.

2013 年, Kohnen 等 [76] 研究了半整权本征形式的尖形式 Fourier 系数 $\mathfrak{a}_{\mathfrak{f}}(n)$ 在特殊整数序列上的符号变化问题, 给出了一个好的结果.

定理 5.9 (Kohnen-Lau-Wu) 设整数 $k \geqslant 1$, $N \geqslant 4, 4 \mid N$, χ 是模 N 的实 Dirichlet 特征, 假设 $\mathfrak{f} \in S^*_{k+\frac{1}{2}}(N, \chi)$ 为 Hecke 本征形式, 整数 $t \geqslant 1$ 是使得 $\mathfrak{f}$ 的 Fourier 系数 $\mathfrak{a}_\mathfrak{f}(t) \neq 0$ 的无平方因子数, 若数列 $\{\mathfrak{a}_\mathfrak{f}(tn^2)\}_{n\in\mathbb{N}}$ 是实数, 那么其有无穷多项的符号变化. 进而存在一个最小的常数 $\alpha = \alpha(\mathfrak{f}, t) > 0$ 使得对于充分大的 x, 即 $x \geqslant x_0(\mathfrak{f}, t)$, 当 $\mathfrak{a}_\mathfrak{f}(tp^2)$ 在 p 取遍区间 $[x^\alpha, x]$ 中的素数时至少有一次符号变化.

同时, 在上述结果的条件下, Kohnen 等还给出了下面两个渐进估计.

定理 5.10 (Kohnen-Lau-Wu) 若 $\mathfrak{f} \in S^*_{k+\frac{1}{2}}(N, \chi)$ 是 Hecke 本征形式, 且其 Shimura 提升不是 CM 形式, 对于 $x \geqslant x_0(\mathfrak{f}, t)$, 则有

$$\sum_{n \leqslant x, (n, Nt)=1, \mathfrak{a}_\mathfrak{f}(tn^2) \neq 0} 1 \gg_{\mathfrak{f}, t} x, \tag{5.115}$$

其中, 求和式是对所有无平方因子数 n 求和. 同时, 他们得到了

$$\sum_{p \leqslant x, \epsilon \mathfrak{a}_\mathfrak{f}(t)^{-1} \mathfrak{a}_\mathfrak{f}(tp^2) > 1.68 p^{k-\frac{1}{2}}} \gg_\mathfrak{f} \frac{x}{\log x}, \tag{5.116}$$

其中, p 为素数, $\epsilon = \pm 1$.

Chen 和 Wu [116] 主要考虑带 Dirichlet 特征的半整权 Hecke 本征形式的尖形式 $\mathfrak{f}$ 的 Fourier 系数, 即 Hecke 本征值的符号变化及非零值问题.

(1) Fourier 系数在序列 $\{\mathfrak{a}_\mathfrak{f}(tn^2)\}_{n\in\mathbb{N}}$ 中的第一个负值项的上界估计问题.

(2) Fourier 系数中 $\mathfrak{a}_\mathfrak{f}(tn^2)$ 符号相同项的个数问题.

(3) Fourier 系数 $\mathfrak{a}_\mathfrak{f}(tn^2)$ 在短区间上的非零值问题.

为了进一步刻画这些问题, 设 $(n, N/2) = 1$, 整数 $n_\mathfrak{f}$ 是使得

$$\mathfrak{a}_\mathfrak{f}(tn^2) < 0 \tag{5.117}$$

的最小的正整数 n.

第一个问题就是给出整数 $n_\mathfrak{f}$ 的上界估计, 利用 $\mathfrak{f}$ 对应 Shimura 提升 [35] 及文献 [72] 和文献 [73] 中的思想和方法, 可以得到如下结果.

定理 5.11 设整数 $k \geqslant 1$, $N \geqslant 4$ 且能被 4 整除, χ 是模 N 的一个实 Dirichlet 特征. 假设 $\mathfrak{f} \in S^*_{k+1/2}(N, \chi)$ 是 Hecke 本征形式, 整数 $t \geqslant 1$ 是使得 $\mathfrak{a}_\mathfrak{f}(t) \neq 0$ 的无平方因子数. 假设 $\mathfrak{f}$ 的 Shimura 提升不是 CM 形式, 则可得

$$n_\mathfrak{f} \ll (k^2 N)^{9/20},$$

其中, 隐含常数为绝对常数.

注: 定理中的指数常数为 9/20, 还可以利用文献 [117] 中的方法改进到 3/8.

其次, 为了研究 $\mathfrak{f}$ 的 Fourier 系数 $\mathfrak{a}_{\mathfrak{f}}(tn^2)$ 中的符号相同项的个数问题, 定义计数函数

$$\begin{cases} \mathcal{N}_{\mathfrak{f}}^{*}(x) := \displaystyle\sum_{n\leqslant x,\, \mathfrak{a}_{\mathfrak{f}}(tn^2)\neq 0} 1, \\ \mathcal{N}_{\mathfrak{f}}^{+}(x) := \displaystyle\sum_{n\leqslant x,\, \mathfrak{a}_{\mathfrak{f}}(tn^2)> 0} 1, \\ \mathcal{N}_{\mathfrak{f}}^{-}(x) := \displaystyle\sum_{n\leqslant x,\, \mathfrak{a}_{\mathfrak{f}}(tn^2)< 0} 1. \end{cases} \tag{5.118}$$

利用可乘函数理论及文献 [118] 中的方法可以建立下面的结果.

定理 5.12 设整数 $k \geqslant 1$, $N \geqslant 4$ 且能被 4 整除, χ 是模 N 的一个实 Dirichlet 特征. 假设 $\mathfrak{f} \in S_{k+1/2}^{*}(N,\chi)$ 是 Hecke 本征形式, 整数 $t \geqslant 1$ 是使得 $\mathfrak{a}_{\mathfrak{f}}(t) \neq 0$ 的无平方因子数. 假设 $\mathfrak{f}$ 的 Shimura 提升不是 CM 形式, 则

(1) 对任意 $\varepsilon > 0$, 当 $x \to \infty$ 时, 有

$$\mathcal{N}_{\mathfrak{f}}^{*}(x) = \rho_{\mathfrak{f}}\, x\left\{1 + O_{\mathfrak{f},\varepsilon}\left(\frac{1}{(\log x)^{1/4-\varepsilon}}\right)\right\}, \tag{5.119}$$

其中,

$$\rho_{\mathfrak{f}} := \prod_{p}\left(1-\frac{1}{p}\right)\sum_{\nu\geqslant 0}\frac{\delta_{\mathfrak{f}}(p^{\nu})}{p^{\nu}} > 0, \tag{5.120}$$

$\delta_{\mathfrak{f}}(n)$ 是满足条件中 $\mathfrak{a}_{\mathfrak{f}}(tn^2) \neq 0$ 的整数 n 的特征函数.

(2) 当 $x \to \infty$ 时, 有

$$\mathcal{N}_{\mathfrak{f}}^{\pm}(x) = \tfrac{1}{2}\rho_{\mathfrak{f}}\, x\left\{1 + O_{\mathfrak{f},\varepsilon}\left(\frac{1}{(\log x)^{1/4-\varepsilon}}\right)\right\}. \tag{5.121}$$

注: (1) 若定理中的整数 $N/2$ 是无平方因子数, 则本征形式的尖形式 $\mathfrak{f} \in S_{k+1/2}^{*}(N,\chi)$ 的 Shimura 提升不是 CM 形式的假设是合理的.

(2) 同时, 结果说明 Bruinier 和 Kohnen 的猜想式 (5.113) 在序列 $\{\mathfrak{a}_{\mathfrak{f}}(tn^2)\}_{n\in\mathbb{N}}$ 上是成立的, 并且改进了 Kohnen 等 [76] 关于这一问题的研究结果.

最后, 为了度量 $\mathfrak{f}$ 的 Fourier 系数 $\mathfrak{a}_{\mathfrak{f}}(tn^2)$ 在短区间上的非零性, 引入函数 [119]

$$i_{\mathfrak{f}}(n) := \max\{j \geqslant 1 \;:\; \mathfrak{a}_{\mathfrak{f}}(t(n+i)^2) = 0,\; 0 < i \leqslant j\},$$

这里, 约定 $\max\phi = 0$. 希望得到形如

$$i_{\mathfrak{f}}(n) \ll_{\mathfrak{f},\theta} n^{\theta} \quad (n \geqslant 1)$$

的非平凡估计, 其中 θ 是某个小于 1 的整数. 显然, 需要证明不等式

$$\#\{x < n \leqslant x+y \;:\; \mu(n)^2 = 1, \mathfrak{a}_{\mathfrak{f}}(tn^2) \neq 0\} \gg_{\mathfrak{f},\theta} y$$

对充分大的 x 及 $y = x^{\theta}$ 成立, 其中 $\mu(n)$ 是 Möbius 函数, 隐含常数依赖于 $\mathfrak{f}$ 及 θ.

这样, 就可以给出 $\mathfrak{f}$ 的 Fourier 系数 $\mathfrak{a}_{\mathfrak{f}}(tn^2)$ 在短区间上的非零值的如下估计.

定理 5.13 设整数 $k \geqslant 1$, $N \geqslant 4$ 且能被 4 整除, χ 是模 N 的一个实 Dirichlet 特征. 假设 $\mathfrak{f} \in S^*_{k+1/2}(N,\chi)$ 是 Hecke 本征形式, 整数 $t \geqslant 1$ 是使得 $\mathfrak{a}_{\mathfrak{f}}(t) \neq 0$ 的无平方因子数. 假设 $\mathfrak{f}$ 的 Shimura 提升不是 CM 形式, 则

(1) 对任意的 $\varepsilon > 0$, $x \geqslant x_0(\mathfrak{f},\varepsilon)$, $y \geqslant x^{7/17+\varepsilon}$, 有

$$\left|\left\{x < n \leqslant x + y \ :\ \mu(n)^2 = 1 \text{ 且 } \mathfrak{a}_{\mathfrak{f}}(tn^2) \neq 0\right\}\right| \gg_{\mathfrak{f},\varepsilon} y.$$

特别地, 对任意的 $\varepsilon > 0$ 及 $n \geqslant 1$, 可得

$$i_{\mathfrak{f}}(n) \ll_{\mathfrak{f},\varepsilon} n^{7/17+\varepsilon}.$$

(2) 对所有 $\varepsilon > 0$, $x \geqslant x_0(\mathfrak{f},\varepsilon)$, $y \geqslant x^{17/38+100\varepsilon}$, $1 \leqslant a \leqslant q \leqslant x^{\varepsilon}$ 且 $(a,q) = 1$, 则有

$$\left|\left\{x < n \leqslant x + y \ :\ \mu(n)^2 = 1,\ n \equiv a (\operatorname{mod} q) \text{ 且 } \mathfrak{a}_{\mathfrak{f}}(tn^2) \neq 0\right\}\right| \gg_{\mathfrak{f},\varepsilon} y/q.$$

注: 这个结果可以利用文献 [78] 和文献 [120] 中给出的无 $\mathscr{B}$ 因子数的理论和方法, 结合一些加权指数和估计与经典筛法予以证明. 从而对讨论和研究 mock theta 函数的系数及 mock 模形式 Fourier 系数的符号变化问题及估计提供了好的思想和方法.

5.3.2 引理及其证明

由著名的 Shimura[35] 提升, 可以将建立 $\mathfrak{f} \in S^*_{k+1/2}(N,\chi)$ 与同余子群 $\Gamma_0(N/2)$ 上特征为 χ^2 权为 $2k$ 的尖形式 f_t[35] 之间的联系, 同时 Shimura 给出了这两个尖形式 Fourier 系数之间的对应关系

$$a_{f_t}(n) := \sum_{d|n} \chi_{t,N}(d) d^{k-1} \mathfrak{a}_{\mathfrak{f}}\left(t\frac{n^2}{d^2}\right), \tag{5.122}$$

其中, 特征 $\chi_{t,N}$ 为

$$\chi_{t,N}(d) := \chi(d)\left(\frac{(-1)^k t}{d}\right), \tag{5.123}$$

而

$$f_t(\tau) := \sum_{n \geqslant 1} a_{f_t}(n) \mathrm{e}^{2\pi i n\tau} \tag{5.124}$$

是权为 $2k$ 的尖形式 $f_t(z)$ 的 Fourier 展开式.

这里, 称权为 $2k$ 的尖形式 f_t 是权为 $k + 1/2$ 的尖形式 $\mathfrak{f}$ 关于参数 t 对应的 Shimura 提升. 特别地, 如果 $\mathfrak{f}$ 是 Hecke 本征形式, 则它的 Shimura 提升 f_t 也是.

若定义

$$f(z) := a_{\mathfrak{f}}(t)^{-1} f_t(z), \tag{5.125}$$

则称 f 是与参数 t 无关的正规化的 Hecke 本征形式, 即 f 的 Fourier 系数的首项为 1.

可以发现, 对于任意给定的无平方因子数 t 和本征形式 $\mathfrak{f}$, 算术函数 $n \mapsto \mathfrak{a}_{\mathfrak{f}}(tn^2)$ 在上述意义下是一个满足如下可乘性质的函数 [35], 即

$$\mathfrak{a}_{\mathfrak{f}}(tm^2)\mathfrak{a}_{\mathfrak{f}}(tn^2) = \mathfrak{a}_{\mathfrak{f}}(t)\mathfrak{a}_{\mathfrak{f}}(tm^2n^2), \quad (m,n)=1. \tag{5.126}$$

若记

$$\lambda_f(n) := a_{\mathfrak{f}}(t)^{-1} a_{f_t}(n) n^{-(2k-1)/2}, \quad a_{\mathfrak{f}}^*(n) := a_{\mathfrak{f}}(t)^{-1}\mathfrak{a}_{\mathfrak{f}}(tn^2) n^{-(k-1/2)}, \tag{5.127}$$

可得 $\lambda_f(n)$ 是正规化 Hecke 本征形式 f 的第 n 个正规的 Fourier 系数, 即 $\lambda_f(1)=1$. 同时, $n \mapsto \mathfrak{a}_{\mathfrak{f}}^*(n)$ 是一个可乘函数.

下面定义两个重要的符号:

$$\mathcal{L} := \log(C_0 kN), \quad N_k := \prod_{p \leqslant \mathcal{L}^2 \text{ 或 } p \mid (N/2)} p, \tag{5.128}$$

其中, C_0 是一个绝对值足够大的常数. 令

$$\begin{cases} L(s,f) := \sum\limits_{n\geqslant 1} \lambda_f(n) n^{-s}, \\ L(s,\mathfrak{a}_{\mathfrak{f}}^*) := \sum\limits_{n\geqslant 1} \mathfrak{a}_{\mathfrak{f}}^*(n) n^{-s}, \\ L(s,\chi_{t,N}) := \sum\limits_{n\geqslant 1} \chi_{t,N}(n) n^{-s}, \end{cases} \qquad \begin{cases} L^\flat(s,f) := \sum\limits_{n\geqslant 1}^{\flat} \lambda_f(n) n^{-s}, \\ L^\flat(s,\mathfrak{a}_{\mathfrak{f}}^*) := \sum\limits_{n\geqslant 1}^{\flat} \mathfrak{a}_{\mathfrak{f}}^*(n) n^{-s}, \\ L^\flat(s,\chi_{t,N}) := \sum\limits_{n\geqslant 1}^{\flat} \chi_{t,N}(n) n^{-s}, \end{cases}$$

其中, $s\in\mathbb{C}$, $\sum^\flat$ 表示对所有的无平方因子的正整数 n 在 $(n,N_k)=1$ 时求和.

引理 5.1　设整数 $k\geqslant 1$, $N \geqslant 4$ 且能被 4 整除, χ 是模 N 的一个实 Dirichlet 特征. 假设 $\mathfrak{f}\in S_{k+1/2}^*(N,\chi)$ 是 Hecke 本征形式, 整数 $t\geqslant 1$ 是使得 $\mathfrak{a}_{\mathfrak{f}}(t)\neq 0$ 的无平方因子数.

(1) 对所有 $s\in\mathbb{C}$, 可得

$$L(s,f) = L\left(s+\frac{1}{2},\chi_{t,N}\right) L(s,\mathfrak{a}_{\mathfrak{f}}^*), \tag{5.129}$$

及当 $\sigma > 1/2$ 时, 有

$$L^\flat(s,f) = L^\flat\left(s+\frac{1}{2},\chi_{t,N}\right) L^\flat(s,\mathfrak{a}_{\mathfrak{f}}^*)\mathscr{L}_f(s), \tag{5.130}$$

其中, Dirichlet 级数 $\mathcal{F}(s)$ 在假设条件下绝对收敛且

$$\mathscr{L}_f(s) \asymp_\varepsilon 1 \quad \left(\sigma \geqslant \frac{1}{2}+\varepsilon\right), \tag{5.131}$$

其中, 隐含常数仅依赖于 ε.

(2) 对于任意的 $\varepsilon>0$, 有

$$L(\sigma+\mathrm{i}\tau, \chi_{t,N})^{-1} \ll \varepsilon^{-1} \tag{5.132}$$

和

$$L^\flat(\sigma+\mathrm{i}\tau, \chi_{t,N})^{-1} \ll \varepsilon^{-2}, \tag{5.133}$$

其中, $\sigma \geqslant 1+\varepsilon$, $\tau\in\mathbb{R}$, 隐含常数为绝对常数.

(3) 对于任意 $\varepsilon>0$, 有

$$|L(\sigma+\mathrm{i}\tau, \mathfrak{a}_{\mathfrak{f}}^*)| \ll_\varepsilon \left(N(k+|\tau|)^2\right)^{\max\{(1-\sigma)/2,\,0\}+\varepsilon} \tag{5.134}$$

和

$$|L^\flat(\sigma+\mathrm{i}\tau, \mathfrak{a}_{\mathfrak{f}}^*)| \ll_\varepsilon \left(N(k+|\tau|)^2\right)^{\max\{(1-\sigma)/2,\,0\}+\varepsilon}, \tag{5.135}$$

其中, $\sigma \geqslant \dfrac{1}{2}+\varepsilon$, $\tau\in\mathbb{R}$, 隐含常数仅依赖于 ε.

证明: 由定义式 (5.127), 可得等式 (5.122) 等价于

$$\lambda_f(n) = \sum_{d|n} \frac{\chi_{t,N}(d)}{\sqrt{d}} \mathfrak{a}_{\mathfrak{f}}^*\left(\frac{n}{d}\right). \tag{5.136}$$

这说明在 $\sigma>1$ 时, 等式 (5.129) 成立. 再由 $L(s,f)$ 和 $L\left(s+\dfrac{1}{2}, \chi_{t,N}\right)$ 的解析开拓性质可得等式 (5.129) 对所有 $s\in\mathbb{C}$ 都成立.

令 $g(n) := \chi_{t,N}(n)\mu(n)^2/\sqrt{n}$ 及 $h(n) := \mathfrak{a}_{\mathfrak{f}}^*(n)\mu(n)^2$, 其中 $\mu(n)$ 是 Möbius 函数. 定义一个新的可乘函数 $\ell(n)$,

$$\lambda_f(n)\mu(n)^2 = (g*h*\ell)(n). \tag{5.137}$$

根据等式 (5.136), 可知对任意素数 p, 有 $\ell(p)=0$.

下面将证明任意素数 p 及整数 $\nu\geqslant 2$, 存在一个充分大的常数 C 使得

$$|\ell(p^\nu)| \leqslant C^\nu. \tag{5.138}$$

事实上, 由 $\ell(n)$ 的定义可得, 对于任意素数 p 及整数 $\nu\geqslant 2$, 有

$$\begin{aligned} 0 = \lambda_f(p^\nu)\mu(p^\nu)^2 &= \sum_{\nu_1+\nu_2+\nu_3=\nu} g(p^{\nu_1})h(p^{\nu_2})\ell(p^{\nu_3}) \\ &= \ell(p^\nu) + \ell(p^{\nu-1})(g(p)+h(p)) + \ell(p^{\nu-2})g(p)h(p), \end{aligned}$$

即

$$|\ell(p^\nu)| \leqslant (|g(p)| + |h(p)| + |g(p)h(p)|)\max\{|\ell(p^{\nu-1})|, |\ell(p^{\nu-2})|\}. \tag{5.139}$$

再考虑 $g(n)$ 和 $h(n)$ 的定义及文献 [121] 中的引理 6, 可知存在一个充分大的常数 C 使得

$$|g(p)| + |h(p)| + |g(p)h(p)| \leqslant C. \tag{5.140}$$

显然, 由式 (5.139) 和式 (5.140) 可以立刻推出式 (5.138) 成立.

下面利用式 (5.137) 和式 (5.138), $\ell(p) = 0$, 推得式 (5.130) 在 $\sigma > \frac{1}{2}$ 时成立且

$$\mathscr{L}_f(s) := \sum_{\substack{n\geqslant 1\\(n,N_k)=1}} \ell(n)n^{-s} = \prod_{p\nmid N_k}\Big(1 + \sum_{\nu\geqslant 2}\ell(p^\nu)p^{-\nu s}\Big).$$

同时, 可知当 $\sigma \geqslant \frac{1}{2} + \varepsilon$ 时, $\mathscr{L}_f(s) \asymp_\varepsilon 1$, 这是由于 $p\nmid N_k$ 时, 有 $p \geqslant \mathcal{L}^2 \geqslant (\log C_0)^2 \geqslant 100C^2$, 其中假设 C_0 是一个充分大的常数, 符号 $\asymp_\varepsilon$ 中的隐含常数仅仅取决于 ε.

下面, 证明结论 (2). 由 $\chi_{t,N}^2 = \chi_0$, 结合文献 [122] 的结果 $\chi = \chi_{t,N}$ 可得

$$L(\sigma,\chi_0)^3|L(\sigma + \mathrm{i}\tau,\chi_{t,N})|^4|L(\sigma + \mathrm{i}2\tau,\chi_0)| \geqslant 1$$

对 $\sigma > 1$ 及 $\tau \in \mathbb{R}$ 都成立. 此外, 当 $\sigma \geqslant 1 + \varepsilon$, $\tau \in \mathbb{R}$, 易推得

$$|L(\sigma,\chi_0)| + |L(\sigma + \mathrm{i}2\tau,\chi_0)| \leqslant 2\zeta(1+\varepsilon) \ll \varepsilon^{-1},$$

其中, 隐含常数为绝对常数. 这样可知式 (5.132) 成立.

对 $\sigma > 1$, 有

$$L^\flat(s,\chi_{t,N}) = \prod_{p\nmid N_k}\left(1 + \frac{\chi_{t,N}(p)}{p^s}\right) = L(s,\chi_{t,N})G_{\chi_{t,N}}(s),$$

其中,

$$G_{\chi_{t,N}}(s) := \prod_{p\mid N_k}\left(1 - \frac{\chi_{t,N}(p)}{p^s}\right)\prod_{p\nmid N_k}\left(1 - \frac{\chi_{t,N}(p)^2}{p^{2s}}\right)$$

的 Dirichlet 级数是绝对收敛的, 进而可得 $G_{\chi_{t,N}}(s) \gg_\varepsilon N^{-\varepsilon}$ 在半平面 $\sigma \geqslant \frac{1}{2} + \varepsilon$ 上成立, 而 $G_{\chi_{t,N}}(s) \gg \varepsilon$ 在半平面 $\sigma \geqslant 1 + \varepsilon$ 上也成立, 其中隐含常数为绝对常数. 此时, 可知由式 (5.132) 就可以推出式 (5.133).

最后, 考虑结论 (3). 由假设可知, f 是群 $\varGamma_0(N/2)$ 上特征为 χ^2 权为 $2k$ 的新形式, 从而可知上界估计

$$L(s,f) \ll_\varepsilon \big(N(k + |\tau|)^2\big)^{\max\{(1-\sigma)/2,\,0\}+\varepsilon} \tag{5.141}$$

在 $\sigma \geqslant \frac{1}{2}+\varepsilon, \tau \in \mathbb{R}$ 时成立 [123, 124]. 对 $\sigma > 1$, 有

$$L^{\flat}(s,f)=\prod_{p\nmid N_k}\left(1+\frac{\lambda_f(p)}{p^s}\right)=L(s,f)G_f(s),$$

其中

$$G_f(s):=\prod_{p\mid N_k}\left(1-\frac{\lambda_f(p)}{p^s}\right)\prod_{p\nmid N_k}\left(1-\frac{\lambda_f(p)^2}{p^{2s}}\right)$$

的 Dirichlet 级数绝对收敛, 进而由 Deligne[125] 的不等式 $|\lambda_f(p)|\leqslant 2$, 可知 $G_f(s)\ll_{\varepsilon}(kN)^{\varepsilon}$ 在半平面 $\sigma \geqslant \frac{1}{2}+\varepsilon$ 上成立. 利用估计式 (5.141), 可推得

$$L^{\flat}(s,f)\ll_{\varepsilon}\left(N(k+|\tau|)^2\right)^{\max\{(1-\sigma)/2,\,0\}+\varepsilon} \tag{5.142}$$

在 $\sigma \geqslant \frac{1}{2}+\varepsilon$ 及 $\tau\in\mathbb{R}$ 时成立.

这样就可以由式 (5.129)、式 (5.132) 及式 (5.141) 推得式 (5.134). 同理, 由式 (5.130)、式 (5.131)、式 (5.133) 及式 (5.142) 可推得式 (5.135).

下面介绍第二个引理, 这将在定理 5.12 的证明中涉及.

引理 5.2 设整数 $k\geqslant 1$, $N\geqslant 4$ 且能被 4 整除, χ 是模 N 的一个实 Dirichlet 特征. 假设 $\mathfrak{f}\in S_{k+1/2}^{*}(N,\chi)$ 是 Hecke 本征形式, 整数 $t\geqslant 1$ 是使得 $\mathfrak{a}_{\mathfrak{f}}(t)\neq 0$ 的无平方因子数. 假设 $\mathfrak{f}$ 的 Shimura 提升不是 CM 形式, 那么对于任意的 $\varepsilon>0$, 存在一个常数 $x_0(\mathfrak{f},\varepsilon)$ 使得

$$\sum_{\substack{p\leqslant x\\ \mathfrak{a}_{\mathfrak{f}}(tp^2)<0}}1\geqslant\left(\frac{1}{2}-\varepsilon\right)\frac{x}{\log x}$$

在 $x\geqslant x_0(\mathfrak{f},\varepsilon)$ 时成立.

证明: 在式 (5.136) 中令 $n=p$, 则有

$$\mathfrak{a}_{\mathfrak{f}}^{*}(p)=\lambda_f(p)-\frac{\chi_{t,N}(p)}{\sqrt{p}},$$

再由假设知 $\mathfrak{a}_{\mathfrak{f}}(t)>0$ 及式 (5.127), 可得

$$p>\varepsilon^{-2}\ \text{及}\ \lambda_f(p)\leqslant-\varepsilon\ \Rightarrow\ \mathfrak{a}_{\mathfrak{f}}^{*}(p)<0\ \Rightarrow\ \mathfrak{a}_{\mathfrak{f}}(tp^2)<0,$$

即

$$\sum_{\substack{p\leqslant x\\ \mathfrak{a}_{\mathfrak{f}}(tp^2)<0}}1\geqslant\sum_{\substack{\varepsilon^{-2}<p\leqslant x\\ \lambda_f(p)\leqslant-\varepsilon}}1.$$

因此, 容易发现要证明的不等式可由 Sato-Tate 猜想 [126] 直接得出.

下面介绍文献 [119] 中的定理 15 的一个重要结论, 这是证明定理 5.13 的重要理论.

引理 5.3 设 g 是一个权 $\geqslant 2$ 正规化的整权 Hecke 本征形式, 其 level 为 M, 记 $a_g(n)$ 是 g 的第 n 个 Fourier 系数. $\ell(X) \in \mathbb{C}[X]$ 是一个多项式, 若 g 不是 CM 形式, 对于任意的 $\varepsilon > 0$ 及 $x \geqslant 2$, 则

$$\sum_{\substack{p \leqslant x \\ p \nmid M,\, a_g(p)=\ell(p)}} 1 \ll_{g,\ell,\varepsilon} \frac{x}{(\log x)^{5/4-\varepsilon}}, \tag{5.143}$$

其中, 隐含常数依赖于 g, ℓ, ε.

设常数 N_k 由式 (5.128) 定义, 考虑一个新的和函数

$$S_{\mathfrak{f}}(x) := \sum_{\substack{n \leqslant x \\ (n,N_k)=1}} \mathfrak{a}_{\mathfrak{f}}^*(n)\mu(n)^2 \log\left(\frac{x}{n}\right) = \sum_{n \leqslant x}{}^{\flat} \mathfrak{a}_{\mathfrak{f}}^*(n) \log\left(\frac{x}{n}\right). \tag{5.144}$$

下面分别给出这个和函数 $S_{\mathfrak{f}}(x)$ 的上界和下界估计.

引理 5.4 由定理 5.11 的假设条件, 可得对所有 $x \geqslant 2$ 都有

$$S_{\mathfrak{f}}(x) \ll_{\varepsilon} (k^2 N)^{1/4+\varepsilon} x^{1/2}, \tag{5.145}$$

其中, 隐含常数仅仅依赖于 ε.

证明: 由 Perron 公式 [122] 可知

$$S_{\mathfrak{f}}(x) = \frac{1}{2\pi \mathrm{i}} \int_{2-\mathrm{i}\infty}^{2+\mathrm{i}\infty} L^{\flat}(s, \mathfrak{a}_{\mathfrak{f}}^*) \frac{x^s}{s^2} \mathrm{d}s.$$

将积分线由 $\Im s = 2$ 平移到 $\Im es = 1/2 + \varepsilon$, 再将上界估计式 (5.135) 用于函数 $L^{\flat}(s, \mathfrak{a}_{\mathfrak{f}}^*)$ 上, 则可得需证明的上界估计式 (5.145).

为了建立和函数 $S_{\mathfrak{f}}(x)$ 的下界估计, 需要下面两个引理.

首先, 需要给出两个光滑可乘整函数的均值定理, 而其变量都与 q 互素. 对于 $x \geqslant 1$、$y \geqslant 2$ 及 $q \in \mathbb{N}$, 定义

$$\varXi_q(x, y) := \sum_{\substack{n \leqslant x,\, (n,q)=1 \\ P(n) \leqslant y}} \mu(n)^2, \quad \varXi_q(x) := \varXi_q(x, x),$$

其中, $P(n)$ 表示 n 的最大素因子.

下面介绍文献 [73] 中的引理 4.2 在 $\kappa = 1$ 时的特殊结果.

引理 5.5 设 $U>1$ 是一个给定的常数, 对于某一个仅取决于 U 的确定的常数 $C=C(U)$, 有

$$\Xi_q(y^u,y)=\Pi_q\,y^u\rho(u)\left\{1+O_U\left(\frac{L_q^{\mathrm{e}+2}}{\sqrt{\log y}}\right)\right\} \tag{5.146}$$

在

$$q\geqslant 1,\qquad y\geqslant \exp(2CL_q^{\mathrm{e}+2}),\qquad U^{-1}\leqslant u\leqslant U \tag{5.147}$$

时成立, 其中 $L_q:=\log(\omega(q)+3)$, $\omega(q)$ 是 q 的不同素因子的个数, 又设 $\varphi(q)$ 是经典的 Euler 函数, 则

$$\Pi_q:=\frac{\varphi(q)}{q}\prod_{p\nmid q}\left(1-\frac{1}{p^2}\right), \tag{5.148}$$

其中, $\rho(t)$ 是差分方程

$$\rho(t)=1\quad(0\leqslant t\leqslant 1),\qquad t\rho'(t)=-\rho(t-1)\quad(t>1) \tag{5.149}$$

的唯一连续解, 符号 O_U 中隐含常数仅仅依赖于 U.

还需要定义一个分段可乘函数 $h=h_{N_k,y}$, 即

$$h_{N_k,y}(p):=\begin{cases}0, & p\mid N_k,\\ -2-c\mathcal{L}^{-1}, & p>y \text{ 且 } p\nmid(N/2),\\ -c\mathcal{L}^{-1}, & \sqrt{y}<p\leqslant y \text{ 且 } p\nmid(N/2),\\ 1-c\mathcal{L}^{-1}, & \mathcal{L}^2\leqslant p\leqslant\sqrt{y} \text{ 且 } p\nmid(N/2)\end{cases} \tag{5.150}$$

和

$$h_{N_k,y}(p^\nu):=0\quad(\nu\geqslant 2), \tag{5.151}$$

其中, $\mathcal{L}$ 是由式 (5.128) 定义的常数, 常数 $c>0$ 将在后面取定.

下面可以得到和函数 $S_{\mathfrak{f}}(x)$ 的下界估计的关键引理.

引理 5.6 设整数 $k\geqslant 1$, $N\geqslant 4$ 且能被 4 整除, 那么对任意的 $\varepsilon>0$, 在 $N_k\to\infty$ 时, 可得

$$\sum_{n\leqslant y^u}h_{N_k,y}(n)\log\left(\frac{y^u}{n}\right)=\Pi_{N_k}y^u\big(\rho(2u)-2\log u\big)\left\{1+O\left(\frac{1}{\log\mathcal{L}}\right)\right\} \tag{5.152}$$

仅在

$$1\leqslant u\leqslant\frac{3}{2}\quad\text{及}\quad (k^2N)^{1/100}\leqslant y\leqslant (k^2N)^2 \tag{5.153}$$

时成立, 其中 Π_{N_k} 和 $\rho(u)$ 由式 (5.149) 定义, 符号 O 中的隐含常数为绝对常数. 特别地, $\rho(2u)-2\log u>0$ 在 $u<\kappa$ 时成立, 而 κ 是方程 $\rho(2\kappa)=2\log\kappa$ 的根. 进而可知, $\kappa>\dfrac{10}{9}$.

证明: 考虑可乘函数 $h_{N_k,y}$ 的定义, 则有

$$\sum_{n\leqslant y^u} h_{N_k,y}(n)\log\left(\frac{y^u}{n}\right) = S_1 + O(\mathcal{L}^{-1}S_2) - (2+c\mathcal{L}^{-1})S_3, \tag{5.154}$$

所有 u 和 y 满足条件式 (5.153), 其中

$$\begin{aligned} S_1 &:= \sum_{\substack{n\leqslant y^u\\ P(n)\leqslant\sqrt{y}}} h_{N_k,y}(n)\log\left(\frac{y^u}{n}\right),\\ S_2 &:= \sum_{\substack{\sqrt{y}<p\leqslant y\\ p\nmid N_k}}\sum_{\substack{n\leqslant y^u/p\\ p\nmid n}} h_{N_k,y}(n)\log\left(\frac{y^u}{pn}\right),\\ S_3 &:= \sum_{\substack{y<p\leqslant y^u\\ p\nmid N_k}}\sum_{n\leqslant y^u/p} h_{N_k,y}(n)\log\left(\frac{y^u}{pn}\right). \end{aligned} \tag{5.155}$$

对无平方因子数 $n\leqslant y^u\leqslant(k^2N)^3$ 且 $P(n)\leqslant\sqrt{y}$ 和 $(n,N_k)=1$, 可得

$$\begin{aligned} h_{N_k,y}(n) &= \left(1-\frac{c}{\mathcal{L}}\right)^{\omega(n)} = \exp\left\{\omega(n)\log\left(1-\frac{c}{\mathcal{L}}\right)\right\}\\ &= \exp\left\{O\left(\frac{1}{\log\mathcal{L}}\right)\right\} = 1+O\left(\frac{1}{\log\mathcal{L}}\right), \end{aligned}$$

其中, 隐含常数为绝对常数.

进而可知

$$\begin{aligned} S_1 &= \left\{1+O\left(\frac{1}{\log\mathcal{L}}\right)\right\}\sum_{n\leqslant y^u,\,(n,N_k)=1,\,P(n)\leqslant\sqrt{y}}\mu(n)^2\log\left(\frac{y^u}{n}\right)\\ &= \left\{1+O\left(\frac{1}{\log\mathcal{L}}\right)\right\}\int_{1-}^{y^u}\log\left(\frac{y^u}{t}\right)\mathrm{d}\varXi_{N_k}(t,\sqrt{y})\\ &= \left\{1+O\left(\frac{1}{\log\mathcal{L}}\right)\right\}\int_1^{y^u}\frac{\varXi_{N_k}(t,\sqrt{y})}{t}\mathrm{d}t. \end{aligned}$$

由引理 5.5 及 $(q,y,y^u)=(N_k,\sqrt{y},t)$, 可得

$$\int_1^{y^u}\frac{\varXi_{N_k}(t,\sqrt{y})}{t}\mathrm{d}t = \left\{1+O\left(\frac{\log^{\mathrm{e}+2}\mathcal{L}}{\sqrt{\mathcal{L}}}\right)\right\}\varPi_{N_k}\int_1^{y^u}\rho\left(\frac{\log t}{\log\sqrt{y}}\right)\mathrm{d}t.$$

再利用变量替换 $t=y^{u-v/2}$ 及分部积分, 可推出

$$\begin{aligned}\int_1^{y^u}\rho\left(\frac{\log t}{\log\sqrt{y}}\right)\mathrm{d}t&=y^u(\log\sqrt{y})\int_0^{2u}y^{-v/2}\rho(2u-v)\mathrm{d}v\\&=y^u\left\{\rho(2u)-\left(\int_0^{1/\sqrt{\mathcal{L}}}+\int_{1/\sqrt{\mathcal{L}}}^{2u}\right)y^{-v/2}\rho'(2u-v)\mathrm{d}v\right\}\\&=y^u\rho(2u)\left\{1+O\left(\frac{1}{\sqrt{\mathcal{L}}}\right)\right\}.\end{aligned}$$

综合可得

$$S_1=\left\{1+O\left(\frac{1}{\log\mathcal{L}}\right)\right\}y^u\mathit{\Pi}_{N_k}\rho(2u),\tag{5.156}$$

其中, 隐含常数为绝对常数.

同理, 记

$$S_3=S_3'-S_3'',$$

其中

$$\begin{aligned}S_3'&=\left\{1+O\left(\frac{1}{\log\mathcal{L}}\right)\right\}\sum_{y<p\leqslant y^u}\sum_{\substack{n\leqslant y^u/p\\(n,N_k)=1}}\mu(n)^2\log\left(\frac{y^u}{pn}\right)\\&=\left\{1+O\left(\frac{1}{\log\mathcal{L}}\right)\right\}\sum_{y<p\leqslant y^u}\int_{1-}^{y^u/p}\log\left(\frac{y^u}{pt}\right)\mathrm{d}\mathit{\Xi}_{N_k}(t)\\&=\left\{1+O\left(\frac{1}{\log\mathcal{L}}\right)\right\}\sum_{y<p\leqslant y^u}\int_1^{y^u/p}\frac{\mathit{\Xi}_{N_k}(t)}{t}\mathrm{d}t\\&=\left\{1+O\left(\frac{1}{\log\mathcal{L}}\right)\right\}y^u\mathit{\Pi}_{N_k}\sum_{y<p\leqslant y^u}\frac{1}{p}\\&=\left\{1+O\left(\frac{1}{\log\mathcal{L}}\right)\right\}y^u\mathit{\Pi}_{N_k}\log u\end{aligned}$$

及

$$\begin{aligned}S_3''&\ll\sum_{\substack{y<p\leqslant y^u\\p|N_k}}\sum_{\substack{n\leqslant y^u/p\\(n,N_k)=1}}\mu(n)^2\log\left(\frac{y^u}{pn}\right)\ll y^u\mathit{\Pi}_{N_k}\sum_{\substack{y<p\leqslant y^u\\p|N_k}}\frac{1}{p}\\&\ll y^{u-1}\mathit{\Pi}_{N_k}\omega(N_k)\ll y^u\mathit{\Pi}_{N_k}(\log\mathcal{L})^{-1},\end{aligned}$$

这里, 用到了结果 $\omega(N_k) \ll \log N_k \ll \mathcal{L}^2 \ll y(\log \mathcal{L})^{-1}$, 其中 $y \geqslant (k^2N)^{1/100}$.

可以推出

$$S_3 = \left\{1 + O\left(\frac{1}{\log \mathcal{L}}\right)\right\} y^u \Pi_{N_k} \log u, \tag{5.157}$$

其中, 隐含常数为绝对常数.

最后, 考虑到

$$\begin{aligned} S_2 &\leqslant \sum_{\sqrt{y}<p\leqslant y} \sum_{n\leqslant y^u/p,\,(n,N_k)=1} \mu(n)^2 \log\left(\frac{y^u}{pn}\right) \\ &= \sum_{\sqrt{y}<p\leqslant y} \int_{1-}^{y^u/p} \log\left(\frac{y^u}{pt}\right) \mathrm{d}\Xi_{N_k}(t) \\ &= \sum_{\sqrt{y}<p\leqslant y} \int_{1}^{y^u/p} \frac{\Xi_{N_k}(t)}{t} \mathrm{d}t \\ &\ll y^u \Pi_{N_k} \sum_{\sqrt{y}<p\leqslant y} \frac{1}{p} \\ &\ll y^u \Pi_{N_k}, \end{aligned} \tag{5.158}$$

其中, 隐含常数为绝对常数.

因此, 将式 (5.156)∼ 式 (5.158) 代入式 (5.154), 就可以得到式 (5.152).

这样, 就可以给出和函数 $S_{\mathfrak{f}}(x)$ 的下界估计了. 首先, 先给出如下事实.

由式 (5.136) 和 Möbius 反演公式, 可推出

$$\mathfrak{a}_{\mathfrak{f}}^*(n) = \sum_{d|n} \frac{\mu(d)\chi_{t,N}(d)}{\sqrt{d}} \lambda_f\left(\frac{n}{d}\right). \tag{5.159}$$

令 $n = p^\nu$, 可得

$$\mathfrak{a}_{\mathfrak{f}}^*(p^\nu) = \lambda_f(p^\nu) - \frac{\chi_{t,N}(p)}{\sqrt{p}} \lambda_f(p^{\nu-1}). \tag{5.160}$$

因此

$$\mathfrak{a}_{\mathfrak{f}}^*(p^\nu) \geqslant 0 \;\Leftrightarrow\; \lambda_f(p^\nu) \geqslant \frac{\chi_{t,N}(p)}{\sqrt{p}} \lambda_f(p^{\nu-1}) \;\Rightarrow\; \lambda_f(p^\nu) \geqslant -\frac{\nu}{\sqrt{p}}, \tag{5.161}$$

这里, 用到了 Deligne 的结果.

f 是同余子群 $\Gamma_0(N/2)$ 上特征为 χ^2 权为 $2k$ 的新形式, 因此对于每一个素数 $p \nmid (N/2)$, 存在唯一的一个实函数 $\theta_f(p) \in [0,\pi]$ 使得

$$\lambda_f(p^\nu) = \frac{\sin((\nu+1)\theta_f(p))}{\sin \theta_f(p)} \quad (\nu \geqslant 1). \tag{5.162}$$

设 $y_{\mathfrak{f}} > 0$ 是使得

$$\mathfrak{a}_{\mathfrak{f}}^*(n) \geqslant 0, \quad n \leqslant y_{\mathfrak{f}}, \quad (n, N/2) = 1 \tag{5.163}$$

的最大的整数.

在此假设条件下, 讨论 $S_{\mathfrak{f}}(x)$ 的下界估计. 对于素数 $\mathcal{L}^2 \leqslant p \leqslant y_{\mathfrak{f}}$ 且 $p \nmid (N/2)$, 有 $\mathfrak{a}_{\mathfrak{f}}(tp^2) \geqslant 0$. 在式 (5.161) 及式 (5.162) 中取 $\nu = 1$, 可得

$$\lambda_f(p) = \frac{\sin(2\theta_f(p))}{\sin\theta_f(p)} \geqslant -\frac{1}{\sqrt{p}} \geqslant -\frac{2}{\mathcal{L}}.$$

因此, 存在一个充分大的非负常数 $c_1 > 0$ 使得 $\theta_f(p) \leqslant \dfrac{\pi}{2} + \dfrac{c_1}{\mathcal{L}}$.

进而可得, 若 $\mathcal{L}^2 \leqslant p \leqslant \sqrt{y_{\mathfrak{f}}}$ 且 $p \nmid (N/2)$, 则有

$$\lambda_f(p^2) = \frac{\sin(3\theta_f(p))}{\sin\theta_f(p)} \geqslant -\frac{2}{\sqrt{p}} \geqslant -\frac{2}{\mathcal{L}}.$$

这样, 就可以推出 $\theta_f(p) \leqslant \dfrac{\pi}{3} + \dfrac{c'}{\mathcal{L}}$ 及

$$\lambda_f(p) \geqslant 2\cos\left(\frac{\pi}{3} + \frac{c'}{\mathcal{L}}\right) \geqslant 1 - \frac{c}{2\mathcal{L}},$$

其中, $c > 0$ 是一个充分大的非负常数.

将 $\nu = 1$ 代入式 (5.160) 并结合 $h_{N_k,y}(p)$ 的定义, 可知

$$\mathfrak{a}_{\mathfrak{f}}^*(p) \geqslant h_{N_k,y_{\mathfrak{f}}}(p) \tag{5.164}$$

对所有素数 $p \nmid N_k$ 都成立.

引理 5.7 设整数 $k \geqslant 1$, $N \geqslant 4$ 且能被 4 整除, χ 是模 N 的一个实 Dirichlet 特征. 假设 $\mathfrak{f} \in S_{k+1/2}^*(N,\chi)$ 是 Hecke 本征形式, 整数 $t \geqslant 1$ 是使得 $\mathfrak{a}_{\mathfrak{f}}(t) \neq 0$ 的无平方因子数. 假设 $\mathfrak{f}$ 的 Shimura 提升不是 CM 形式, $(k^2N)^{1/100} \leqslant y_{\mathfrak{f}} \leqslant (k^2N)^2$, 那么对一切 $u < \kappa$ 都有

$$S_{\mathfrak{f}}(y_{\mathfrak{f}}^u) \gg y_{\mathfrak{f}}^u(\mathrm{lb}(kN))^{-1}, \tag{5.165}$$

其中, 隐含常数为绝对常数, 而 $y_{\mathfrak{f}}$ 和 κ 分别在式 (5.163) 和引理 5.6 中已定义.

证明: 利用式 (5.126), 可以验证函数 $n \mapsto \mathfrak{a}_{\mathfrak{f}}^*(n)$ 为可乘函数.

设 $g_{N_k,y_{\mathfrak{f}}}$ 是一个可乘函数且其定义如下

$$\mathfrak{a}_{\mathfrak{f}}^*\mu^2 = g_{N_k,y_{\mathfrak{f}}} * h_{N_k,y_{\mathfrak{f}}}. \tag{5.166}$$

对于所有的无平方因子数 $n \geqslant 1$ 及 $(n,\ N_k) = 1$, 由式 (5.164) 可得当 $p \nmid N_k$ 时都有 $g_{N_k,y_{\mathfrak{f}}}(p) = \mathfrak{a}_{\mathfrak{f}}^*(p) - h_{N_k,y_{\mathfrak{f}}}(p) \geqslant 0$, 进而可知 $g_{N_k,y_{\mathfrak{f}}}(n) \geqslant 0$.

此外, 由引理 5.6 可知, 对 $u<\kappa$ 及充分大的 $y_{\mathfrak{f}}$ 有

$$\sum_{n\leqslant y_{\mathfrak{f}}^u} h_{N_k,y_{\mathfrak{f}}}(n)\log\left(\frac{y_{\mathfrak{f}}^u}{n}\right)\geqslant 0.$$

但是, 考虑到 $g_{N_k,y_{\mathfrak{f}}}(1)=1$, 可以推出

$$\begin{aligned}S_{\mathfrak{f}}(y_{\mathfrak{f}}^u)&=\sum_{n\leqslant y_{\mathfrak{f}}^u}{}^{\flat} g_{N_k,y_{\mathfrak{f}}}*h_{N_k,y_{\mathfrak{f}}}(n)\log\left(\frac{y_{\mathfrak{f}}^u}{n}\right)\\&=\sum_{d\leqslant y_{\mathfrak{f}}^u}{}^{\flat} g_{N_k,y_{\mathfrak{f}}}(d)\sum_{m\leqslant y_{\mathfrak{f}}^u/d}{}^{\flat} h_{N_k,y_{\mathfrak{f}}}(m)\log\left(\frac{y_{\mathfrak{f}}^u}{dm}\right)\\&\geqslant\sum_{m\leqslant y_{\mathfrak{f}}^u}{}^{\flat} h_{N_k,y_{\mathfrak{f}}}(m)\log\left(\frac{y_{\mathfrak{f}}^u}{m}\right).\end{aligned}$$

再由等式 (5.148) 及素数定理可得

$$\varPi_{N_k}\gg\frac{\varphi(N_k)}{N_k}\gg(\mathrm{lb}N_k)^{-1}\gg\{\mathrm{lb}(kN)\}^{-1},$$

其中, 隐含常数为绝对常数.

由以上结果及引理 5.6, 就可以得到式 (5.165) 的下界估计.

5.3.3 定理的证明

定理 5.11 的证明 不失一般性, 假设 $y_{\mathfrak{f}}\geqslant(k^2N)^{1/100}$. 首先, 已证明

$$y_{\mathfrak{f}}\ll(k^2N)^2, \tag{5.167}$$

其中, 隐含常数为绝对常数.

由 $y_{\mathfrak{f}}$ 的定义, 结合 $\mathfrak{a}_{\mathfrak{f}}^*(n)$ 的可乘性及式 (5.164), 可推得

$$\begin{aligned}S_{\mathfrak{f}}(y_{\mathfrak{f}})&\geqslant\sum_{\substack{\mathcal{L}^2\leqslant p\neq p'\leqslant y_{\mathfrak{f}}^{1/3}\\(pp',N/2)=1}}\mathfrak{a}_{\mathfrak{f}}^*(pp')\log\left(\frac{y_{\mathfrak{f}}}{pp'}\right)\\&\geqslant 3(\log y_{\mathfrak{f}})\sum_{\substack{\mathcal{L}^2\leqslant p\neq p'\leqslant y_{\mathfrak{f}}^{1/3}\\(pp',N/2)=1}}\left(1-\frac{c}{2\mathcal{L}}\right)^2\\&\gg(\log y_{\mathfrak{f}})\left\{\Bigg(\sum_{\substack{\mathcal{L}^2\leqslant p\leqslant y_{\mathfrak{f}}^{1/3}\\(p,N/2)=1}}1\Bigg)^2-\sum_{p\leqslant y_{\mathfrak{f}}^{1/3}}1\right\}\\&\gg y_{\mathfrak{f}}^{2/3},\end{aligned}$$

其中, 隐含常数为绝对常数.

结合引理 5.4 的结果, 可以得出

$$y_{\mathfrak{f}}^{2/3} \ll S_{\mathfrak{f}}(y_{\mathfrak{f}}) \ll_{\varepsilon} (k^2N)^{1/4+\varepsilon} y_{\mathfrak{f}}^{1/2},$$

其中, 第一个隐含常数为绝对常数, 第二个隐含常数由 ε 决定.

因此, 易知估计式 (5.167) 成立. 若再次考虑式 (5.167), 结合引理 5.4 及引理 5.7 的结论, 不难发现对于 $u < \kappa$, 有

$$y_{\mathfrak{f}}^{u}(\log \mathcal{L})^{-1} \ll S_{\mathfrak{f}}(y_{\mathfrak{f}}^{u}) \ll_{\varepsilon} (k^2N)^{1/4+\varepsilon} y_{\mathfrak{f}}^{u/2}, \tag{5.168}$$

其中, 第一个隐含常数为绝对常数, 第二个隐含常数由 ε 决定.

因此, 由式 (5.168) 可以推出当 $1 \leqslant u < \kappa$ 时, $y_{\mathfrak{f}} \ll_{\varepsilon} (k^2N)^{1/(2u)+\varepsilon}$. 而根据引理 5.6 可知, $\kappa > \dfrac{10}{9}$.

从而, $y_{\mathfrak{f}} \ll (k^2N)^{9/20}$, 其中隐含常数为绝对常数. 这与定理 5.11 的结果等价.

定理 5.12 的证明　考虑函数

$$\varepsilon_{\mathfrak{f}}(n) = \operatorname{sign} \mathfrak{a}_{\mathfrak{f}}(tn^2) := \begin{cases} 1, & \mathfrak{a}_{\mathfrak{f}}(tn^2) > 0, \\ -1, & \mathfrak{a}_{\mathfrak{f}}(tn^2) < 0, \\ 0, & \mathfrak{a}_{\mathfrak{f}}(tn^2) = 0, \end{cases}$$

利用式 (5.126), 可以验证函数 $\varepsilon_{\mathfrak{f}}(n)$ 是可乘函数. 再由文献 [127] 的结果可知, 对于满足 $|g(n)| \leqslant 1$ 的任意可乘函数 $g(n)$, 当 $x \geqslant 2$ 时, 有下面均值估计

$$\sum_{n \leqslant x} g(n) \ll x \exp\Big(-K \sum_{p \leqslant x} \frac{1-g(p)}{p}\Big),$$

其中, $K = 0.32867\cdots = -\cos\phi_0$, 而 ϕ_0 是方程 $\sin\phi - \phi\cos\phi = \dfrac{1}{2}\pi$ 在 $(0, \pi)$ 上的唯一解.

把这个结果应用到可乘函数 $\varepsilon_{\mathfrak{f}}(n)$ 上, 可得

$$\begin{aligned}\sum_{n \leqslant x} \varepsilon_{\mathfrak{f}}(n) &\ll x \exp\Big(-K \sum_{p \leqslant x} \frac{1-\varepsilon_{\mathfrak{f}}(p)}{p}\Big) \\ &\ll x \exp\Big(-K \sum_{p \leqslant x,\, \varepsilon_{\mathfrak{f}}(p)=-1} \frac{2}{p}\Big).\end{aligned}$$

再由引理 5.2 及一个简单的分部积分, 可推出对任意的 $\varepsilon > 0$ 及 $x \geqslant x_0(\mathfrak{f}, \varepsilon)$, 有

$$\sum_{p \leqslant x,\, \varepsilon_{\mathfrak{f}}(p)=-1} \frac{1}{p} = \int_{2-}^{x} \frac{1}{t} \mathrm{d}\Big(\sum_{p \leqslant t,\, \varepsilon_{\mathfrak{f}}(p)=-1} 1\Big) \geqslant \Big(\frac{1}{2} - \varepsilon\Big) \mathrm{lb} x.$$

结合以上两个估计式, 可以发现对任意的 $\varepsilon > 0$ 和 $x \geqslant 2$, 有

$$\sum_{n \leqslant x} \varepsilon_{\mathfrak{f}}(n) \ll_{\mathfrak{f},\varepsilon} \frac{x}{(\log x)^{K-\varepsilon}}. \tag{5.169}$$

此外, 根据文献 [128] 中的定理 2 的特殊情况可知, 设 h 是一个非负可乘函数且满足条件

$$\sum_{p \leqslant z} h(p) \log p = \kappa z + O\left(\frac{z}{(\log z)^{\delta}}\right) \quad (z \geqslant 2), \tag{5.170}$$

$$\sum_{p,\, \nu \geqslant 2} \frac{h(p^{\nu})}{p^{\nu}} \log p^{\nu} \leqslant A, \tag{5.171}$$

其中, 常数 $A > 0$, $\kappa > 0$ 及 $\delta > 0$.

进而可得

$$\sum_{n \leqslant x} h(n) = C_h x (\log x)^{\kappa-1} \left\{1 + O_{h,\delta}\left(\frac{\mathrm{lb} x}{\log x} + \frac{1}{(\log x)^{\delta}}\right)\right\}, \tag{5.172}$$

其中,

$$C_h := \prod_{p} \left(1 - p^{-1}\right)^{\kappa} \sum_{\nu \geqslant 0} g(p^{\nu}) p^{-\nu}.$$

根据引理 5.3 及素数定理, 可得

$$\sum_{p \leqslant z} |\varepsilon_{\mathfrak{f}}(p)| \log p = z + O_{\mathfrak{f},\varepsilon}\big(z (\log z)^{-1/4+\varepsilon}\big) \quad (z \geqslant 2).$$

这就是说对于非负可乘函数 $n \mapsto |\varepsilon_{\mathfrak{f}}(n)|$, 其满足条件式 (5.170). 又因为在 $n \geqslant 1$ 时, $|\varepsilon_{\mathfrak{f}}(n)| \leqslant 1$, 容易验证其满足条件式 (5.171). 所以由式 (5.172) 可得

$$\sum_{n \leqslant x} |\varepsilon_{\mathfrak{f}}(n)| = \rho_{\mathfrak{f}}\, x \big\{1 + O_{\mathfrak{f},\varepsilon}\big((\log x)^{-1/4+\varepsilon}\big)\big\}, \tag{5.173}$$

这与定理 5.12 中的结论 (1) 是等价的.

容易发现

$$\frac{|\varepsilon_{\mathfrak{f}}(n)| + \varepsilon_{\mathfrak{f}}(n)}{2} = \begin{cases} 1, & \varepsilon_{\mathfrak{f}}(n) = 1, \\ 0, & \text{其他}. \end{cases}$$

由估计式 (5.169) 和式 (5.173) 可知

$$\sum_{\substack{n \leqslant x \\ \varepsilon_{\mathfrak{f}}(n) = 1}} 1 = \tfrac{1}{2} \rho_{\mathfrak{f}}\, x \big\{1 + O_{\mathfrak{f},\varepsilon}\big((\log x)^{-1/4+\varepsilon}\big)\big\}, \tag{5.174}$$

这个结果与在定理 5.12 中的结论 (2) 中取正号时的情况是等价的. 而其取负号时的情况同理可得.

定理 5.13 的证明 为了推广无平方因子数, Erdős[129] 引入了一类无 $\mathscr{B}$ 因子数, 具体地讲, 设集合

$$\mathscr{B}=\{b_i: 1<b_1<b_2<\cdots\}$$

是一个整数序列, 且满足下面两个条件:

$$\sum_{i\geqslant 1} b_i^{-1}<\infty \tag{5.175}$$

和

$$(b_i,b_j)=1\quad (i\neq j). \tag{5.176}$$

设整数 $n\geqslant 1$, 若其不被集合 $\mathscr{B}$ 中的任何元素整除, 则称整数 n 是无 $\mathscr{B}$ 因子数. 许多学者都研究了这一类数的性质, 给出了一些好的结果 [78, 120]. 特别是近年来, 利用筛法及加权指数和估计, 文献 [78] 和文献 [120] 给出了下面的结果.

(1) 对任意 $\varepsilon>0$, $x\geqslant x_0(\mathscr{B},\varepsilon)$ 及 $y\geqslant x^{7/17+\varepsilon}$, 有

$$|\{x<n\leqslant x+y: n \text{ 是无 } \mathscr{B}\text{因子数}\}|\gg_{\mathscr{B},\varepsilon} y. \tag{5.177}$$

(2) 对任意 $\varepsilon>0$, $x\geqslant x_0(\mathscr{B},\varepsilon)$, $y\geqslant x^{17/38+100\varepsilon}$, $1\leqslant a\leqslant q\leqslant x^{\varepsilon}$ 且 $((a,q),b)=1$, $b\in\mathscr{B}$, 有

$$|\{x<n\leqslant x+y: n\equiv a \,(\mathrm{mod}\, q) \text{ 且 } n \text{ 是无 } \mathscr{B}\text{因子数}\}|\gg_{\mathscr{B},\varepsilon} y/q, \tag{5.178}$$

其中, 隐含常数由 $\mathscr{B}$ 和 ε 决定.

设 $\mathscr{P}$ 是全体素数集且定义

$$\mathfrak{P}_{\mathfrak{f}}:=\{p\in\mathscr{P}: \mathfrak{a}_{\mathfrak{f}}(tp^2)=0\},\quad \mathscr{B}_{\mathfrak{f}}:=\mathfrak{P}_{\mathfrak{f}}\cup\{p^2: p\in\mathscr{P}\setminus\mathfrak{P}_{\mathfrak{f}}\}.$$

显然, 若 n 是无 $\mathscr{B}_{\mathfrak{f}}$ 因子数, 由于其所有因子都不在 $\mathfrak{P}_{\mathfrak{f}}$ 中, 可知 n 也是无平方因子数. 因此, 由式 (5.126) 可得, 对于所有无 $\mathscr{B}_{\mathfrak{f}}$ 因子数有 $\mathfrak{a}_{\mathfrak{f}}(tn^2)\neq 0$. 若能说明 $\mathscr{B}_{\mathfrak{f}}$ 满足条件式 (5.175) 和式 (5.176), 则由结论式 (5.177) 和式 (5.178) 可知, 定理 5.13 的第一个和第二个结果都成立.

首先, 由 $\mathscr{B}_{\mathfrak{f}}$ 的定义可知其满足条件式 (5.176). 再根据式 (5.122), 可得

$$a_{f_t}(p)=\mathfrak{a}_{\mathfrak{f}}(tp^2)+\chi_{t,N}(p)\mathfrak{a}_{\mathfrak{f}}(t)p^{k-1}.$$

而由引理 5.3 的结果式 (5.143) 可知

$$\sum_{\substack{p\leqslant x\\ \mathfrak{a}_{\mathfrak{f}}(tp^2)=0}}1=\sum_{\substack{p\leqslant x\\ a_{f_t}(p)=\chi_{t,N}(p)\mathfrak{a}_{\mathfrak{f}}(t)p^{k-1}}}1\ll_{\mathfrak{f}}\frac{x}{(\log x)^{5/4-\varepsilon}},$$

其中, 隐含常数与 $\mathfrak{f}$ 有关.

再做分部积分可推出

$$\begin{aligned}\sum_{p\leqslant x,\, p\in\mathfrak{P}_{\mathfrak{f}}}\frac{1}{p}&=\int_{2-}^{x}\frac{1}{t}\mathrm{d}\Big(\sum_{p\leqslant t,\, \mathfrak{a}_{\mathfrak{f}}(tp^2)=0}1\Big)\\&=\frac{1}{x}\sum_{p\leqslant x,\, \mathfrak{a}_{\mathfrak{f}}(tp^2)=0}1+\int_{2}^{x}\frac{1}{t^2}\Big(\sum_{p\leqslant t,\, \mathfrak{a}_{\mathfrak{f}}(tp^2)=0}1\Big)\mathrm{d}t\\&\ll_{\mathfrak{f}}\frac{1}{(\log x)^{5/4-\varepsilon}}+\int_{2}^{x}\frac{\mathrm{d}t}{t(\log t)^{5/4-\varepsilon}}\\&\ll_{\mathfrak{f}}1,\end{aligned}$$

其中, 隐含常数与 $\mathfrak{f}$ 有关. 这就说明了序列 $\mathscr{B}_{\mathfrak{f}}$ 满足条件式 (5.175). 证毕.

注: 关于此问题的相关研究结果已公开发表在文献 [116] 上.

第6章 Mock 模形式的交叉应用

本书主要研究了 Ramanujan 的 mock theta 函数的定义、Ramanujan 径向极限、mock theta 函数的两类对偶表示、弱调和 Maass 形式、mock 模形式及半整权的尖形式 Fourier 系数等相关的若干新问题, 给出了一些新的结果, 这些内容都是十余年来 mock 模形式和半整权模形式研究领域的热点和核心问题. 而本章将主要介绍 mock theta 函数的一类推广形式, mock theta 函数与数学物理中的 Vafa-Witten 猜想及 Moore-Witten 猜想的联系, 量子模形式和 Jacobi 形式与量子黑洞理论之间的内在关联, 奇异模迹的生成函数与 mock 模形式之间的交叉联系和本质理论.

6.1 Mock theta 函数的推广

2015 年, Srivastava[61] 研究发现了 mock theta 函数与一类 F_q 函数之间的关系, 并且以 5 阶和 10 阶 mock theta 函数为例说明了这一内在联系. 首先, 定义 F_q 函数, 它是一类满足下列函数方程的函数

$$D_{q,z}F(z,\alpha)=F(z,\alpha+1), \tag{6.1}$$

其中,

$$zD_{q,z}F(z,\alpha)=F(z,\alpha)-F(zq,\alpha). \tag{6.2}$$

那么, 对于 5 阶 mock theta 函数

$$f_0(q)=\sum_{n=0}^{\infty}\frac{q^{n^2}}{(-q;q)_n},\quad f_1(q)=\sum_{n=0}^{\infty}\frac{q^{n(n+1)}}{(-q;q)_n},$$

$$F_0(q)=\sum_{n=0}^{\infty}\frac{q^{2n^2}}{(q;q^2)_n},\quad F_1(q)=\sum_{n=0}^{\infty}\frac{q^{2n(n+1)}}{(q;q^2)_{n+1}},$$

$$\chi_0(q)=\sum_{n=0}^{\infty}\frac{q^{n}}{(q^{n+1};q)_n},\quad \chi_1(q)=\sum_{n=0}^{\infty}\frac{q^{n}}{(q^{n+1};q)_{n+1}},$$

$$\phi_0(q)=\sum_{n=0}^{\infty}q^{n^2}(-q;q^2)_n,\quad \phi_1(q)=\sum_{n=0}^{\infty}q^{(n+1)^2}(-q;q^2)_n,$$

$$\psi_0(q)=\sum_{n=0}^{\infty}q^{\frac{1}{2}(n+1)(n+2)}(-q;q)_n,\quad \psi_1(q)=\sum_{n=0}^{\infty}q^{\frac{1}{2}n(n+1)^2}(-q;q)_n$$

和 10 阶 mock theta 函数

$$\varPhi(q)=\sum_{n=0}^{\infty}\frac{q^{\frac{1}{2}n(n+1)}}{(q;q^2)_{n+1}}, \tag{6.3}$$

$$\varPsi(q)=\sum_{n=0}^{\infty}\frac{q^{\frac{1}{2}(n+1)(n+2)}}{(q;q^2)_{n+1}}, \tag{6.4}$$

$$X(q)=\sum_{n=0}^{\infty}\frac{(-1)^nq^{n^2}}{(-q;q)_{2n}}, \tag{6.5}$$

$$\chi(q)=\sum_{n=0}^{\infty}\frac{(-1)^nq^{(n+1)^2}}{(-q;q)_{2n+1}}. \tag{6.6}$$

Srivastava 定义了 10 个 5 阶 mock theta 函数对应的推广形式

$$f_0(t,z,\alpha;q)=\frac{1}{(t)_\infty}\sum_{n=0}^{\infty}\frac{(t)_nq^{n^2-3n+n\alpha}z^{2n}}{(-z;q)_n}, \tag{6.7}$$

$$\phi_0(t,z,\alpha;q)=\frac{1}{(t)_\infty}\sum_{n=0}^{\infty}\frac{(t)_nq^{n^2+n+n\alpha}}{z^{2n}}(-q^3/z^2;q^2)_n, \tag{6.8}$$

$$\psi_0(t,z,\alpha;q)=\frac{1}{(t)_\infty}\sum_{n=0}^{\infty}\frac{(t)_nq^{\frac{(n+1)n}{2}+n\alpha}}{z^n}(-q^2/z;q)_{n-1}, \tag{6.9}$$

$$F_0(t,z,\alpha;q)=\frac{1}{(t)_\infty}\sum_{n=0}^{\infty}\frac{(t)_nq^{2n^2-5n+n\alpha}z^{4n}}{(z^2/q;q^2)_n}, \tag{6.10}$$

$$\chi_0(t,z,\alpha;q)=\frac{1}{(t)_\infty}\sum_{n=0}^{\infty}\frac{(t)_nq^{n\alpha}(z;q)_n}{(z^2/q;q)_{2n}}, \tag{6.11}$$

$$f_1(t,z,\alpha;q)=\frac{1}{(t)_\infty}\sum_{n=0}^{\infty}\frac{(t)_nq^{n^2-2n+n\alpha}z^{2n}}{(-z;q)_n}, \tag{6.12}$$

$$\phi_1(t,z,\alpha;q)=\frac{q^5}{z^4}\frac{1}{(t)_\infty}\sum_{n=0}^{\infty}\frac{(t)_nq^{n^2+3n+n\alpha}}{z^{2n}}(-q^3/z^2;q^2)_n, \tag{6.13}$$

$$\psi_1(t,z,\alpha;q)=\frac{q}{z}\frac{1}{(t)_\infty}\sum_{n=0}^{\infty}\frac{(t)_n q^{\frac{n(n+1)}{2}+n\alpha}}{z^n}(-q^2/z;q)_n, \tag{6.14}$$

$$F_1(t,z,\alpha;q)=\frac{1}{(t)_\infty}\sum_{n=0}^{\infty}\frac{(t)_n q^{2n^2-3n+n\alpha}z^{4n}}{(z^2/q;q^2)_{n+1}}, \tag{6.15}$$

$$\chi_1(t,z,\alpha;q)=\frac{1}{(t)_\infty}\sum_{n=0}^{\infty}\frac{(t)_n q^{n\alpha}(z;q)_n}{(z^2/q;q)_{2n+1}}. \tag{6.16}$$

若在上列函数中取 $t=0$、$\alpha=1$、$z=q$, 就可以由这类 5 阶 mock theta 函数的推广形式推出 Ramanujan 定义的 5 阶 mock theta 函数.

同理, Srivastava 定义了 4 个 10 阶 mock theta 函数对应的推广形式

$$\varPhi(t,z,\alpha;q)=\frac{1}{(t)_\infty}\sum_{n=0}^{\infty}\frac{(t)_n q^{\frac{n(n-3)}{2}+n\alpha}z^n}{(z^2/q;q^2)_{n+1}}, \tag{6.17}$$

$$\varPsi(t,z,\alpha;q)=\frac{1}{(t)_\infty}\sum_{n=0}^{\infty}\frac{(t)_n q^{\frac{n(n-1)}{2}+n\alpha}z^n}{(z^2/q;q^2)_{n+1}}, \tag{6.18}$$

$$X(t,z,\alpha;q)=\frac{1}{(t)_\infty}\sum_{n=0}^{\infty}\frac{(-1)^n(t)_n q^{n^2-3n+n\alpha}z^{2n}}{(-z^2/q;q)_{2n}}, \tag{6.19}$$

$$\chi(t,z,\alpha;q)=\frac{1}{(t)_\infty}\sum_{n=0}^{\infty}\frac{(-1)^n(t)_n q^{n^2-n+1+n\alpha}z^{2n}}{(-z^2/q;q)_{2n+1}}. \tag{6.20}$$

若在上列函数中取 $t=0$、$\alpha=1$、$z=q$, 就可以由这类 10 阶 mock theta 函数的推广形式推出 Ramanujan 定义的 10 阶 mock theta 函数.

进而, Srivastava 就 10 个 5 阶 mock theta 函数的推广函数得到了下面的定理.

定理 6.1　10 个 5 阶 mock theta 函数的推广函数 $f_0(t,z,\alpha;q)$, $\phi_0(t,z,\alpha;q)$, $\psi_0(t,z,\alpha;q)$, $F_0(t,z,\alpha;q)$, $\chi_0(t,z,\alpha;q)$, $f_1(t,z,\alpha;q)$, $\phi_1(t,z,\alpha;q)$, $\psi_1(t,z,\alpha;q)$, $F_1(t,z,\alpha;q)$, $\chi_1(t,z,\alpha;q)$ 都是 F_q 函数.

这里, 以 $f_0(t,z,\alpha;q)$ 为例给出具体的证明, 其他函数的证明与 $f_0(t,z,\alpha;q)$ 类似.

首先, 考虑 $f_0(t,z,\alpha;q)$ 的微分算子 $D_{q,t}$,

$$
\begin{aligned}
&tD_{q,t}f_0(t,z,\alpha;q)=f_0(t,z,\alpha;q)-f_0(tq,z,\alpha;q)\\
=&\frac{1}{(t)_\infty}\sum_{n=0}^{\infty}\frac{(t)_nq^{n^2-3n+n\alpha}z^{2n}}{(-z;q)_n}-\frac{1}{(tq)_\infty}\sum_{n=0}^{\infty}\frac{(tq)_nq^{n^2-3n+n\alpha}z^{2n}}{(-z;q)_n}\\
=&\frac{1}{(t)_\infty}\sum_{n=0}^{\infty}\frac{(t)_nq^{n^2-3n+n\alpha}z^{2n}}{(-z;q)_n}-\frac{1}{(t)_\infty}\sum_{n=0}^{\infty}\frac{(t)_nq^{n^2-3n+n\alpha}z^{2n}(1-tq^n)}{(-z;q)_n}\\
=&\frac{t}{(t)_\infty}\sum_{n=0}^{\infty}\frac{(t)_nq^{n^2-3n+n(\alpha+1)}z^{2n}}{(-z;q)_n}=f_0(t,z,\alpha+1;q),
\end{aligned}
$$

可知

$$
tD_{q,t}f_0(t,z,\alpha;q)=f_0(t,z,\alpha+1;q), \tag{6.21}
$$

故 $f_0(t,z,\alpha;q)$ 是 F_q 函数.

同时对于 4 个 10 阶 mock theta 函数的推广函数也有类似的结果.

定理 6.2 4 个 10 阶 mock theta 函数的推广函数 $\Phi(t,z,\alpha;q),\Psi(t,z,\alpha;q)$, $X(t,z,\alpha;q),\chi(t,z,\alpha;q)$ 都是 F_q 函数.

在此以 $\Phi(t,z,\alpha;q)$ 为例给出详细的证明, 其他 3 个函数的证明与 $\Phi(t,z,\alpha;q)$ 类似.

考虑 $\Phi(t,z,\alpha;q)$ 的微分算子 $D_{q,t}$,

$$
\begin{aligned}
&tD_{q,t}\Phi(t,z,\alpha;q)=\Phi(t,z,\alpha;q)-\Phi(tq,z,\alpha;q)\\
=&\frac{1}{(t)_\infty}\sum_{n=0}^{\infty}\frac{(t)_nq^{\frac{n(n-3)}{2}+n\alpha}z^{n}}{(z^2/q;q^2)_{n+1}}-\frac{1}{(tq)_\infty}\sum_{n=0}^{\infty}\frac{(tq)_nq^{\frac{n(n-3)}{2}+n\alpha}z^{n}}{(z^2/q;q^2)_{n+1}}\\
=&\frac{1}{(t)_\infty}\sum_{n=0}^{\infty}\frac{(t)_nq^{\frac{n(n-3)}{2}+n\alpha}z^{n}}{(z^2/q;q^2)_{n+1}}-\frac{1}{(t)_\infty}\sum_{n=0}^{\infty}\frac{(t)_nq^{\frac{n(n-3)}{2}+n\alpha}z^{n}(1-tq^n)}{(z^2/q;q^2)_{n+1}}\\
=&\frac{t}{(t)_\infty}\sum_{n=0}^{\infty}\frac{(t)_nq^{\frac{n(n-3)}{2}+n(\alpha+1)}z^{n}}{(z^2/q;q^2)_{n+1}}=\Phi(t,z,\alpha+1;q),
\end{aligned}
$$

可知

$$
tD_{q,t}\Phi(t,z,\alpha;q)=\Phi(t,z,\alpha+1;q), \tag{6.22}
$$

故 $\Phi(t,z,\alpha;q)$ 是 F_q 函数.

最后, 可发现这些 mock theta 函数的推广函数之间存在着内在的关联.

定理 6.3

$$D_{q,t}f_0(t,z,\alpha;q)=f_1(t,z,\alpha;q), \tag{6.23}$$

$$D_{q,t}^2\phi_0(t,z,\alpha;q)=\frac{z^4}{q^5}\phi_1(t,z,\alpha;q), \tag{6.24}$$

$$\chi_0(t,z,\alpha;q)=\chi_1(t,z,\alpha;q)-\frac{z^2}{q}D_{q,t}^2\chi_1(t,z,\alpha;q), \tag{6.25}$$

$$\psi_1(t,z,\alpha;q)=\frac{q}{z}\psi_0(t,z,\alpha;q)+\frac{q^2}{z^2}D_{q,t}\psi_0(t,z,\alpha;q), \tag{6.26}$$

$$F_0(t,z,\alpha;q)=\frac{1}{(t)_\infty}\sum_{n=0}^{\infty}\frac{(t)_n q^{2n^2-5n+n\alpha}z^{4n}}{(z^2/q;q^2)_{n+1}}-\frac{z^2}{q}F_1(t,z,\alpha;q). \tag{6.27}$$

定理 6.4

$$D_{q,t}\varPhi(t,z,\alpha;q)=\frac{1}{z}\varPsi(t,z,\alpha;q), \tag{6.28}$$

$$X(t,z,\alpha;q)=\frac{1}{(t)_\infty}\sum_{n=0}^{\infty}\frac{(-1)^n(t)_n q^{n^2-3n+n\alpha}z^{2n}}{(-z^2/q;q)_{2n+1}}+\frac{z^2}{q^2}\chi(t,z,\alpha;q). \tag{6.29}$$

6.2　Vafa-Witten 猜想

近年来, 大量研究发现一些拓扑不变量的生成函数与复球面 S 上的偶合束的模形式空间有关, 这个问题立即激发了数学家和物理学家的极大兴趣. 考虑物理中的 S-对偶关系, 它是由 Montonen 和 Olive[82] 在 1977 年最早提出的, 它可认为是规范场理论在模群 $\mathrm{SL}_2(\mathbb{Z})$ 作用下的一种特殊对偶关系.

这一问题起初人们首先考虑了半稳定束的模空间 $\mathcal{M}$ 和 Poincaré多项式

$$p(\mathcal{M},s):=\sum_{j=0}^{2\dim_{\mathbb{C}}\mathcal{M}}b_j(\mathcal{M})s^j, \tag{6.30}$$

其中, $b_j(\mathcal{M}):=\dim H_j(\mathcal{M},\mathbb{Z})$ 是第 j 个 Betti 数.

同时也考虑了 Euler 数 $\chi=\chi(\mathcal{M}):=p(\mathcal{M},-1)$.

1994 年, Vafa 和 Witten[83] 验证了 S-对偶在 $\mathfrak{N}=4$ 时的扭曲规范场理论的对称环境下成立, 进而他们关于与 S-对偶相关的 Euler 数的生成函数所具有的模变换性质给出了一个著名猜想, 其主要考虑了 $\mathcal{M}\in\{\mathcal{M}(2,-1,n),(\mathcal{M}(2,0,n))\}$ 时的情况, 这里, $\mathcal{M}(r,c_1,c_2)$ 表示 rank 为 r, 第 j 个 Chern 类为 c_j 的半稳定束的模空间. 这个猜想的模变换性质极大地支持了 S-对偶猜想理论.

确切地讲, Vafa 和 Witten 的猜想可以用判别式 $-n$ 的 Hurwitz 类数 $H(n)$ 的生成函数来进一步描述, 即

$$h_j := \sum_{n=0}^{\infty} H(4n+3j)q^{n+\frac{3j}{4}}, \quad j \in \{0,1\}. \tag{6.31}$$

2013 年, Bringmann 和 Manschot[130] 利用 mock 模形式的理论证明了 Vafa-Witten 猜想.

定理 6.5 Vafa-Witten 猜想

$$q^{-1/2}\sum_{n=1}^{\infty}\chi(\mathcal{M}(2,-1,n))q^n = \frac{3h_1(\tau)}{\eta(\tau)^6}, \tag{6.32}$$

$$q^{-1/4}\sum_{n=2}^{\infty}\chi(\mathcal{M}(2,0,n))q^n = \frac{3h_0(\tau)}{\eta(\tau)^6} + \frac{1}{4\eta(2\tau)^3} \tag{6.33}$$

成立, 其中 $\tau \in \mathbb{H}$, $\eta(\tau)$ 是 Dedekind η 函数, 也是权为 1/2 的模形式.

Zagier 发现 Hurwitz 类数的生成函数是一类 mock 模形式. 同理, 严格生成函数 h_j 也是 mock 模形式, 特别地, 与 h_j 相关的函数

$$\hat{h}_j(\tau) := h_j(\tau) + \frac{1+\mathrm{i}}{8\pi}\int_{-\bar{\tau}}^{\mathrm{i}\infty} \frac{\sum_{n=-\infty}^{\infty} \mathrm{e}^{\pi\mathrm{i}\omega(2n+j)^2/2}}{(\tau+\omega)^{3/2}}\mathrm{d}\omega \tag{6.34}$$

是权为 3/2 的弱调和 Maass 形式.

结合 $\eta(\tau)$ 是权为 1/2 的模形式可知, 关于 Euler 数的 Vafa-Witten 猜想的生成函数是权为 $-3/2$ 的混合 mock 模形式.

Bringmann 和 Manschot 在证明 Vafa-Witten 猜想时主要利用了 Zwegers 的 μ 函数来渐进表示 Poincaré 多项式的生成函数, 其中,$\mathcal{M} \in \{\mathcal{M}(2,-1,n),(\mathcal{M}(2,0,n))\}$, 即对于 $\zeta = \mathrm{e}^{2\pi\mathrm{i}z}$, 有

$$q^{-1/2}\sum_{n=1}^{\infty} p(\mathcal{M}(2,-1,n),\zeta^{1/2})(q\zeta^{-2})^n$$

$$= -\frac{(1-\zeta)}{\zeta^{5/2}\vartheta(z;\tau)^2}\mu\left(2z-\tau,\frac{1}{2}-\tau-z;2\tau\right). \tag{6.35}$$

然后, 利用式 (6.35) 再考虑 Euler 多项式的生成函数及 μ 函数的导数, 就可以将 Euler 数的 Vafa-Witten 猜想的生成函数表示成一类权为 $-3/2$ 的混合 mock 模

形式. 同时 Bringmann 和 Manschot 也给出了混合 mock 模形式 $h_j(\tau)/\eta(\tau)^6$ 的精确的 Fourier 系数表示.

由此可见, mock 模形式与 S-对偶理论的 Vafa-Witten 猜想有着重要的交叉联系, mock 模形式理论在数学物理中有着重要的应用, 是其重要的数学理论基础.

6.3 Moore-Witten 猜想

在物理学中, 人们除了研究 Poincaré 多项式拓扑不变量, 还考虑了 Donaldson 不变量和 Seiberg-Witten 不变量, 这些不变量之间相互联系紧密, 特别是对于在规范群 SU(2) 和 SO(3) 作用下的超级对称拓扑规范场. 可以发现 Donaldson 不变量被齐次多项式在同调态 $\mathrm{H}_0(\mathbb{C}\mathrm{P})^2 \oplus \mathrm{H}_2(\mathbb{C}\mathrm{P})^2$ 下分为不同级. Witten 指出这些相互关联的不变量之间的关联函数可以通过在低能有效场理论下计算得出. 他利用 u-plane 将这个理论进一步参数化, u-plane 是一类与模曲线 $\mathbb{H}/\varGamma_0(4)$ 等价的有理化椭球面, 二者有着统一的形式. Moore 和 Witten[131] 继续寻找这类不变量之间的关联函数, 他们研究发现这些关联函数可以表示成 u-plane 上的规范积分, 这类规范化的积分包含了由尖点 $\{0, 2, \infty\}$ 处得到的常数项, 可知这个常数项在 0 和 2 处是零, 进而他们有如下猜测.

Moore-Witten 猜想 u-plane 上的规范积分在尖点 ∞ 处的贡献来自于 $\mathbb{C}\mathrm{P}^2$ 的 Donaldson 不变量的生成函数.

进而, Moore-Witten 通过验证前 40 个 SU(2) 上的 Donaldson 不变量, 指出 Donaldson 不变量的生成函数与 Hurwitz 类数有关, 是一类 mock 模形式.

2012 年, Malmendier 和 Ono[132] 证明了 Moore-Witten 猜想在 SO(3) 上成立. 随后, 2015 年, Griffin 等 [133] 证明了 Moore-Witten 猜想在 SU(2) 上也成立. 这两种情况下证明的方法相似, 主要是将关联函数进行公式化, 进而用 Zwegers 的 μ-函数来表示, 再进一步研究其导数的性质.

不难发现, Moore-Witten 猜想等价于对于每一个整数对 $(m, n) \in \mathbb{N}^2$, 形如下列形式的级数, 其常数项为零.

$$\begin{aligned}&\theta_{m,n}(\tau)\sum_{k=0}^{n}\sum_{j=0}^{k}a_{j,k,n}E_2^{k-j}(\tau)\\&\cdot\left(b_{k,n}\theta_j(\tau)F_{2(n-k)(\tau)}+c_{j,k,n}\theta^*(\tau)\theta_{n-k}(\tau)\left(q\frac{d}{dq}\right)\mathfrak{Z}^+(\tau)\right),\end{aligned}\tag{6.36}$$

其中, $a_{j,k,n}$、$b_{k,n}$、$c_{j,k,n}$ 均为常数; $E_2(\tau)$ 是权为 2 的 Eisenstein 级数; $\theta_{m,n}$、θ_j、θ^* 是经典的模形式; F_t 是 Zwegers 的 μ-函数的第 t 阶导数与模形式的乘积; $\mathfrak{Z}^+(\tau)$ 是

一类权为 1/2 的调和 Maass 形式且可以由 μ-函数来表示

$$\begin{aligned}\mathfrak{Z}^{+}(\tau):=&2\mathrm{i}q^{-1/8}\mu(-2\tau,-\tau-1/2;4\tau)\\&-2\mathrm{i}q^{-1/8}\mu(-2\tau,-3\tau-1/2;4\tau)+g(\tau),\end{aligned}\tag{6.37}$$

其中, $g(\tau)$ 是一个弱全纯模形式.

而当 $n=0$ 时等价式是不成立的. 由此可以看出 mock 模形式及 Zwegers 的 μ-函数在 Moore-Witten 猜想的证明中起到了非常重要的作用，有着广泛的应用.

6.4 量子黑洞理论

长久以来, 黑洞的量子理论一直是充满神秘的科学, 也是人们研究的热点. 这一理论与弦理论密切相关. 从黑洞的角度来讲, 关于一些量子简并的计数函数是一类特殊的模形式. 然而, 从物理的角度来说, 模对称性对于理解这些黑洞的量子熵非常重要. 这些理论和性质可以从 Hardy-Ramanujan-Rademacher 对量子简并的表示与分拆函数的表示的相似性比较中得出本质的联系.

Jacobi 形式是两个变量的函数, 其既满足椭圆变换的性质, 又满足模变换的性质, Folsom[134] 指出存在一类亚纯的 Jacobi 形式 $\psi_m(z;\tau)$, 即

$$\frac{1}{\varPhi_{10}(\varOmega)}=\sum_{m=-1}^{\infty}\psi_m(z;\tau)\mathrm{e}^{2\pi\mathrm{i}\sigma m},\tag{6.38}$$

其中, $\varPhi_{10}$ 是权为 10 的 Igusa 尖形式; $\varOmega$ 位于 Degree 为 2 的 Siegel 上半空间 $\mathbb{H}_2$,

$$\mathbb{H}_2:=\left\{\varOmega=\begin{pmatrix}\tau & z\\ z & \sigma\end{pmatrix}:\Im(\tau),\Im(\sigma),\det(\Im(\varOmega))>0\right\}.\tag{6.39}$$

而这类亚纯的 Jacobi 形式 $\psi_m(z;\tau)$ 与 mock 模形式有关, 其 Fourier-Jacobi 系数可以表示成两部分的和

$$\psi_m(z;\tau)=\psi_m(z;\tau)^{\mathrm{P}}+\psi_m(z;\tau)^{\mathrm{F}},\tag{6.40}$$

其中, $\psi_m(z;\tau)^{\mathrm{P}}$ 与 $\psi_m(z;\tau)^{\mathrm{F}}$ 分别表示其 Polar 部分和其 Finite 部分. 进一步讲, $\psi_m(z;\tau)$ 的 Polar 部分与其极点有关, 而其 Finite 部分是有限个 mock 模形式或者混合 mock 模形式 $f^{*}_{m,\ell}$ 的线性组合与 Jacobi theta 函数 $\vartheta_{m,\ell}$ 的乘积, 即

$$\psi_m(z;\tau)^{\mathrm{F}}=\sum_{\ell(\mathrm{mod}2)m}f^{*}_{m,\ell}(\tau)\vartheta_{m,\ell}(z;\tau),\tag{6.41}$$

这里, $\psi_m(z;\tau)$ 的 Fourier-Jacobi 系数的表示形式与调和 Maass 形式的 Fourier 系数的表示相似, 但二者也有不同, 调和 Maass 形式由其全纯部分和非全纯部分两部

分组成. 同时, 从这一角度出发, 可以将 $\psi_m(z;\tau)^{\mathrm{F}}$ 看作一类 (混合) mock Jacobi 形式. 若从物理的角度出发, 可以发现, 电磁变量为 $m=M^2/2$ 的单极中心黑洞的简并 $d(\ell,m,n)^*$ 是一类 Index 为 m 的 (混合) mock Jacobi 形式的 Fourier 系数, 即

$$d(\ell,m,n)^*=\int \mathrm{e}^{\pi \mathrm{i}\ell^2\tau/2m}f^*_{m,\ell}(\tau)\mathrm{d}\tau. \tag{6.42}$$

而其 Polar 部分 $\psi_m(z;\tau)^{\mathrm{P}}$ 比较复杂, 它在不同的区间上有不同的 Fourier 系数表示式, 进而可发现其可以是 Appell-Lerch 和

$$\mathcal{A}_{2,m}:=\sum_{s=-\infty}^{\infty}\frac{q^{ms^2+s}\zeta^{2ms+1}}{(1-q^s\zeta)^2}, \tag{6.43}$$

与 $C\varDelta$ 之商的形式, 其中 C 为常数, $\varDelta(\tau)=\eta(\tau)^{24}$.

Dabholkar 等 [84] 进一步研究得出定理 6.6.

定理 6.6　设 $\varphi(z;\tau)$ 是一个亚纯的且含有一阶极点 $z=z_s=\alpha\tau+\beta$, $s=(\alpha,\beta)\in S\subseteq\mathbb{Q}^2$ 的 Jacobi 形式, 其对于任意的 $z_0\in\mathbb{C}$, 对应的 Fourier 系数为

$$h_\ell^{z_0}(\tau)=q^{-\ell^2/4m}\int_{z_0}^{z_0+1}\varphi(z;\tau)\mathrm{e}^{-2\pi\mathrm{i}\ell z}\mathrm{d}z, \tag{6.44}$$

则 $\varphi(z;\tau)$ 可以分解成

$$\varphi(z;\tau)=\varphi(z;\tau)^{\mathrm{P}}+\varphi(z;\tau)^{\mathrm{F}}, \tag{6.45}$$

其中, $\varphi(z;\tau)^{\mathrm{P}}$ 和 $\varphi(z;\tau)^{\mathrm{F}}$ 分别表示其 Polar 部分和其 Finite 部分, 每一个 $h_\ell^{-\ell\tau/2m}(\tau)$ 是一个混合 mock 模形式, $\varphi(z;\tau)^{\mathrm{F}}$ 是一个混合 mock Jacobi 形式.

进而研究可以发现, 这些函数与 Jacobi 形式密切相关, 其 Fourier 系数部分是一个混合 mock 模形式, 而当其全纯时就是模形式, 这时其 Polar 部分也应该是零, 这些内容和表示论也密切相关, 这些内容激发了人们对理论物理的极大兴趣, 也是 mock 模形式的重要应用领域, 有着广泛的研究前景和意义, 将促进数学物理的不断发展.

6.5　奇异模的迹

21 世纪以来, 模形式的一大突破就是 Zagier[62] 发现奇异模迹的生成函数是一类半整权的模形式, 进而他建立了由判别式为负的二次型生成的奇异模的迹与模形式的 Fourier 系数之间的联系, 下面介绍这一内容.

首先定义模函数

$$j(\tau)=\frac{E_4(\tau)^3}{\varDelta(\tau)}, \tag{6.46}$$

即

$$j = j(\tau) := q^{-1} + 744 + 196884q + \cdots , \tag{6.47}$$

其中, $q := \mathrm{e}^{2\pi \mathrm{i}\tau}$, $\tau \in \mathbb{H}$.

对于二元二次型 $Q = Q(x,y) = ax^2 + bxy + cy^2, a, b, c \in \mathbb{Z}$, 设 τ_Q 是二次型 $Q(X,1) = 0$ 在上半复平面 $\mathbb{H}$ 上的唯一根, 则 $j(\tau_Q)$ 的值就是著名的奇异模, 其是一个代数整数，且仅仅依赖于 Q 的 Γ-等价类.

令 $\Gamma := \mathrm{PSL}_2(\mathbb{Z})$, $\Gamma_Q := \mathrm{Aut}(Q)$. 对于自然数 m, 定义函数

$$j_0 = 1, \tag{6.48}$$

$$j_1 = j - 744, \tag{6.49}$$

$$j_2 = j^2 - 1488j + 159768, \tag{6.50}$$

$$\cdots , \tag{6.51}$$

进而设

$$j_m(\tau) = q^{-m} + O(q) \tag{6.52}$$

是 $\mathbb{C}[j]$ 的唯一基元素. 又设 d 是负判别式和 D 是基本判别式, χ 是特征, $\mathcal{Q}_\Delta$ 是整系数的正定二元二次型判别式为 Δ 的集合, 可定义函数 j_m 的 Twisted 迹为

$$\mathrm{Tr}_{d,D}(j_m) = D^{-1/2} \sum_{Q \in \Gamma \backslash \mathcal{Q}_{d,D}} \chi(Q)|\Gamma_Q|^{-1} j_m(\tau_Q). \tag{6.53}$$

Zagier 发现这些 Twisted 迹可以由一类模形式的 Fourier 系数来表示, 即

$$\mathrm{Tr}_{d,D}(j_m) = \sum_{n|m} \left(\frac{D}{m/n}\right) na(n^2 D, d), \tag{6.54}$$

其中, $a(m,n)$ 是 level 为 4 权为 3/2 的弱全纯模形式 $\{g_d\}_{d>0}$ 的系数, 即

$$g_d(\tau) = -q^{-d} + \sum_{n \leqslant 0} a(d,n) q^{|n|}, \tag{6.55}$$

同时, 等价地可以定义模形式 $\{f_d\}_{d \leqslant 0}$, 即

$$f_d(\tau) = q^d + \sum_{n=1}^{\infty} a(n,d)q^n \tag{6.56}$$

是与 $\{g_d\}_{d>0}$ 对偶的 level 为 4 权为 1/2 的弱全纯模形式.

$f_d(\tau)$ 的前四个值为

$$f_0(\tau) = 1 + 2q + 2q^4 + 2q^9 + \cdots, \tag{6.57}$$

$$f_{-3}(\tau) = q^{-3} - 248q + 26752q^4 - 85995q^5 + 1707264q^8 + \cdots, \tag{6.58}$$

$$f_{-4}(\tau) = q^{-4} + 492q + 143376q^4 + 565760q^5 + 18473000q^8 + \cdots, \tag{6.59}$$

$$f_{-7}(\tau) = q^{-7} - 4119q + 8288256q^4 - 52756480q^5 + \cdots. \tag{6.60}$$

一个自然的问题就是当判别式为正整数 dD 时, 是否存在类似的结论, Duke 等 [135] 通过定义一类线积分回答了这一问题, 即

$$\widetilde{\mathrm{Tr}}_{d,D}(j_m) := \mathrm{Tr}_{d,D}(j_m), \quad d<0, \tag{6.61}$$

$$\widetilde{\mathrm{Tr}}_{d,D}(j_m) := (2\pi)^{-1} \sum_{Q \in \Gamma \backslash \mathcal{Q}_{d,D}} \chi(Q) \int_{C_Q} j_m(\tau)(Q(\tau,1))^{-1}\mathrm{d}\tau, \quad d>0, \tag{6.62}$$

其中, C_Q 从点 $z \in \mathbb{H}$ 到点 γz.

进而 Duke 等研究发现这些迹可以用一类 mock 模形式的基的 Fourier 系数来表示, 如下所示.

定理 6.7 (1) 对于每一个正的判别式 d, 存在唯一的一个 mock 模形式 f_d 及其 Shadow g_d, 使得 f_d 的 Fourier 展开式为

$$f_d = \sum_{n=1}^{\infty} a(n,d)q^n, \tag{6.63}$$

进而, 集合 $\{f_d\}_{d>0}$ 构成了 level 为 4 权为 1/2 的 mock 模形式空间 (加法空间) 的基.

(2) 对于每一个判别式 $d \equiv 0, 1 \pmod 4$, 基本判别式 $D>0$ 且 dD 不是一个平方数, 则有

$$\widetilde{\mathrm{Tr}}_{d,D}(j_m) = \sum_{n|m} \left(\frac{D}{m/n}\right) n a(n^2 D, d), \tag{6.64}$$

其中, $a(n,d)$ 是 (1) 中定义的系数.

Duke 等的这种方法给出了构造一类权为 1/2 的 mock 模形式空间 (加法空间) 基的思路, 其对应的 Zagier Shadows 是一类权为 3/2 的弱全纯模形式, 而它们的 Fourier 系数可以用模函数 j 的线积分来表示, 这是十分有效的方法. 之后研究发现, 奇异模的迹与 Borcherds 乘积密切相关, 也是月光猜想的理论源泉.

参 考 文 献

[1] Ramanujan S. Congruence properties of partitions[J]. Mathematische Zeitschrift, 1921, 9(1-2): 147–153.

[2] Ramanujan S. Collected Papers of Srinivasta Ramanujan[M]. Cambridge: Cambridge University Press, 1927.

[3] Ramanujan S.The Lost Notebook and Other Unpublished Papers[M]. New Delhi: Narosa Publishing House, 1988.

[4] Andrews G E, Berndt B C. Ramanujan's Lost Notebook: Part Ⅰ [M]. New York: Springer, 2005.

[5] Andrews G E, Berndt B C. Ramanujan's Lost Notebook: Part Ⅱ [M]. New York: Springer, 2009.

[6] Andrews G E. Combinatorics and Ramanujan's "lost" notebook[J]. London Mathematical Society Lecture Note Series, 1985, 103: 1–23.

[7] Zagier D. Ramanujan's mock theta functions and their applications[J]. Séminaire Bourbaki, 2009, 326: 143–164.

[8] Gordon B, McIntosh R J. A survey of the classical mock theta functions[J]. Developments in Mathematics, 2012, 23: 95–244.

[9] Watson G N. The final problem: An account of the mock theta functions[J]. Journal of the London Mathematical Society, 1936, S1-11(1): 55–80.

[10] Dyson F J. A Walk through Ramanujan's Garden, Ramanujan Revisited (Urbana-Champaign, Ill. 1987)[M]. Boston: Academic Press, 1988.

[11] Watson G N. The mock theta functions (2)[J]. Proceedings of the London Mathematical Society, 1937, S2–42(1): 274–304.

[12] Selberg A. Über die Mock-Theta funktionen siebenter ordnung[J]. Archiv Mathematik Org Naturvidenskab, 1938, 41(1): 3–15.

[13] Gordon B, Mcintosh R J. Modular transformations of Ramanujan's fifth and seventh order mock theta functions[J]. Ramanujan Journal, 2003, 7(1–3): 193–222.

[14] Hickerson D. On the seventh order mock theta functions[J]. Inventiones Mathematicae, 1988, 94(3): 661–677.

[15] Hickerson D. A proof of the mock theta conjectures[J]. Inventiones Mathematicae, 1988, 94(3): 639–660.

[16] Andrews G E. The meaning of Ramanujan now and for the future[J]. Ramanujan Journal, 2009, 20(3): 257–273.

[17] Zwegers S P. Mock theta functions[D]. Utrecht: Utrecht University, 2002.

[18] Bruinier J H, Funke J. On two geometric theta lifts[J]. Duke Mathematical Journal, 2004, 125(1): 45–90.

[19] Ono K. Unearthing the visions of a master: Harmonic Maass forms and number

theory[C]. Current Developments in Mathematics, Somerville, 2009.

[20] 陆洪文, 李云峰. 模形式讲义 [M]. 北京: 北京大学出版社, 1999.

[21] 潘承洞, 潘承彪. 模形式导引 [M]. 北京: 北京大学出版社, 2002.

[22] Berndt B C, Rankin R A. Ramanujan: Letters and commentary[J]. American Mathematical Monthly, 1997, 103(8): 347.

[23] Andrews G E, Hickerson D. Ramanujan's "lost" notebook VII: The sixth order mock theta functions[J]. Advances Mathematics, 1991, 89(1): 60–105.

[24] Folsom A, Ono K, Rhoades R C. Ramanujan's radial limits[J]. Contemporary Mathematics, 2012, 334(1): 1–12.

[25] Folsom A, Ono K, Rhoades R C. Mock theta functions and quantum modular forms[J]. Forum of Mathematics Pi, 2013, 1(e2): 1–27.

[26] Zudilin W. On three theorems of Folsom, Ono and Rhoades[J]. Proceedings of the American Mathematical Society, 2015, 143(4): 1471–1476.

[27] Mortenson E T. Ramanujan's radial limits and mixed mock modular bilateral $q-$hypergeometric series[J]. Proceedings of the Edinburgh Mathematical Society, 2014, 1(3): 1–13.

[28] Chen B, Zhou H G. Note on the problem of Ramanujan's radial limits[J]. Advances in Difference Equations, 2014, 191: 1–11.

[29] Bajpai J, Kimport S, Liang J, et al. Bilateral series and Ramanujan's radial limits[J]. Proceedings of the American Mathematical Society, 2015, 143(2): 479–492.

[30] Bringmann K, Rolen L. Radial limits of mock theta functions[J]. Research in the Mathematical Sciences, 2015, 2(1): 1–18.

[31] Jang M J, Löbrich S. Radial limits of the universal mock theta function g_3[J]. Proceedings of the American Mathematical Society, 2017,145(3): 925–935.

[32] Zwegers S P. Mock ϑ functions and real analytic modular forms, q-series with applications to combinatorics, number theory[J]. Contemporary Mathematics American Mathematics Society, 2001, 291: 269–277.

[33] Rogers L J. On two theorems of combinatory analysis and some allied identities[J]. Proeedings of the London Mathematical Society, 1917, 16(2): 315–336.

[34] Hikami K. Mock(false)theta functions as quantum invariants[J]. Regular and Chaotic Dynamics, 2005, 10(4): 509–530.

[35] Shimura G. On modular forms of half integral weight[J]. Annals of Mathematics, 1973, 97(3): 440–481.

[36] Maass H. Über eine neue art von nichtanalytischen automorphen funktionen und die bestimmung dirichlet scher Reihen durch Funktionalgleichungen[J]. Mathematische Annalen, 1949, 121(2): 141–183.

[37] Maass H. Die Differentialgleichungen in der theorie der elliptische Modulfunktionen[J]. Mathematische Annalen, 1953, 125(1): 235–263.

[38] Niebur D. A class of nonanalytic automorphic functions[J]. Nagoya Mathematical Journal, 1973, 52: 133–145.

[39] Niebur D. Construction of automorphic forms and integrals[J]. Transactions of the American Mathematical Society, 1974, 191: 373–385.

[40] Hejhal D A. The Selberg trace formula for PSL(2,R)[M]. Berlin: Springer-Verlag, 1983.

[41] Bruinier J H. Borcherds products and Chern classes of Hirzebruch-Zagier divisors[J]. Inventiones Mathematicae, 1999, 138(1): 51–83.

[42] Hirzebruch F, Zagier D. Intersection numbers of curves on Hilbert modular surfaces and modular forms with Nebentypus[J]. Inventiones Mathematicae, 1976, 36: 57–113.

[43] Zagier D. Nombres de classes et formes modulaires de poids 3/2[J]. Comptes Rendus de Academie Science Paris Séries A-B, 1975, 281(2): 883–886.

[44] Griffin M, Ono K, Rolen L. Ramanujan's mock theta functions[J]. Proceedings of the National Academy of Sciences of the United States of America, 2013, 110(15): 5765–5768.

[45] Rhoades R C. On Ramanujan's definition of mock theta function[J]. Proceedings of the National Academy of Sciences of the United States of America, 2013, 110(19): 7592–7594.

[46] Chen B, Zhou H G. On completely monotone of an arbitrary real parameter function involving the gamma function[J]. Applied Mathematics and Computation, 2014, 242: 658–663.

[47] Chen B, Miao R. On the parameter function involving Gamma function and its applications[J]. Pure and Applied Mathematics Journal, 2015, 4(5-1): 20–23.

[48] Chen B. Some properties on the function involving the Gamma function[J]. Applied Mathematics, 2012, 3(6): 587–589.

[49] Chen B. An equation involving the Smarandache function[J]. Applied Mechanics and Materials, 2012, 12(1): 1012–1018.

[50] Chen B. Research on equation involving two new functions on information security[J]. Journal of Convenience Information Technical, 2013, 8(8): 284–291.

[51] Chen B, Zhang W P. On the cubic diophantine equation $x^3 - 1 = 2py^2$[J]. Journal of Northwest University, 2013, 43(5): 361–365.

[52] Chen B. A solvability problem of the equation involving Smarandache function[J]. Journal of Mathematics, 2013, 12(9): 923–928.

[53] Chen B. An equation involving the Smarandache function and Euler function[J]. Journal of Southwest University, 2013, 12(2): 70–73.

[54] Bringmann K, Folsom A, Ono K. q-series and weight 3/2 Maass forms[J]. Composition Mathematica, 2009, 145: 541–552.

[55] Bringmann K, Richter O K. Zagier-type dualities and lifting maps for harmonic Maass-Jacobi forms[J], Advances in Mathematics, 2010, 225(4): 2298–2315.

[56] Eichler M, Zagier D. The Theory of Jacobi Forms[M]. Boston: Birkhäuser, 1985.

[57] Cho B, Choie Y. On harmonic Maass forms of half integral weight[J]. Proceedings of the American Mathematical Society, 2013, 141(8): 2641–2652.

[58] Miezaki T, Waldherr M. Congruences for the Fourier coefficients of the Mathieu mock theta function[J]. Journal of Number Theory, 2015, 148(1): 451–462.

[59] Bringmann K, Duncanb J, Rolen L. Maass-Jacobi Poincaréseries and Mathieu Moonshine[J]. Advances in Mathematics, 2015, 281: 248–278.

[60] Bringmann K, Kane B, Zwegers S P. On a completed generating function of locally harmonic Maass forms[J]. Compositio Mathematica, 2014, 150(5): 749–762.

[61] Srivastava B. Ramanujan's fifth order and tenth order mock theta functions-a generalization[J]. Proyecciones Journal of Mathematics, 2015, 34(3): 277–296.

[62] Zagier D. Traces of singular moduli [J]. Motives Polylogarithms and Hodge Theoty Part I, 2002, 2011(13): 211–244.

[63] Bruinier J H, Jenkins P, Ono K. Hilbert class polynomials and traces of singular moduli[J]. Mathematische Annalen, 2006, 334(2): 373–393.

[64] Duke W. Modular functions and the uniform distribution of CM points[J]. Mathematische Annalen, 2006, 334(2): 241–252.

[65] Ahlgen S. Hecke relations for traces of singular moduli[J]. Bulletin of the London Mathematical Society, 2012, 44(1): 99–105.

[66] Hickerson D R, Mortenson E T. Hecke-type double sums, Appell-Lerch sums,and mock theta functions, I[J]. Proceedings of the London Mathematical Society, 2014, 109(2): 382–422.

[67] Mortenson E T. On the dual nature of partial theta functions and Appell-Lerch sums[J]. Advances in Mathematics, 2014, 264(1): 236–260.

[68] Dragonette L. Some asymptotic formulae for the mock theta series of Ramanujan[J]. Transactions of the American Mathematical Society, 1952, 72(3): 474–500.

[69] Andrews G E. On the theorems of Watson and Dragonette for Ramanujan's mock theta functions[J]. American Journal of Mathematics, 1966, 88(2): 454–490.

[70] Bringmann K, Ono K. The $f(q)$ mock theta function conjecture and partition ranks[J]. Inventiones Mathematicae, 2006, 165(2): 243–266.

[71] Rhoades R C. Asymptotics for the number of strongly unimodal sequences[J]. International Mathematics Research Notices, 2014, (3): 700–719.

[72] Kowalski E, Lau Y K, Soundararajan K, et al. On modular signs[J]. Mathematical Proceedings of the Cambridge Philosophical Society, 2010, 149(3): 389–411.

[73] Lau Y K, Liu J Y, Wu J. The first negative coefficients of symmetric square L-functions[J]. The Ramanujan Journal, 2012, 27(3): 419–441.

[74] Bruinier J H, Kohnen W. Sign Changes of Coefficients of Half Integral Weight Modular Forms[M]. Combridge: Cambridge University Press, 2008.

[75] Hulse T A, Kiral E M, Kuan C I, et al. The sign of Fourier coefficients of half-integral weight cusp forms[J]. International Journal of Number Theory, 2012, 8(3): 749–762.

[76] Kohnen W, Lau Y K, Wu J. Fourier coefficients of cusp forms of half-integral weight[J]. Mathematische Zeitschrift, 2013, 273(1): 29–41.

[77] Choie Y J, Kohnen W. On the Fourier coefficients of modular forms of half-integral weight[J]. International Journal of Number Theory, 2013, 9(3): 1879–1883.

[78] Wu J, Zhai W G. Distribution of Hecke eigenvalues of newforms in short intervals[J]. Quarterly Journal of Mathematics, 2013, 64(2): 619–644.

[79] Zhou H G, Lu H W. The transformation law and trace formula on theta series under Siegel modular group[J]. Acta Mathematics Scientia, 2008, 28B(1): 201–209.

[80] Zhou H G, Wnng T Z, Lu H W. On dimension formulas for Jacobi forms[J]. Mathematische Zeitschrift, 2010, 264(3): 709–725.

[81] Zhou H G, Lu H W. A Jacobi-Eisenstein series of weight two on congruence Jacobi subgroup[J]. Science China Mathematics, 2010, 53(9): 2405–2410.

[82] Montonen C, Olive D. Magnetic monopolies as gauge particles[J]. Physics Letters B, 1977, 72(1): 117–120.

[83] Vafa C, Witten E. A strong coupling test of S-duality[J]. Nuclear Physics B, 1994, 431(1-2): 3–77.

[84] Dabholkar A, Murthy S, Zagier D. Quantum black holes, wall crossing, and mock modular forms[M]. arXiv: 1208.4074, 2012.

[85] Andrews G E. Concave and convex compositions[J]. Ramanujan Journal, 2013, 31: 67-82.

[86] Bruinier J H, Ono K. Identities and congruences for Ramanujan's $\omega(q)$[J]. Ramanujan Journal, 2010, 23(1-3): 151–157.

[87] Fine N J. Basic hypergeometric series and applications[M]. New York: Springlink, 1998.

[88] McIntosh R J. Second order mock theta function[J]. Canadian Mathematical Bulletin, 2007, 50(2): 284–290.

[89] Sloane N J A. The online encyclopedia of integer sequences[J]. http://oeis.org[2014-5-3].

[90] Choi Y S. The basic bilateral hypergeometric series and the mock theta functions[J]. Ramanujan Journal, 2011, 24(3): 345–386.

[91] Lawrence R, Zagier D. Modular forms and quantum invariants of 3-manifolds[J]. Asian Journal Mathematical, 1999, 3(1): 93–107.

[92] Andrews G E. The fifth and seventh order mock theta functions[J]. Transactions of the American Mathematical Society, 1986, 291(3): 113–134.

[93] Kang S Y. Mock Jacobi forms in basic hypergeometric series[J]. Composition Mathematical, 2009, 145(3): 553–565.

[94] Andrews G E. An introduction to Ramanujan's lost notebook[J]. American Mathematical Monthly, 1979, 86(2): 89–108.

[95] Bringmann K, Ono K. Dyson's ranks and Maass forms[J]. Annnls of Mathematical, 2010, 171(1): 419–449.

[96] Mortenson E T. On three third order mock theta functions and Hecke-type double sums[J]. Ramanujan Journal, 2013, 30(2): 279–308.

[97] Andrews G E. $q-$orthogonal polynomials, Rogers-Ramanujan identities, and mock theta functions[J]. Proceedings of the Steklov Institute Mathematical, 2012, 276(1): 21–32.

[98] Apostol T M. Modular Functions and Dirichlet Series in Number Theory[M]. New York: Springer, 2009.

[99] Bringmann K, Mahlburg K. An extension of the Hardy-Ramanujan circle method and applications to partitions without sequences[J]. American Journal of Mathematics, 2011, 133(4): 1151–1178.

[100] Auluck F C. On some new types of partitions associated with generalized Ferrers graphs[J]. Proceedings of the Cambridge Philosophical Society, 1951, 47(4): 679–686.

[101] Wright E M. Stacks (Ⅱ)[J]. Quarterly Journal of Mathematics, 1971, 22(1): 107–116.

[102] Stanley R P. Enumerative Combinatorics[M]. Cambridge: Cambridge University Press, 1997.

[103] Chen B, Zhou H G. Bilateral series in terms of mixed mock modular forms[J]. Journal of Inequalities and Applications, 2016, 2016(115): 1–12.

[104] Garthwaite S A. The coefficients of the $\omega(q)$ mock theta function[J]. International Journal of Number Theory, 2008, 4(6): 1027–1042.

[105] Bruinier J H, Schwagenscheidt M. Algebraic formulas for the coefficients of mock theta functions and Weyl vectors of Borcherds products[J]. Journal of Algebra, 2017, 478(2): 38–57.

[106] Dyson F. Some guesses in the theory of partitions[J]. Eureka, 1944, 8: 10–15.

[107] Andrews G E, Garvan F. Dyson's crank of a partition[J]. Bulletin of the American Mathematical Society, 1988, 18(2): 167–171.

[108] Waldherr M. On certain explicit congruences for mock theta functions[J]. Proceedings of the American Mathematical Society, 2011, 139(3): 865–879.

[109] Berg J, Castillo A, Grizzard R, et al. Congruences for Ramanujan's $f(q)$ and $\omega(q)$ functions via generalized Borcherds products[J]. Ramanujan Journal, 2014, 35(2): 327–338.

[110] Andrews G E, Passary D, Sellers J A, et al. Congruences related to the Ramanujan/Watson mock theta functions $\omega(q)$ and $\nu(q)$[J]. Ramanujan Journal, 2017, 43(2): 347–357.

[111] Chen B. On the dual nature theory of bilateral series associated to mock theta functions[J]. International Journal of Number Theory, 2018, 14(1): 63–94.

[112] Chan S H, Mao R R. Two congruences for Appell-Lerch sums[J]. International Journal of Number Theory, 2012, 8(1): 111–123.

[113] Cipra B A. On the Niwa-Shintani theta-kernel lifting of modular forms[J]. Nagoya Mathematical Journal, 1983, 91: 49–117.

[114] Kohnen W, Zagier D. Values of L-series of modular forms at the center of the critical strip[J]. Inventiones Mathematicae, 1981, 64: 175–198.

[115] Kohnen W. Fourier coefficients of modular forms of half integral weight[J]. Mathematische Annalen, 1985, 271: 237–268.

[116] Chen B, Wu J. Non-vanishing and sign changes of Hecke eigenvalues for half-integral weight cusp forms[J]. Indagationes Mathematicae, 2016, 27(2): 488–505.

[117] Matomëki K. On signs of Fourier coefficients of cusp forms[J]. Mathematical Proceedings of the Cambridge Philosophical Society, 2012, 152: 207–222.

[118] Matomäki K, Radzwill M. Sign changes of Hecke eigenvalues[J]. Geometric and Functional Analysis, 2015, 25(6): 1937–1955.

[119] Serre J P. Quelques applications du théorème de densité de Chebotarev[J]. Publications Mathématiques de I'Inatitut des Hautes Études Scientifiques, 1981, 54: 323–401.

[120] Kowalski E, Robert O, Wu J. Small gaps in coefficients of L-functions and $\mathscr{B}$-free numbers in short intervals[J]. Revista Matemática Iberoamericana, 2007, 23(1): 281–326.

[121] Lau Y K, Royer E, Wu J. Sign of Fourier coefficients of modular forms of half integral weight[J]. Mathematika, 2016, 62(3): 866–883.

[122] Tenenbaum G. Introduction to analytic and probabilistic number theory[M]. Cambridge: Cambridge University Press, 1995.

[123] Michel P. Analytic number theory and families of automorphic L-functions[J]. American Mathmatical Society, 2007: 181–295.

[124] Harcos G. New bounds for automorphic L-functions[D]. Princeton: Princeton University, 2003.

[125] Deligne P. La conjecture de Weil: Ⅰ [J]. Publications Mathématiques de I'IHÉS, 1974, 43: 273–307.

[126] Barnet-Lamb T, Geraghty D, Harris M, et al. A family of Calabi-Yau varieties and potential automorphy Ⅱ [J]. Annals of Mathematics, 2010, 171(2): 779–813.

[127] Hall R R, Tenenbaum G. Effective mean value estimates for complex multiplicative functions[J]. Mathematical Proceedings of the Cambridge Philosophical Society, 1991, 110(2): 337–351.

[128] Liu J Y, Wu J. The number of coefficients of automorphic L-functions for GL_m of same signs[J]. Journal of Number Theory, 2015, 148: 429–450.

[129] Erdös P. On the difference of consecutive terms of sequences, defined by divisibility properties[J]. Acta Arithmetica, 1966, 12: 175–182.

[130] Bringmann K, Manschot J. From sheaves on $\mathbb{P}^2$ to a generalization of the Rademacher expansion[J]. American Journal Mathematics, 2013, 135(4): 1039–1065.

[131] Moore G, Witten E. Integration over the u-plane in Donaldson theory[J]. Advances Theory Mathematics Physics, 1997, 1(2): 298–387.

[132] Malmendier A, Ono K. SO(3)-Donaldson invariants of CP^2 and mock theta functions[J]. Geometry and Topology, 2012, 16(3): 1767–1833.

[133] Griffin M, Malmendier A, Ono K. SU(2)-Donaldson invariants of the complex projective plane[J]. Forum Mathematicum, 2015, 27(4): 2003–2023.

[134] Folsom A. Perspectives on mock modular forms[J]. Journal of Number Theory, 2017, 176: 500–540.

[135] Duke W, Imamogluö, Tóth Á. Cycle integrals of the j-function and mock modular forms[J]. Annals of Mathematics, 2011, 173(2): 947–981.